"十三五" 国家重点出版物出版规划项目

卓越工程能力培养与工程教育专业认证系列规划教材（电气工程及其自动化、自动化专业）

普通高等教育智能建筑系列教材

建筑智能化系统及应用

主　编　肖　辉

副主编　沈　晔　严　勇　李雪峰

主　审　钱观荣

机械工业出版社

本书主要分为两大部分。首先介绍建筑智能化系统的基本理论知识，从系统工程的角度出发，详细介绍建筑智能化系统的顶层架构——建筑智能化综合管理系统；接着对主要子系统的基本概念、组成和功能进行阐述。在此基础上，为强调培养学生系统地解决工程问题的能力，选取有代表性的建筑类型、典型空间作为案例，重点介绍智能化系统的设计方案，引导学生学以致用、学用结合。

本书可作为普通高校建筑电气与智能化、电气工程等专业的教材，也可作为建筑电气、建筑智能化行业人才培养的指导书和参考书。

本书配有电子课件，欢迎选用本书作教材的老师发邮件到 jinacmp@163.com 索取，或登录 www.cmpedu.com 注册下载。

图书在版编目（CIP）数据

建筑智能化系统及应用/肖辉主编. —北京：机械工业出版社，2021.7
（2023.12 重印）

"十三五"国家重点出版物出版规划项目　卓越工程能力培养与工程教育专业认证系列规划教材. 电气工程及其自动化、自动化专业

ISBN 978-7-111-68788-7

Ⅰ.①建…　Ⅱ.①肖…　Ⅲ.①智能化建筑-自动化系统-高等学校-教材
Ⅳ.①TU855

中国版本图书馆 CIP 数据核字（2021）第 149705 号

机械工业出版社（北京市百万庄大街 22 号　邮政编码 100037）
策划编辑：吉　玲　责任编辑：吉　玲　于伟蓉
责任校对：陈　越　责任印制：郜　敏
中煤（北京）印务有限公司印刷
2023 年 12 月第 1 版第 4 次印刷
184mm×260mm · 17.5 印张 · 489 千字
标准书号：ISBN 978-7-111-68788-7
定价：55.00 元

电话服务　　　　　　　　网络服务

客服电话：010-88361066　　机　工　官　网：www.cmpbook.com
　　　　　010-88379833　　机　工　官　博：weibo.com/cmp1952
　　　　　010-68326294　　金　书　网：www.golden-book.com
封底无防伪标均为盗版　机工教育服务网：www.cmpedu.com

序

　　工程教育在我国高等教育中占有重要地位，高素质工程科技人才是支撑产业转型升级、实施国家重大发展战略的重要保障。当前，世界范围内新一轮科技革命和产业变革加速进行，以新技术、新业态、新产业、新模式为特点的新经济蓬勃发展，迫切需要培养、造就一大批多样化、创新型卓越工程科技人才。目前，我国高等工程教育规模世界第一。我国工科本科在校生约占我国本科在校生总数的 1/3，近年来我国每年工科本科毕业生占世界总数的 1/3 以上。如何保证和提高高等工程教育质量，如何适应国家战略需求和企业需要，一直受到教育界、工程界和社会各方面的关注。多年以来，我国一直致力于提高高等教育的质量，组织并实施了多项重大工程，包括卓越工程师教育培养计划（以下简称卓越计划）、工程教育专业认证和新工科建设等。

　　卓越计划的主要任务是探索建立高校与行业企业联合培养人才的新机制，创新工程教育人才培养模式，建设高水平工程教育教师队伍，扩大工程教育的对外开放。计划实施以来，各相关部门建立了协同育人机制。卓越计划要求试点专业要大力改革课程体系和教学形式，依据卓越计划培养标准，遵循工程的集成与创新特征，以强化工程实践能力、工程设计能力与工程创新能力为核心，重构课程体系和教学内容；加强跨专业、跨学科的复合型人才培养；着力推动基于问题的学习、基于项目的学习、基于案例的学习等多种研究性学习方法，加强学生创新能力训练，"真刀真枪"做毕业设计。卓越计划实施以来，培养了一批获得行业认可、具备很好的国际视野和创新能力、适应经济社会发展需要的各类型高质量人才，教育培养模式改革创新取得突破，教师队伍建设初见成效，为卓越计划的后续实施和最终目标的达成奠定了坚实基础。各高校以卓越计划为突破口，逐渐形成各具特色的人才培养模式。

　　2016 年 6 月 2 日，我国正式成为工程教育"华盛顿协议"第 18 个成员，标志着我国工程教育真正融入世界工程教育，人才培养质量开始与其他成员达到了实质等效，同时，也为以后我国参加国际工程师认证奠定了基础，为我国工程师走向世界创造了条件。专业认证把以学生为中心、以产出为导向和持续改进作为三大基本理念，与传统的内容驱动、重视投入的教育形成了鲜明对比，是一种教育范式的革新。通过专业认证，把先进的教育理念引入我国工程教育，有力地推动了我国工程教育专业教学改革，逐步引导我国高等工程教育实现从课程导向向产出导向转度、从以教师为中心向以学生为中心转变、从质量监控向持续改进转变。

　　在实施卓越计划和开展工程教育专业认证的过程中，许多高校的电气工程及其自动化、自动化专业结合自身的办学特色，引入先进的教育理念，在专业建设、人才培养模式、教学内容、教学方法、课程建设等方面积极开展教学改革，取得了较好的效果，建设了一大批优质课程。为了将这些优秀的教学改革经验和教学内容推广给广大高校，中国工程教育专业认证协会电子信息与电气工程类专业认证分委员会、教育部高等学校电气类专业教学指导委员会、教育部高等学校自动化类专业教学指导委员会、中国机械工业教育协会自动化学科教学委员会、中国机械工业教育协会电气工程及其自动化学科教学委员会联合组织规划了"卓越工程能力培养与工程教育专业认证系列规划教材（电气工程及其自动化、自动化专业）"。本套教材通过国家新闻出版广电总局的评审，入选了"十三五"国家重点图书。本套教材密切联系行业和市场需求，以学生工程能力培养为主线，以教育培养优秀工程师为目标，突出学生工程理念、工程思维和工程能力的培养。本套教材在广泛吸纳相关学校在"卓越工程师教育培养计划"实施和工程教育专业认证过程中的经验和成果的基础上，针对目前同类教材存在的内容滞后、与工程脱节等问题，紧密结合工程应用和行业企业需求，突出实际工程案例，强化学生工程能力的教育培养，积极进行教材内容、结构、体系和展现形式的改革。

经过全体教材编审委员会委员和编者的努力，本套教材陆续跟读者见面了。由于时间紧迫，各校相关专业教学改革推进的程度不同，本套教材还存在许多问题。希望各位老师对本套教材多提宝贵意见，以使教材内容不断完善提高。也希望通过本套教材在高校的推广使用，促进我国高等工程教育教学质量的提高，为实现高等教育的内涵式发展贡献一份力量。

卓越工程能力培养与工程教育专业认证系列规划教材

（电气工程及其自动化、自动化专业）

编审委员会

前　言

　　建筑是广大人民群众生活和进行各种生产活动的主要场所，随着社会经济和生活水平的日益提高，人们对建筑的舒适性、便捷性、安全性提出了更高、更多的要求。20世纪信息技术的发展，与建筑深度融合的产物"智能建筑"首次出现在美国，之后取代了传统建筑成为风靡全球的新概念。当前，人工智能、物联网、5G等最新技术已深刻影响着智能建筑的发展，以人为本，绿色、健康、智慧的理念深入人心。人们的需求在不断升级，与之相应，需要更为专业的设计和工程实施。但是，智能建筑的发展涉及多学科，相应的产品更新异常频繁。因此，出版指导行业的工具书、培养具有专业设计知识和工程能力的人才迫在眉睫。

　　本书遵循整套丛书的原则，力求深入浅出，阐释基本概念、项目设计、工程实施，充分体现设计理论性、工程实用性和技术先进性。在此基础上，面向实际工程，重点强调"以设计为主线"的教学理念，注重培养学生的顶层设计思维，强调提升学生工程实际能力。

　　本书依据教育部对人才培养的相关要求，结合我国现行智能建筑设计标准，共分为8章。第1章为建筑智能化概论，开宗明义，介绍了智能建筑的概念、发展等。第2章介绍建筑智能化综合管理系统（IBMS），基于顶层设计，提出了智能建筑全生命周期下建筑智能化系统组成及架构。前两章由同济大学肖辉、李雪峰、金彩虹、张永明编写。第3~7章详细阐述了建筑智能化系统各子系统组成、技术要求及功能实现等。第3章介绍建筑设备监控系统，由同济大学金彩虹、上海美控智慧建筑有限公司孙靖编写。第4章介绍火灾自动报警及消防联动控制，由同济大学沈晔、上海禾泰物业管理有限公司王雪君、同济大学建筑设计研究院（集团）有限公司孙岩和陈增伟编写。第5章介绍安全防范技术系统，由同济大学沈晔、刘立忠编写。第6章介绍信息设施系统，由上海企顺信息系统有限公司董倍琛编写。第7章介绍综合布线系统与机房工程，由上海市智能建筑建设协会专家委员会曾松鸣编写。第8章详尽介绍了建筑智能化工程设计，具体阐述了教育建筑、医疗建筑等典型空间以及超高层建筑综合体"上海中心"智能化系统设计方案，引导学生将专业知识应用于实际工程中，提升学生解决实际工程问题的能力，为培养卓越工程师奠定扎实的专业基础，由同济大学严勇、应旻婕和中国建筑五局建筑设计院方景编写。全书由华东建筑设计研究总院钱观荣担任主审。

　　本书邀请了多位专业知识精湛、工程经验丰富的建筑电气、智能化专家和学者参与编写，他们将自己主持的重大工程或重点项目全面详实地提供出来，作为极好的借鉴和指导。同时，本书在编写过程中，也得到了同济大学电子与信息工程学院、中德工程学院、同济大学浙江学院多位师生的热心帮助。此外，华东建筑设计研究总院、同济大学建筑设计研究院（集团）有限公司的电气专家和工程师们提供了宝贵的工程资料。在此，向以上同仁、专家以及所有熟识的或未曾见面的、参考文献中的各位学者专家致以衷心的感谢！

　　建筑智能化涉及的各领域发展迅速，虽然此次编写力求尽善尽美，但因编者的水平有限，加之时间仓促，书中难免存在缺漏和不当之处，敬请广大读者批评指正，不胜感激。

　　同舟共济，砥砺前行，在樱花盛开的同济园，本书终于化茧成蝶，得以问世！

　　让我们一起走进春天，拥抱未来！

编　者

目　录

第 **1** 章

建筑智能化概论

1.1　智能建筑

建筑是广大人民群众生活和进行各种生产活动的主要场所，随着生活水平的提高和社会生产力的发展，人们对建筑功能和作用提出了更多的要求，建筑的舒适性、便捷性、安全性日渐重要。自第三次工业革命以来，科学技术有了极大的提升，计算机技术及电子技术的生产和发展促使社会产业结构发生了很大的转变，信息产业迅速成为社会产业发展的主要力量。于是，利用信息技术形成了不同的智能化系统以及这些系统的集成管理系统，从而实现多功能，满足多元需求。将这些智能系统引入建筑领域，以适应信息化、自动化时代的新功能，即建筑智能化；而传统建筑和信息技术结合产物即建筑整体，则称为智能建筑。建筑智能化和智能建筑是两个相互联系又有区别的概念。

1.1.1　智能建筑的兴起

进入 20 世纪，人类将自动控制技术和系统工程技术成功引入到楼宇、大厦中应用，使这些建筑具有不同程度的智能化。1984 年，美国康涅狄格州（Connecticut）哈特福特（Hartford）市一幢旧的金融大厦进行改建，定名为 City Place Building，这就是公认的世界上第一幢智能大厦。该大楼有 38 层，总建筑面积十万多平方米。该大楼的设计与投资者并未意识到这是形成"智能大厦"的创举，主要功绩应归于该大楼住户之一的联合技术建筑系统公司 UTBS，该公司承包了该大楼的空调、电梯及防灾设备等工程。改建时，在楼内铺设了大量的通信电缆，并且将计算机与通信设施连接，廉价地向大楼中其他住户提供计算机服务和通信服务，用计算机控制机电设备，实现了办公自动化、设备自动化和通信自动化。1985 年日本在东京新建了第一座智能建筑本田青山大楼，其采用门禁系统管理，提升了建筑的服务功能。同年，中国香港建成港内第一座智能建筑汇丰银行总部大楼。1989 年，中国内地第一座智能大楼北京发展大厦（中日合资）建成，其集成了楼宇设备自动化系统、办公自动化系统以及通信自动化系统等多个子系统，利用先进的自动化系统以及通信手段，为建筑管理提供更多技术支持，在原有基础上为人们提供更优质的服务。此后，"智能建筑"成为社会普遍认可的新概念，从"传统建筑"中分离出来，成为新的研究和产业热点，并在部分发达国家中取代传统建筑成为更受欢迎的建筑形式。继北京之后，1992 年深圳、上海开始建智能化办公楼，掀起了智能建筑热。目前，我国智能建筑行业正处于快速发展期，随着应用技术的不断成熟和市场领域的延伸，智能建筑行业的市场前景仍然巨大。

1.1.2　智能建筑发展内涵

1. 智能建筑的定义

早期对智能建筑的探索主要集中于不同技术形式在传统建筑领域中的集成与应用层面，以此达到建筑的智能化。之后提出了智能建筑应该拥有完整的信息通信网络，以便联网服务，系统能够基于建筑的静态和运维数据，做出自动预测与引导。国际上对智能建筑尚无统一的定义。美国智能建筑学会（American Intelligent Building Institute，AIBI）认为，智能建筑应对建筑结构、建筑设备（机电系统）、供应和服务、管理水平这四个基本要素相互联系，进行最优化组合，从而为用户提供一个投资合理、高效、舒适、安全便利的环境。日本智能大厦研究会认为，智能建筑应提供包括商业支持功能、通信支持功能等在内的高度通信服务，并采用楼宇自动化技术和高度自动化的大楼管理体系来保证舒适的环境和高工作效率。欧洲智能建筑集团认为，智能建筑是使用户发挥最高效率，同时又以最低保养成本来有效管理资源的建筑，它能够提供一个反映快、效率高和有支持力的环境，使用户达到其业务目标。国内研究者对智能建筑的定义侧重于技术要素，强调信息通信技术、自动化技术、系统集成技术等方面与传统建筑的结合。我国的《智能建筑设计标准》（GB 50314—2015）中将智能建筑定义为"以建筑物为平台，基于对各类智能化信息的综合应用，集架构、系统、应用、管理及优化组合为一体，具有感知、传输、记忆、推理、判断和决策的综合智慧能力，形成以人、建筑、环境互为协调的整合体，为人们提供安全、高效、便利及可持续发展功能环境的建筑"。

由此可见，智能建筑是随着人类对建筑内外信息交换、安全性、舒适性、节能性、便利性的要求产生、发展的。以信息技术为基础，综合建筑和控制学科领域的先进技术，构建一个具有自学习能力的智能平台，为使用者提供具有可持续完善功能的舒适、便利、高效、节能、环保、安全的环境，实现建筑价值的最大化，即为智能建筑的含义。

2. 智能建筑与建筑智能化技术的关系

智能建筑的核心点在于信息化，主要可概括为信号（数据）数字化、传输网络化、处理计算机化、管理信息化，要实现这些核心功能需要多个不同的智能化技术作为支撑。智能建筑和建筑智能化技术是两个相互联系又有区别的概念。智能建筑是指建筑本体，是建设目标。建筑智能化技术是指为了建设智能建筑而所涉及的各种工程应用技术，主要有计算机（软硬件）技术、自动化技术、通信与网络技术、系统集成技术等。建筑智能化技术不是上述技术的简单堆砌，而是在一个目标体系下的有机融合，同时，也是不断发展的，现已发展成为一个新型的应用学科。近年来，智能建筑的概念不仅包括上述意义，还包括建筑环境，并涉及绿色建筑、生态建筑和可持续建筑的含义。

1.2 建筑智能化系统

1.2.1 建筑智能化系统定义

根据《智能建筑设计标准》（GB 50314—2015）的规定，建筑智能化系统的定义是利用现代通信技术、信息技术、计算机网络技术、监控技术等，通过对建筑和建筑设备的自动检测与优化控制、信息资源的优化管理，实现对建筑物的智能控制与管理，以满足用户对建筑物的监控、管理和信息共享的需求，从而使智能建筑具有安全、舒适、高效和环保的特点，达到投资合理、适应信息社会需要的目标。

智能建筑包含的核心系统主要有楼宇自动化系统（Building Automation System，BA）、消防自动化系统（Fire Automation System）、办公自动化系统（Office Automation System，OA）、通信自动化系统（Communication Automation System，CA）、安全自动化系统（Security Automation System，SA）即5A系统，以及综合布线系统（Generic Cabling System，GCS）、建筑物管理系统（Building Management System，BMS）、智能化集成系统（Intelligent Integration System，IIS）、信息化应用

系统（Information Application System，IAS）等智能化系统及其集成。

1.2.2　建筑智能化系统设计

1. 设计标准

智能建筑不断发展完善，智能控制水平越来越高，智能建筑工程规模不断扩大。为了适应智能建筑的发展需求，规范智能建筑工程的设计，提高智能建筑的设计质量，我国首个智能建筑设计国家标准《智能建筑设计标准》（GB/T 50314—2000）2000 年 7 月 3 日公布，10 月 1 日正式实施，适用于智能办公楼、综合楼、住宅楼的新建、扩建、改建工程，其他工程项目也可参照使用。该标准 2007 年 7 月 1 日被《智能建筑设计标准》（GB/T 50314—2006）替代。2006 版的标准分为 13 章，根据各类工程的使用功能、管理要求以及工程建设的投资标准，并将智能建筑划分为甲乙丙三类，分别给出了相应的智能化系统配置及发展、扩充需要。随着技术的发展，目前，正在执行的是再次修订后的标准《智能建筑设计标准》（GB 50314—2015），所有智能建筑的设计应满足该标准的相关规定。

2. 设计原则

智能建筑是一个集建筑、结构、供暖通风、照明、给水排水、电气、通信等技术为一体的系统化工程，其建设过程涉及多个专业领域，因此是综合的系统工程。在智能建筑的建设中，智能化系统作为建筑物的"电脑"，前期的设计过程尤为重要。根据《智能建筑设计标准》（GB 50314—2015）中有关规定，智能化系统的设计原则为：①配置的合理性；②设备的先进性；③费用的经济性和安全的可靠性。

3. 设计步骤

目前，在设计的程序与阶段上，建筑智能化系统工程与通常的民用建筑工程有较大的不同，一般按照用户需求分析、系统设计、施工深化设计三个步骤，有序进行。

（1）用户需求分析　用户需求分析是整个工作的基础。相同的智能化系统，由于建筑物功能、性质和业主的不同会表现出极大的差异，最后在耗资规模上的差别也很大。大型高档的公共建筑需要综合考虑各承租户的需求，尤其要重视招商本身的需求，具备较齐全的功能，而单一的建筑（银行、政府机关等）大都有所侧重，注意把握好使用功能与实际需求这两个关键，切忌脱离实际而提高标准。对专业设计人员而言，深入理解业主的宏观想法，再整理出具体要求十分重要，这也是这项工作中较困难的一步。

（2）系统设计　系统设计阶段由相应的专业设计人员完成。如果智能化系统设计与工程设计同步进行，则应在初步设计阶段完成系统设计。目前，较常见的是建筑智能化系统工程比主体工程滞后，导致某些局部工程不尽人意。

（3）施工深化设计　施工深化设计阶段由系统集成商来完成。建筑智能化系统涉及计算机、通信等领域，许多硬件、软件与发展最迅猛的高科技领域前沿息息相关，技术更新迅速，设备更新更迅速。但建筑智能化系统仍然从属于主体工程，应与主体工程的性能协调一致，因此，系统集成商需要在此工程原设计单位的指导下进行工作，设计单位对此工程总体负责。

1.2.3　基于 BIM 技术的建筑智能化设计

近年来，建筑设计由于其建筑结构复杂多样，运维管理、绿色节能等要求比较高，变得越来越复杂，而局限于二维的传统图样设计，无法将建筑全生命周期中各个阶段联系起来综合考虑，出现了设计阶段，设计师交流沟通效率低；施工阶段，返工率高，成本浪费；运维阶段，设备维护不当，造成使用寿命短等诸多问题。对此，利用 BIM（Building Information Modeling，建筑信息模型）技术实现智能建筑全生命周期的设计、施工和运维可视化、数字化和智能化，已成为业内人士的共识，并不断发展成熟。

1. 关于 BIM 技术

BIM 是以建筑工程项目的各项相关信息数据作为模型的基础，进行建筑模型的建立，通过数字信息来仿真模拟建筑物所具有的真实信息，是全生命周期工程项目及其组成部分的物理特征、功能特性和管理要素共享化的数字表达。BIM 不仅仅是简单地将数字信息集成，更是一种数字信息的应用。BIM 数字化方法适用于大规模和复杂的建筑工程的设计、建造、管理这几方面。

根据美国国家 BIM 标准（NBIMS），BIM 的定义由三部分组成：

1) BIM 是一个设施（建设项目）的物理和功能特性的数字表达。

2) BIM 是一个共享的知识资源，是一个分享有关这个设施的信息，为该设施从建设到拆除的全生命周期中的所有决策提供可靠依据的过程。

3) 在项目的不同阶段，不同利益相关方通过在 BIM 中插入、提取、更新和修改信息，以支持和反映其各自职责的协同作业。

基于 BIM 技术支持建筑项目工程的集成管理环境，可以使工程在整个建筑设计施工管理进程中显著提高效率，减少返工和成本浪费的风险，从而实现智能化建筑在建筑全生命周期中最大限度地节约资源，达到绿色环保的目标。目前，在智能建筑工程项目的设计阶段，各个专业利用 BIM 技术进行三维建模，并通过 BIM 数据库信息协同联动，使建筑、结构、机电设计在统一的设计软件平台上进行协同设计和数据共享，一旦数据出现更新或模型进行了修改，其他专业的设计者可以实时通过平台上在线获取修改信息，方便各个专业的沟通和协调，大大提升设计效率。

BIM 技术具有的八大特点：

1) 三维可视化。在 BIM 中，根据数据和信息，生成了三维立体实物图形，不仅可以展示效果、输出报表，更重要的是，项目设计、建造、运营整个过程的沟通、讨论、决策都在可视化的状态下进行，具有互动性和反馈性。

2) 协调性。对于智能建筑体而言，不论是施工单位、业主还是设计方，都是互相协同、紧密配合的工作关系。在建造前期，BIM 技术可协调各专业的碰撞问题，生成协调数据，亦可解决空间位置协调，如电梯井净空要求，防火分区、地下排水布置等。

3) 模拟性。BIM 技术的模拟性并不只是模拟设计的建筑物模型。在设计阶段，BIM 技术可以对节能、紧急疏散、日照模拟、热能传导等多工况提前进行模拟计算；在招投标和施工阶段，还可从不同维度考虑，模拟生成对应的多场景。

4) 优化性。任何智能建筑工程在整个设计、施工、运营过程中都需要不断进行优化，利用 BIM 技术可方便实现项目的方案优化，尤其是异型建筑设计、施工的优化，这将带来显著的工期和造价改善。

5) 可出图性。利用 BIM 技术对智能建筑进行可视化展示、协调、模拟、优化后，可生成综合管线图、综合结构留洞图以及碰撞检查、侦错报告和建议改进方案，助力项目完成。

6) 一体化性。利用 BIM 建立的三维模型数据库，包含了智能建筑从设计到建成使用以及使用周期终结的全过程信息，可实现从设计、施工到运营，贯穿全生命周期的一体化管理。

7) 参数化性。BIM 技术是通过参数，而不是数字建立和分析模型，其图元以构件形式出现，构件间通过参数调整反映不同点，保存了图元作为数字化建筑构件的所有信息。

8) 信息完备性。BIM 技术的信息完备性体现在对工程对象可进行 3D 几何信息和拓扑关系的描述以及完整的工程信息描述。

BIM 技术实用性强，具有可视化、协调性、模拟性、优化性、可出图性、一体化性、参数化性、信息完备性等优势，已在建筑设计阶段带来了显著价值，并为建筑智能化管控的实施提供了新理念和新方法。

2. BIM 技术应用于机电模型的设计优化流程

在建筑设计阶段，基于 BIM 技术建立机电模型、管线碰撞检查、优化设计、现场三维可视化漫游和模拟施工等，使项目在设计过程中各专业协调联动，提高了设计效率，选取到最优方案，并减少了后期成本浪费，从而实现了智能建筑的绿色健康目标。

基于 BIM 技术的机电模型优化设计流程主要包含十个环节（图 1-1），具体如下：

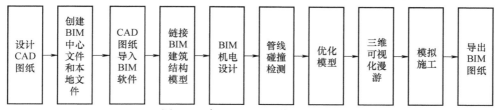

图 1-1　建立 BIM 机电模型的流程

（1）二维设计 CAD 图纸　首先依据电气、暖通、给水排水各个专业的建筑设计标准对 CAD 图纸进行设计。设计 CAD 图纸是 BIM 后续建模的基础。

（2）创建项目、项目样板、中心文件和工作集　项目样板是 BIM 设计的标准，在设计初期应该对项目样板进行创建或对软件自身默认的系统项目样板进行完善，以便后续的设计和出图。整个设计优化的步骤和环节如图 1-2~图 1-13 所示。

图 1-2　新建项目样板

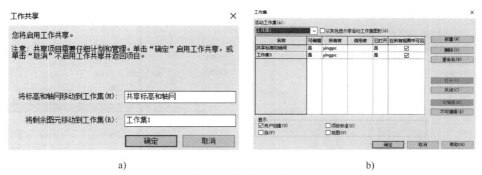

图 1-3　创建工作集

（3）将 CAD 图纸导入 BIM 软件（Revit MEP）　为了让模型具有精确的定位，我们首先导入 CAD 图纸进行二维的定位，然后在 CAD 基础上进行机电的三维建模。

（4）链接建筑结构模型　建筑结构模型是 BIM 机电模型的设计基础，只有链接了建筑结构模型，机电模型才能更好地反映出建筑结构和机电管线之间的空间关系，让设计师能更加清晰地进行空间布置管线的设计。BIM 技术通过同步项目文件，帮助同一个项目中建筑、结构、和机电团队实时分享设计信息，解决传统设计问题中工程信息交互滞后、工程师协调不畅等问题，提高团队工作效率。链接文件界面如图 1-4 所示。

（5）BIM 机电设计　BIM 机电设计包括电气设计、给水排水设计和暖通设计。其中设计内容分为：电缆桥架设计、消防管道设计、给水排水管道设计、空调布置设计和通风管道设计。部分设计界面如图 1-5~图 1-7 所示。

图 1-4　链接文件界面

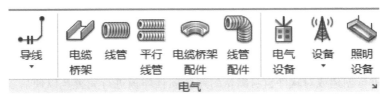

图 1-5　电气设计界面

图 1-6　给水排水设计界面

图 1-7　暖通设计界面

（6）碰撞检测　BIM 机电模型设计完毕后，运用 Revit MEP 中的碰撞检测工具进行碰撞检查，管线综合包括检查各类管线与管线之间、管道和管件之间、管件与管件之间、管线与建筑结构之间是否存在碰撞。碰撞检测是 BIM 机电设计中最重要的一步，它可以在建筑建造之前发现设计中存在的错、碰、漏等问题，为后期施工效率的提高和建筑建造成本的降低提供了优势。管线碰撞设置界面如图 1-8 所示，导出管线碰撞结果的界面如图 1-9 所示。

图 1-8　管线碰撞设置界面

图 1-9　导出管线碰撞结果的界面

（7）优化模型 在对机电模型进行碰撞检测后，各个专业根据国家标准和规范对机电模型进行修改，再次优化机电施工图，完善机电模型。管线优化效果如图1-10所示。

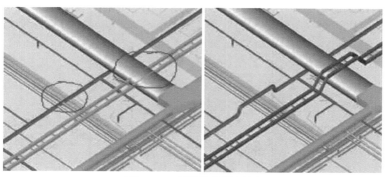

图1-10 管线优化效果图

（8）三维动态漫游 三维动态漫游是BIM技术的一个重要应用。通过三维动态漫游，设计师更加直观地观察建筑模型中的每个细节。设计师可以通过Revit、Navisworks软件进行漫游，专业人士或非专业人士都能直观地看到设计方案，对项目需求的判断更加明确高效，决策会更准确。三维动态漫游效果如图1-11所示。

（9）BIM模拟施工 模拟施工也是BIM技术中非常重要的应用，它利用虚拟现实技术构建一个虚拟建造的环境，在虚拟环境中建立建筑构件、设备、周围环境等三维模型，让软件中的模型动态化，并

图1-11 三维动态漫游效果图

进行虚拟施工。根据虚拟施工的效果，在软件中对施工方案进行修改和优化，从而得出最佳的施工方案方便后期施工团队进行施工工作，从而避免了不必要的返工带来的人力物力的消耗，同时也减少建筑的质量问题和安全问题，减少返工和修改。BIM模拟施工图和施工时间表分别如图1-12和图1-13所示。

图1-12 BIM模拟施工图

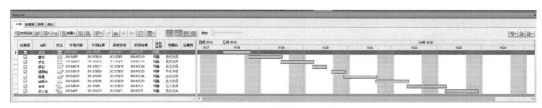

图1-13 BIM模拟施工时间表

（10）导出 BIM 施工图　将 BIM 模型优化完成后，可以根据需要导出不同专业的 BIM 施工图、平面图、剖面图、立面图等，如图 1-14～图 1-16 所示。其中，图 1-14 为电气专业平面图（局部），图 1-15 为暖通专业三维图，图 1-16 为水专业剖面图（局部）。

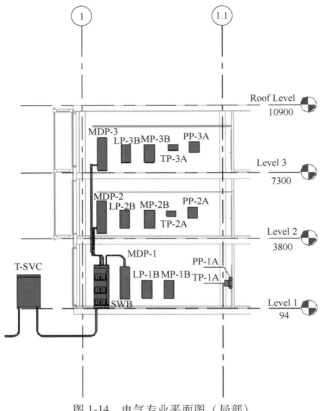

图 1-14　电气专业平面图（局部）

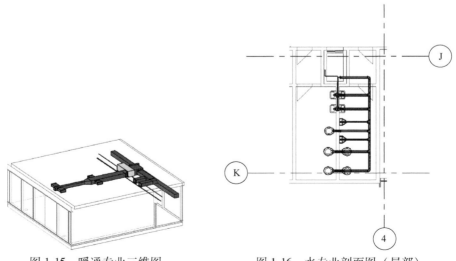

图 1-15　暖通专业三维图　　　　图 1-16　水专业剖面图（局部）

3. BIM 技术在智能建筑中的应用和发展

在智能建筑工程设计、实施中，3D-BIM 技术的应用解决了多工种配合，实现了三维可视化；

4D-BIM 技术则完成了施工设备、管线的优化，降低了成本，提升了智能化程度。具体应用如下：

1）基于 3D-BIM 技术的工程管理，主要用于规划、设计阶段的方案评审、火灾模拟、应急疏散能耗分析以及运营阶段的设施管理。在建筑工程的设计阶段，依托建筑信息模型，模拟实现了三维空间，非常直观、明了。同时，各个相关的专业都可以从模型中得到各自需要的信息、数据，既可指导相应工作，又能将相应工作的信息反馈到模型中，实时更新数据、信息，确保各专业工作的交流、协同。

2）基于 4D-BIM 的工程管理，主要用于施工阶段的进度、成本、质量控制以及碳排放测算。BIM 技术可以实现四维模拟实际施工，以便于在早期设计阶段就发现后期真正施工阶段将会出现的各种问题（如设备布置不合理、管线碰撞等），并提前处理。在后期施工时，基于 4D-BIM 的工程管理既可作为施工的实际指导，也可作为可行性指导，提供合理的施工方案，实现人员、材料使用的合理配置，最大范围内实现资源合理运用。

3）从 3D-BIM、4D-BIM 的应用来看，技术的关键在于构建相应的建筑设计、工程管理模型。nD+BIM 技术为智能建筑在全生命周期内多维需求以及工程实施进程中优化，提供了强有力的支持。

综上所述，与传统模式相比，BIM 技术具有明显的优势，它开启了建筑业的智能建造时代。而智能建筑在全生命周期内，对于时间、人员、成本等的智能管控，又极大地促进 BIM 技术的应用和提升。未来，随着 nD+BIM 技术在项目策划、设计、施工、运行、维护、改造、拆除各环节中的应用，该技术将确保工程技术人员正确理解和高效应对各种建筑信息，在提高生产效率、节省成本和减短工期等方面发挥重要作用，并进一步拓展方向，服务于智能建筑，具有非常广阔的发展前景。

1.3 建筑智能化系统工程架构

建筑智能化系统工程架构是建设智能化系统工程的顶层设计，即"自顶向下，由外而内"的整体设计。根据《智能建筑设计标准》（GB 50314—2015）的规定，建筑智能化系统工程架构（Engineering Architecture）是指以建筑物的应用需求为依据，通过对智能化系统工程的设施、业务及管理等应用功能做层次化结构规划，从而构成由若干智能化设施组合而成的架构形式。

智能化系统工程架构设计应满足如下要求：

1）智能化系统工程架构设计应包括设计等级、架构规划、系统配置等。

2）设计等级应根据建筑的建设目标、功能类别、地域状况、运营及管理要求、投资规模等综合因素确立。

3）架构规划应根据建筑的功能需求、基础条件和应用方式等作层次化结构的搭建设计，并构成由若干智能化设施组合的架构形式。

4）系统配置应根据智能化系统工程的设计等级和架构规划，选择配置相关的智能化系统。

1.3.1 智能化系统工程设计等级

根据《智能建筑设计标准》（GB 50314—2015）的规定，对智能化系统工程设计等级的相关内容进行了详细的规定。

1. 智能化系统工程设计等级的确立应符合的规定

1）应实现建筑的建设目标。

2）应适应工程建设的基础状况。

3）应符合建筑物运营及管理的信息化功能。

4）应为建筑智能化系统的运行维护提供服务条件和支撑保障。

5）应保证工程建设投资的有效性和合理性。

2. 智能化系统工程设计等级的划分应符合的规定

1）应与建筑自身的规模或设计等级相对应。

2）应以增强智能化综合技术功效作为设计标准等级提升依据。

3）应采用适时和可行的智能化技术。

4）宜为智能化系统技术扩展及满足应用功能提升创造条件。

3. 智能化系统工程设计等级的系统配置应符合的规定

1）应以智能化系统工程的设计等级为依据，选择配置相应的智能化系统。

2）符合建筑基本功能的智能化系统配置应作为应配置项目。

3）以应配置项目为基础，为实现建筑增强功能的智能化系统配置应作为宜配置项目。

4）以应配置项目和宜配置项目的组合为基础，为完善建筑保障功能的智能化系统配置应作为可配置项目。

1.3.2 智能化系统工程架构规划

根据《智能建筑设计标准》（GB 50314—2015）的规定，对智能化系统工程的架构规划相关内容进行了详细的规定。

1. 智能化系统工程的架构规划应符合的规定

1）应满足建筑物的信息化应用需求。

2）应支持各智能化系统的信息关联和功能汇聚。

3）应顺应智能化系统工程技术的可持续发展。

4）应适应智能化系统综合技术功效的不断完善。

5）综合体建筑的智能化系统工程应适应多功能类别组合建筑物态的形式，并应满足综合体建筑整体实施业务运营及管理模式的信息化应用需求。

2. 建筑智能化系统设施架构搭建应符合的要求

1）建筑智能化系统工程架构是层次化的结构形式，包括建设建筑信息化应用的基础设施层，建立具有满足运营和管理应用等综合支撑功能的信息服务设施层，形成展现信息应用和协同效应的信息化应用设施层。

2）架构规划分项应按工程架构整体的层次化结构形式，分别以基础设施、信息服务设施及信息化应用设施展开，如图 1-17 所示。

1.3.3 智能化工程的系统配置

1. 智能化工程的系统配置原则

智能化工程的系统配置应符合下列规定：

1）应以设计等级为依据。

2）应与架构规划相对应。

3）应保障智能化系统综合技术功效。

4）宜适应按专业化分项实施的方式。

5）应按建筑基本条件和功能需求配置基础设施层的智能化系统。

6）应以基础设施层的智能化系统为支撑条件，按建筑功能类别配置信息服务设施层和信息化应用设施层的智能化系统。

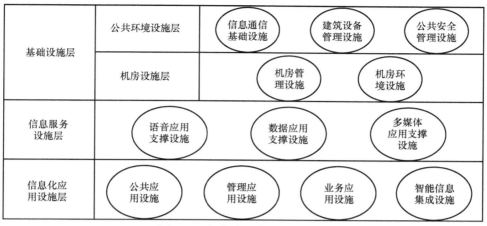

图 1-17　智能化系统工程架构图

2. 智能化系统工程的系统配置分项

智能化系统工程的系统配置分项按照专业化分项方式和设施建设模式，分别以信息化应用系统、智能化集成系统、信息设施系统、建筑设备管理系统、公共安全系统、机房工程等设计要素展开。具体见表 1-1。

表 1-1　智能化系统工程的系统配置分项表

信息化 应用设施	信息化应用系统	公共应用设施	公共服务系统
			智能卡应用系统
		管理应用设施	物业管理系统
			信息安全管理系统
			信息设施运行管理系统
		业务应用设施	通用业务系统
			专业业务系统
	智能化集成系统	智能信息集成设施	智能化信息集成（平台）系统
			集成信息应用系统
信息 服务设施	信息设施系统	语音应用支撑设施	用户电话交换系统
			无线对讲系统
		数据应用支撑设施	信息网络系统
		多媒体应用 支撑设施	有线电视系统
			卫星电视接收系统
			公共广播系统
			会议系统
			信息导引及发布系统
			时钟系统
基础设施		信息通信基础设施	信息接入系统
			布线系统
			移动通信室内信号覆盖系统
			卫星通信系统

（续）

			建筑设备监控系统
基础设施	建筑设备管理系统	建筑设备管理系统	建筑能源管理系统
	公共安全系统	公共安全管理设施	火灾自动报警系统
			安全技术防范系统: 入侵报警系统
			视频安防监控系统
			出入口控制系统
			电子巡查系统
			停车库（场）管理系统
			访客对讲系统
			安全检查系统
			安全防范综合管理（平台）系统
			应急响应系统
	机房工程	机房环境设施	信息接入机房
			有线电视前端机房
			信息设施系统总配线机房
			智能化总控室
			消防控制室
			安防监控中心
			智能化设备间（弱电间）
			用户电话交换机房
			信息网络机房
			应急响应中心
		机房管理设施	机房安全系统
			机房综合管理系统

1）与基础设施层相对应，且基础设施的智能化系统分项包括信息设施系统中的信息通信基础设施、建筑设备管理系统、公共安全系统、机房工程中的机房环境设施和机房管理设施。

① 信息设施系统中的信息通信基础设施，其分项包括信息接入系统、布线系统、移动通信室内信号覆盖系统和卫星通信系统。

② 建筑设备管理系统，其分项包括建筑设备监控系统和建筑能源管理系统。

③ 公共安全系统，其分项包括火灾自动报警系统、入侵报警系统、视频安防监控系统、出入口控制系统、电子巡查系统、访客对讲系统、停车库（场）管理系统、安全检查系统、安全防范综合管理（平台）系统和应急响应系统。

④ 机房工程中的机房环境设施，其分项包括信息接入机房、有线电视前端机房、信息设施系统总配线机房、智能化总控室、消防控制室、安防监控中心、智能化设备闻（弱电闻）、用户电话交换机房、应急响应中心和信息网络机房；机房工程中的机房管理设施，其分项包括机房安全系统和机房综合管理系统。

2）与信息服务设施层相对应，且信息服务设施的智能化系统分项包括信息设施系统中的语音应用支撑设施、数据应用支撑设施和多媒体应用支撑设施。

① 信息设施系统中的语音应用支撑设施，其分项包括用户电话交换系统和无线对讲系统。

② 信息设施系统中的数据应用支撑设施，包括信息网络系统。

③ 信息设施系统中的多媒体应用支撑设施，其分项包括有线电视系统、卫星电视接收系统、公共广播系统、会议系统、信息导引及发布系统和时钟系统。

3）与信息化应用设施层相对应，且信息化应用设施的智能化系统分项包括信息化应用系统中的公共应用设施、管理应用设施、业务应用设施和智能化集成系统。

① 信息化应用系统中的公共应用设施，其分项包括公共服务系统、智能卡应用系统。

② 信息化应用系统中的管理应用设施，其分项包括物业管理系统、信息设施运行管理系统、信息安全管理系统。

③ 信息化应用系统中的业务应用设施，其分项包括通用业务系统、专业业务系统。

④ 智能化集成系统，其分项包括智能化信息集成（平台）系统、集成信息应用系统。

1.3.4 智能建筑类型与系统配置的对应关系

按照建筑的使用功能进行分类，可将建筑分为住宅建筑、工业建筑和公共建筑。其中，公共建筑可分为办公建筑、教育建筑、旅馆建筑、文化建筑、医疗建筑、体育建筑和交通建筑等不同类型，对应的每一类智能建筑都需要相应的智能化系统配置，但是，由于每一类智能建筑，其实现的用户需求、使用功能不尽相同，因此其智能化系统的配置不完全相同。根据各类建筑的使用功能，需要着重对一些系统进行专项设计，其对应关系如下：

1）住宅建筑的基本功能注重安全舒适的居住环境、便利的社区服务、全面的网络通信等方面。应建立集中的公共安全系统，实现住宅建筑边界的防卫和警示：公共场所应安装视频监控系统，与入侵报警系统联动；主要出入口需设置出入口控制系统和电子巡查系统，加强安全防范；停车场需设置停车场管理系统，对进入住宅建筑的车辆进行控制和管理；特别注意的是需安装访客对讲系统，来访客人经过住户的同意才能进入住宅。机房工程基础设施应配置智能化总控室和安防监控中心。宜配置完善的信息化应用系统，尤其是物业管理系统。宜建立建筑设备监控系统对住宅内公共机电设备等进行监控与运行维护的管理，确保住宅建筑内的公共机电设备处于良好运作状态。宜实现住宅建筑内公共广播系统的综合管理，建立综合的信息导引及发布系统，如包含通知和天气信息的电子广告显示屏。

2）工业建筑应配置实现安全、节能、环保和降低生产成本的目标需求的智能化系统。应配置信息设施系统和信息化应用系统向生产组织、业务管理等提供保障业务信息化流程所需基础条件，其中专业业务系统应配置相应的企业信息化管理系统；应配置智能化集成系统和建筑设备管理系统实施对能源供给、作业环境支撑设施的智能化监控及建筑物业的规范化运营管理；应配置相应的机房工程确保生产所需的各种能源供应的品质和可靠性，提高产品质量及合格率。

3）办公建筑基本涵盖5A智能化系统，实现办公建筑内设备的监控，通过信息化设施提高办公人员的工作效率，为办公人员创造一个高效、舒适、安全、环保的工作环境。5A包括楼宇自动化系统（BAS），具体包括空调、供配电、照明、给排水等系统；通信自动化系统（CAS），具体包括有线电视系统、公共广播系统、移动通信室内信号覆盖系统、用户电话交换系统、会议系统等；办公自动化系统（OAS），具体包括公共服务系统、物业管理系统、智能化信息集成系统等；安保自动化系统（SAS），具体包括视频安防监控系统、电子巡查系统、入侵报警系统等；消防自动化系统（FAS），具体包括火灾自动报警系统等。

4）教育建筑旨在为学生提供高效的学习环境。应建立完善的通信网络，设置信息网络系统、公共广播系统、用户电话交换系统、会议系统等，方便老师们提供远程教学。为提高教学管理水平，需设置完善的专业业务系统包括校务数字化管理系统、多媒体教学系统、教学评估音视频观察系统、多媒体制作与播放系统、语音教学系统、图书馆管理系统。为了节能环保，应设置设备管理系统，在保证舒适教学环境的前提下进行设备的管理，节约能耗。为确保教学工作的安全性，公共安全系统包括火灾自动报警系统、安全技术防范系统、安全防范综合管理平台不可或缺。机房工程除配置基本的机房环境设施以外，还应配置机房管理设施、机房安全系统和机房综合管理系统。

5）旅馆商店建筑是为顾客提供娱乐休闲活动的场所，以优质服务为主吸引客户，因此保证设施稳定运行，提高综合服务水平是旅馆商店经营管理的关键。旅馆的智能化系统应为客人提供优质服务，应配置智能卡应用系统，方便客人进行身份识别和门锁控制，同时对客人的消费情况进行记账管理。为了提高旅馆管理人员的经营管理水平，应配置智能化信息集成系统和集成信息应用系统，如旅馆房间的智能预定、前台计算机的统一管理、办公自动化系统等，提供高效便捷的经营和管理。星级酒店应配置建筑设备监控和能效监管系统，尤其注意的是应配置客房集控系统，确保客人入住舒适度的前提下，最大限度节省能耗，为酒店创造经济效益。商店建筑的系统配置与旅馆建筑类似，除了不需要客房集控系统。

6）文化建筑包括图书馆和档案馆，观演建筑包括剧场和电影院。文化建筑、观演建筑、博物馆建筑和会展建筑的智能化系统配置基本相同。现代博物馆与传统博物馆相比由于信息技术的发展有了很多扩展，成为科普教育展示多功能一体的文化中心。博物馆建筑中最重要的智能化系统为安全技术防范系统、火灾自动报警系统。博物馆不同于一般的公共建筑，收藏的文物十分贵重，因此通过入侵报警系统、视频安防监控系统、电子巡查系统、出入口控制系统等为文物的安全提供保障。博物馆的消防系统更多注重预防，在注意观众安全性问题的同时，还需防止文物的损坏和伤害。应配置相应的楼宇设备控制系统，对各个设备集中管控，保障博物馆建筑内设备的稳定运行。需注意会展建筑还应配置应急响应系统以确保有紧急情况之时人员疏散的有序性。

7）医疗建筑的首要目标是建立以人为本的良好医疗环境，提升医院的管理水平，提高医护人员的工作效率，同时节约能耗。除了共同的智能化系统以外，特别需要设置医院专用的业务系统，包括医疗业务信息化系统、病房探视系统、视频示教系统、候诊呼叫信号系统、护理呼应信号系统。医疗业务信息化系统为病人提供方便快捷的信息服务和咨询服务；候诊呼叫信号系统营造良好的排队秩序，同时提高医务人员的工作效率；护理呼应信号系统能够及时通知医生和护士关于病房的情况，此系统与医院信息管理系统对接，可将病人相关病历传送至医护端，方便存档和后续治疗工作；视频示教系统将手术室的手术过程清晰传送至会议系统供实习生进行学习。

8）交通建筑包括民用机场航站楼、铁路客运站、城市轨道交通站和汽车客运站。应配置建筑设备管理系统，结合售票厅、等候厅、到达厅等不同区域的特点，根据不同区域空调的送风形式及风量调节方式进行送风控制，提高室内综合空气品质，体现人性化服务质量。对航班（车次）显示、安全检查系统电源、时钟系统电源状态等进行监测。应配置完善的信息设施系统；移动通信室内信号覆盖系统应满足室内移动通信用户实现语音及数据通信的业务；布线系统应在旅客活动区域安装公用电话、无障碍公用电话或语音求助终端；用户电话交换系统应支持标准要求；对讲系统应支持与广播系统的互联，实现本地的广播功能。应配置智能化信息集成系统，除向旅客实时发布航班（车次）计划信息外，需将旅客的信息应传送至安检信息系统，方便安全管理。

9）体育建筑的智能化建设一般按照使用需求来建设。为满足运动员高水平竞技能力的发挥，应设置相应的设备管理系统，管控空调、照明、排水、空气检测等。为确保比赛的正常有序进行，应配置包括布线系统、信息网络系统、公共广播系统在内的信息设施系统；考虑到媒体转播的需要，有线电视系统、卫星通信系统、会议系统必不可少。应配置为赛事服务的信息化应用系统。体育建筑的专业业务系统包括计时记分系统，现场成绩处理系统，售验票系统，电视转播和现场评论系统，升旗控制系统。应配置安全技术防范系统和火灾报警系统保障场馆内的安全，尤其是应急响应系统以确保有紧急情况之时人员疏散的有序性。

　　不同建筑类型中的信息化应用系统中的业务系统的具体配置不同（表1-2）。建筑智能化系统包含多个子系统，信息化应用系统是其中不可缺少的一个子系统。建筑类型不同，对于信息化应用的程度要求也不同，其包含的通用业务系统、专业业务系统均不同。

表 1-2　不同建筑类型中的信息化应用系统中的业务系统配置表

建筑类型		通用业务系统	专业业务系统
住宅建筑		无	无
通用工业建筑		基本业务办公系统	企业信息化管理系统
办公	通用办公	基本业务办公系统	专用办公系统
	行政办公	基本业务办公系统	行政工作业务系统
教育	高等学校	基本业务办公系统	校务数字化管理系统，多媒体教学系统，教学评估音视频观察系统，多媒体制作与播放系统，语音教学系统，图书馆管理系统
	高级中学	基本业务办公系统	校务数字化管理系统，多媒体教学系统，教学评估音视频观察系统，多媒体制作与播放系统，语音教学系统，图书馆管理系统
	初级中学和小学	基本业务办公系统	多媒体教学系统，教学评估音视频观察系统，语音教学系统
旅馆		基本旅馆经营管理系统	星级酒店经营管理系统
商店		基本业务办公系统	商店经营业务系统
医疗	综合医院	基本业务办公系统	医疗业务信息化系统，病房探视系统，视频示教系统，候诊呼叫信号系统，护理呼应信号系统
	疗养院	基本业务办公系统	医疗业务信息化系统，医用探视系统，视频示教系统，候诊排队叫号系统，护理呼应信号系统
金融		基本业务办公系统	金融业务系统
交通	民用机场航站楼	基本业务办公系统	航站业务信息化管理系统，航班信息综合系统，离港系统，售检票系统，泊位引导系统
	铁路客运站	基本业务办公系统	公共信息查询系统，旅客引导显示系统，售检票系统，旅客行包管理系统
	城市轨道交通站	基本业务办公系统	公共信息查询系统，旅客引导显示系统，售检票系统
	汽车客运站	基本业务办公系统	旅客引导显示系统，售检票系统
体育		基本业务办公系统	计时记分系统，现场成绩处理系统，售验票系统，电视转播和现场评论系统，升旗控制系统
文化	图书馆	基本业务办公系统	图书馆数字化管理系统
	档案馆	基本业务办公系统	档案工作业务系统
	文化馆	基本业务办公系统	文化馆信息化管理系统

（续）

建筑类型		通用业务系统	专业业务系统
博物馆		基本业务办公系统	博物馆业务信息化系统
观演	剧场	基本业务办公系统	舞台监督通信指挥系统，舞台监视系统，票务管理系统，自助寄存系统
	电影院	基本业务办公系统	票务管理系统，自助寄存系统
	广播电视业务建筑	基本业务办公系统	广播、电视业务信息化系统，演播室内部通话系统，演播室内部监视系统，演播室内部监听系统
	会展	基本业务办公系统	会展建筑业务运营系统，售检票系统，自助寄存系统

1.4 建筑智能化的发展

当今信息时代，以人工智能、大数据和物联网等为代表的新技术，已深入到社会生活的方方面面，给人们带来了极大的便利，充分利用先进信息技术，提升智能化水平成为建筑业发展的总体趋势和主要途径，"智能大厦""智慧校园""智慧城区"方兴未艾，层出不穷，建筑智能化技术不断提升，从3A到5A乃至更多，建筑智能化系统功能日益完善，智能建筑成为主导。与此同时，人们对智能建筑的服务需求、应具有的功能的看法也在不断改变，对智能建筑的关注点不再局限于技术要素，还包括节能环保和用户体验等多方面。"环境友好""绿色节能""以人为本""智慧健康""可持续发展"等越来越受到智能建筑研究者、用户的高度重视。

1.4.1 智能建筑的发展方向

智能建筑通过数据挖掘与分析、人工智能算法，利用建筑信息模型BIM技术，形成三维可视化交互，提升建筑的整体智慧和"自适应与学习"能力，使建筑内各系统互联互通，构建节能环保、绿色健康的智慧建筑，这已成为智能建筑的重要发展趋势。

具体而言，未来的智能建筑将具有三大发展方向：

1. 未来智能建筑内各系统将互联互通

在未来智能建筑中，传感器将无处不在，时时刻刻监测建筑中的各种信息，赋予建筑卓越的感知能力。目前，由于技术与市场等各种原因限制，智能建筑的各个子系统分立运行，形成了一些相互脱节的独立系统，无法实现或者只是部分实现建筑的综合优化控制。有的建筑各个系统之间不仅硬件设备存在重复冗余，而且各系统之间往往没有提供相互通信与控制的接口，操作和管理人员需要熟悉和掌握各个不同系统及对象的技术，造成系统建设、技术培训及维修费用增高，系统效率低下等问题。随着科技的进步，作为物联网的基础设施，传感器会向着低价和高性能方向发展，同时，传感器也将越来越智能化与微型化。物联网技术的发展使万物变得"聪明"又"善解人意"，可通过芯片自动读取信息，进行互联网传递，使信息的获取、处理和传递有机结合，在建筑智能的应用上形成了完美契合。

目前，随着物联网产业规模的迅速发展，物联网应用已经涉及包括城市管理、智能家居、物流管理、食品安全、商业零售、医疗保健及社会安全等众多领域。在这些应用中，无论是定位技术，还是物物互联技术，都能应用于未来的智能建筑中。另一方面，随着物联网基础技术的突破，Lora、NB-IOT、5G等技术不断趋于成熟，使得海量的传感设备可以通过物联网的普遍连接，实现互联互通，最终形成更加智慧的智能建筑。

2. 未来智能建筑将实现生态环保、绿色健康

当今众多的新能源技术，如太阳能、风能、生物能等，已日渐趋于成本低廉化、技术成熟化以及未来应用的普及化，加之国家政策对新能源推广的扶持，新能源技术对能源行业的产业布局产生着越来越重要的影响，"互联网+智慧能源"成为国家战略，将进一步推进能源生产和消费的智能化。同时，随着发电方式逐渐从集中式转变为分布式，太阳能面板、风机等走进城市，建筑物将成为具备发/用/储一体化特性的能源互联网关键节点。智能建筑的绿色环保不再局限于其本身，而被赋予"可持续发展"的概念，智能建筑在一定程度上可实现能源的自给自足，甚至产生多余能源，成为分布式能源网络中的一个新节点。另一方面，随着数据技术（DT）时代的到来，大数据正在成为一种能够产生生产力的"新能源"，它能为我们不断带来新的洞察与认知，而绿色智能建筑正是这种"新能源"产生的重要场所。在此基础上，智能建筑围绕使用者的需求，进一步强调以人为本，坚持绿色引领健康，实现人与自然和谐共生。

3. 未来智能建筑将拥有自学习能力

目前建筑智能化系统还夹杂着许多泡沫，智能化工程的完成度不高，即使目前比较成熟的楼宇自动化系统，还只能称之为具有顺序逻辑判断能力的自动控制系统，无法进行思维逻辑判断或自学习，一旦工作环境或工作参数发生变化，将必须人工重新调整或编写控制程序，系统维护复杂、检修不便，离智能还相去甚远。随着大数据、云计算等基础设施的完善以及人工智能算法研究的不断成熟，如深度强化学习，建筑智能化系统在智能建筑的建设过程中发挥着重要作用，它能够基于初期数据挖掘成果，对环境、经济、用户体验等各方面出现的各类复杂问题进行快速建模，完成智能建筑从基础数据采集展示向敏锐感知、深度洞察与实时综合决策的智慧化阶段发展，使智能建筑的"自学习能力"成为可能，即未来智能建筑不再需要人为设置，而是能够像人一样自动感知一切建筑环境，不断挖掘有用信息并做出响应，真正做到给予建筑"人的智能"。

智能建筑行为模式将建筑内的所有静态和动态数据都集中到云上，通过基于大数据分析与挖掘技术的智能平台，实时处理建筑内部不同智能系统在不同时间内采集到的海量数据，并对这些数据进行汇总、拆分、归类、分析与挖掘，以改变目前建筑建设、运营、使用过程中的粗放现状，实现建筑管理的精准化与全面化。同时，随着智能建筑提供的服务更加个性化，其所需的数据量以及数据复杂性都会不断提升。智能建筑需要获取实时外界环境与人员行为信息，在此基础上进行自主学习，通过数据分析与模式挖掘，不断调整自身属性。

因此，可以预见，高度节能、绿色健康是智能建筑最重要的特征，新能源技术的引入能够在一定程度上实现能源自给自足，甚至可以在区块链技术的支撑下进行智能建筑间的绿色能源相互输送与直接交易，成为未来能源互联网中的重要节点。广泛存在的传感器和智能化网络无时无刻不在监视着建筑的各种信息，使建筑具备卓越的感知能力，从中获取的大数据可以为建筑运营者提供准确的建筑健康状况信息。结合人工智能、物联网、虚拟现实等技术，智能建筑将为建筑用户提供多样的、个性化的、精准的服务。例如：基于大数据的用户档案与知识库、基于人脸识别技术的智能门禁、应急情况图像识别判断与决策、基于舆情监测的智能建筑用户心理健康监控等。未来的智能建筑是一个具有感知和永远在线的"生命体"，一个拥有大脑般自进化能力的智慧平台，一个人、机、物深度融合的开放生态系统，它将通过集成创新技术与产品为使用者提供高品质服务，并不断满足其个性化的需求。

1.4.2　建筑智能化方向人才培养

1. 建筑电气与智能化专业建设

智能建筑自20世纪90年代初在我国开始出现，它是个全新的事物，对于建筑行业而言，曾使传统建筑业的设计、施工、管理队伍措手不及，人才的缺乏成为突出的问题。无论是建设行业的勘察设计研究院（所）、楼宇自动化公司、系统集成公司、建设施工单位和监理单位，还是物业管理机构和政府主管部门，都需要有能够从事建筑智能化工作的不同层次的专业人才。为了满足建筑行业对人才的需求，2000 年教育部批准设立建筑电气与智能化专业。经过不断发展，它已经逐步建立了自己完整的理论和技术体系，发展成为一门独立的学科。2018 年 10 月教育部正式在高等学校土木类专业教学指导委员会下设建筑电气与智能化专业教学指导分委员会，负责建筑电气与智能化专业建设，目前，已有近 100 所高校开设了此专业。同时，中国电工技术学会下设"工业与建筑电气应用专业委员会"，出版刊物为《电气工程应用》；中国建筑学会下设"建筑电气分会"，出版刊物为《建筑电气》，为建筑电气与智能化专业的交流搭建了良好的平台。

2. 建筑电气与智能化专业人才培养方向

建筑智能化是将各种硬件与软件资源优化组合，将建筑物中用于楼宇自控、综合布线、计算机系统的各种相关网络中的所有分离的设备及其功能信息有机地组合成一个既关联又统一协调的、满足用户需要的完整体系。为了适应建筑智能化领域的发展，建筑电气与智能化专业的定位是以电能、电气设备和电气技术为手段来创造、维持与改善限定空间和环境的一门科学，介于土建和电气两大类学科之间的一门综合学科。因此，建筑电气与智能化专业的人才培养目标是：基于信息技术，培养"面向建筑、面向工程、面向应用"的高级专业人才。培养的学生是：能熟练掌握建筑、土木、电气、控制、计算机等多学科的相关基本知识，具有适应建筑行业发展的交叉学科知识背景与执业资质基础，实践能力与创新精神突出，可从事建筑电气与智能化方面设计、研究、开发、管理、运维等相关工作，符合智慧城市与智能建筑发展需要的技术应用和开发的卓越工程师。

在人才培养中，教材建设是构筑教学平台的基础工作之一。建筑智能化方向的教材应考虑到学习者的专业背景，反映国内外的主流技术，紧密结合工程实际，因此，本教材根据国家《智能建筑设计标准》（GB 500314—2015）的相关规定，详细介绍了各类建筑智能化系统，在此基础上，突出设计为主线的理念，学以致用，提升工程应用能力。书中选取了不同智能建筑的典型空间实例，聚焦智能化系统的应用，全面阐述建筑智能化系统及集成管理系统的应用，实现"人性化的设计""智能化的设备""生态化的环境"三者融合、协同联动，满足智能建筑多元化的需求。

思　考　题

1. 如何理解智能建筑的含义？
2. 如何理解建筑智能化系统与智能建筑的关系？
3. 如何利用 BIM 技术进行建筑智能化系统设计？其主要流程如何？
4. 建筑智能化系统工程架构的设计应包括哪几部分内容？请分别说明。
5. 不同类型的智能建筑与其智能化系统配置对应关系是什么？请举例说明。
6. 智能化系统配置的原则是什么？
7. 你如何理解 AI、5G 技术等对智能建筑产生的影响？
8. 智能建筑的发展方向有哪些？建筑智能化专业人才培养的目标是什么？

第 **2** 章

建筑智能化系统集成

智能建筑把计算机、控制及电子设备运用于建筑空间，并以最快的速度使用新技术及成果，全面提升建筑物的功能。而不同功能的实现需要相应的智能化系统甚至多个系统集成来完成。因此，智能建筑不仅需要多个智能化系统，更需要多个智能化系统的有机集成，是一个复杂的系统工程。我们应从顶层设计的角度、整体考虑每个智能建筑应包含的智能化系统和它们的实现方式。近年来，建筑智能化综合管理系统（Intelligent Building Manage-Ment System，IBMS）满足了智能建筑的需求，是建筑智能化系统集成的代表。

2.1 建筑智能化综合管理系统

2.1.1 建筑智能化综合管理系统概述

建筑智能化综合管理系统（IBMS）是基于数据、信息共享的基础上，针对智能建筑多元的需求，在各智能化系统中搭建桥梁，完成不同系统在功能、技术、过程、管理上的集成，使各系统满足智能建筑各项指标要求，通过信息共享实现信息综合利用，成为跨系统的综合管理平台。

建筑智能化综合管理系统是智能建筑的核心，是一个一体化集成监控管理的实时系统，它通过采集各系统的信息，实现了建筑物的设备自动检测与优化控制，实现了信息资源的管理与共享，为使用者提供最佳的信息服务，创造安全、舒适、高效、环保的生活、工作环境。

2.1.2 建筑智能化综合管理系统组成

1. 建筑智能化综合管理系统架构

根据《智能建筑设计标准》（GB 50314—2015）的相关规定，不同类型的建筑，其建筑智能化系统的配置应从信息化应用系统、智能化集成系统、信息设施系统、建筑设备管理系统、公共安全系统及机房工程等方面进行综合考虑。因此，在坚持总体规划、优先设计原则下，建筑智能化综合管理系统从上向下，按照综合层、信息层、应用层的三层结构，从建筑设备集成管理、信息集成管理、网络通信集成管理三方面集成，分步实施，在满足系统集成总目标的前提下，指导各系统设计，逐一实现各系统集成目标，最终达到项目总体目标。

建筑智能化综合管理系统架构如图 2-1 所示。

2. 建筑智能化综合管理系统（IBMS）主要功能

1）集中管理：全面掌握建筑内设备的实时状态。

2）数据共享：通过 IBMS 联通不同通信协议的设备，实现各系统间的信息共享、交互及协调工作。

3）能耗分析：统计分析各设备的运行状态和用能情况。

20

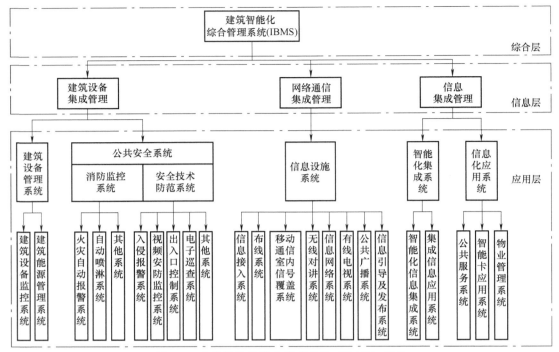

图 2-1 建筑智能化综合管理系统（IBMS）架构

4）设备维护：及时提醒对各设备的维护管理，避免设备故障的发生。

综上所述，智能建筑借助建筑智能化综合管理系统（IBMS），通过建筑设备集成、信息集成、网络通信集成，实现信息汇聚、资源共享、协同运行、优化管理等多目标；建筑从单一体到群体再到园区、社区、城区，与城市管理有机联系起来，成为现代城市的基础；作为绿色城市的"信息岛"或"信息单元"，它将为智慧城市建设带来真正的信息化和智能化。例如，将智能建筑的安防和消防系统与城市的报警指挥中心联成一体，可形成一个全城市的数字化安全保障体系，对于突发案情的响应和处置会更加快速有效。

下面对建筑智能化综合管理系统的多个子模块逐一进行介绍，首先从建筑设备集成管理模块开始。

2.2 建筑设备管理系统

2.2.1 建筑设备管理系统概述

1. 建筑设备管理系统组成

从建筑智能化综合管理系统的架构图中清楚地看到，建筑智能化综合管理系统的建筑设备管理集成模块由建筑设备管理系统（Building Management System，BMS）和公共安全系统组成，而建筑设备管理系统由建筑设备监控系统和建筑能源管理系统组成（Building Energy Manage -Ment System，BEMS）。建筑设备管理系统早期被称为楼宇自动化系统（Building Automation System，BAS）、楼宇自控系统或建筑设备监控系统。2007 年实施的《智能建筑设计标准》（GB/T 50314—2006）将 BAS 更改为 BMS。2015 年实施的《智能建筑设计标准》（GB 50314—2015）将建筑能效管理系统纳入 BMS 范围。因此，BMS 是对建筑设备监控系统、建筑能效管理系统和公共安全系统等实施综合管理的系统。

　　基于此，建筑设备管理系统有广义和狭义两种含义。从狭义层面理解，它是在楼宇自动化（BA）系统基础上，结合通信网络架构，对建筑设备、能源消耗实施监管的系统。而从广义的角度上看，建筑设备管理系统是将若干个相互独立、相互关联的智能化系统有机集成到一个统一的、协调运行的系统中，再集成设备管理系统、信息网络系统等其他智能化系统集，形成功能全面的、管控一体化的综合管理系统或智能化平台。

　　建筑设备管理系统的组成如图 2-2 所示。

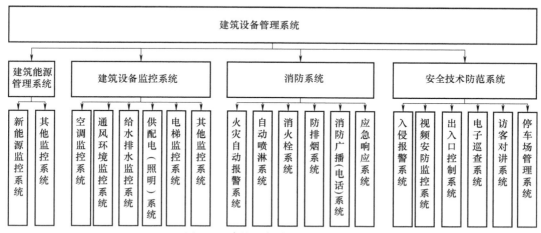

图 2-2　建筑设备管理系统的组成

2. 建筑设备管理系统的主要作用

　　建筑设备管理系统是采用计算机网络技术、自控技术和通信技术，对建筑内的暖通空调、给水排水、供配电、电梯、照明等机电设备进行集中监控和管理的系统。它最早出现在 20 世纪 70 年代，从第一代的中央监控系统（Central Computer Management System，CCMS）到 80 年代的分布式控制系统（Distributed Control System，DCS）、90 年代的开放式集散系统构架，进入 21 世纪后已经发展到第四代网络集成系统。随着工业以太网、云计算技术及人们对绿色节能、智能管控等高端需求的深化，建筑设备管理系统一直在不断地自我完善和发展。

　　建筑设备管理系统发挥的主要作用如下：

　　1）建筑设备管理系统通过对楼宇设备的监控和能耗的监测，提供室内宜居、能源节约、安全保障和环境保护等服务，并向上提供开放接口供建筑智能化系统集成 IBMS。

　　2）建筑设备管理系统通过数据、信息采集和分析，准确掌握建筑设备的运行状态、负荷变动、高效节能情况，并预测设备故障，保障系统正常运行。

　　3）建筑设备管理系统要在保障建筑内设备正常运行的基础上，考虑建筑全生命周期，实现高效节能和降低运维成本。

　　4）建筑设备管理系统对火灾自动报警系统、安全技术防范系统和消防联动控制系统的运行状态进行监测和联动控制，为建筑内人员的人身安全提供保障。

3. 建筑设备管理系统常用通信协议

　　自动控制是建筑设备管理系统的技术基础。建筑设备管理系统按照自动控制原理组成的闭环控制系统来实现制冷、空调与通风、给水排水等专业的设计要求。由于涉及制冷、空调与通风、给水排水等多个专业，因此建筑设备管理系统的设计与实施需要这些专业的配合，由各个专业提出相应的监控需求。比如机电工程师应该根据空调设计，提出空调、制冷系统所需监测的物理参数（湿度、温度、压力、流量等）的控制要求。

在早期建筑设备管理系统中，各个厂家推出的系统构架大多基于厂家的专有协议，如 Honeywell 的 C-bus 协议、Siemens 的 BLN 协议、江森自控的 Metasys N2 协议，不具备开放性和系统间的互操作，给系统的运行、维护和升级改造带来不便，也限制了系统的推广和发展。因此，最终用户、机电设备厂商、工程商、维保单位等都期望不同厂家的产品能使用同一种标准通信语言，具有开放性并能实现互操作。在这样背景下，开放性标准得到了重视。目前，LonWorks 技术和 BACnet 标准作为两种代表，在 BMS 领域得到广泛的认可与应用，主流的厂家也都推出基于 LonWorks 协议或 BACnet 标准的系列产品。

（1）LonWorks 协议 LonWorks 协议由美国 Echelon 公司在 1990 年 12 月推出，它采用 ISO/OSI 参考模型的全部七层通信协议和面向对象的设计方法，通过网络变量把网络通信设计简化为参数设置。支持双绞线、同轴电缆、光缆和红外线等多种通信介质。采用 LonWorks 协议和神经元芯片的产品，已广泛应用于楼宇自动化、家庭自动化、保安系统、办公设备、交通运输、工业过程控制等方向。

LonWorks 是单一的协议，在所有的网络和每个设备中都使用 LonTalk 协议。LonTalk 协议支持各种媒体类型，每种媒体根据其物理性质以不同速度运行。

（2）BACnet 标准 楼宇自动控制网络数据通信协议（Building Automation and Control Network，BACnet）是由美国供暖、制冷与空调工程师学会（ASHRAE）定义的通信协议，并成为美国国家标准协会（ANSI）和国际标准化组织（ISO）的标准。1987 年 1 月 ASHRAE 发起成立 SPC135p 委员会（Standard Project Committee 135p）。经历八年半时间，BACnet 正式成为 ASHRAE 标准。1995 年 12 月被批准为美国国家标准，并正式命名为 ANSI/ASHRAE 135-1995 标准。2003 年 1 月 18 日成为 ISO 的正式标准 ISO16484-5。

BACnet 是为计算机控制供暖、制冷、空调 HVAC 系统和其他建筑物设备系统定义的服务型协议，从而使 BACnet 协议的应用以及建筑物自动控制技术的使用更为简单。通过定义工作站级通信网络的标准通信协议，以取消不同厂商工作站之间的专有网关，将不同厂商、不同功能的产品集成在一个系统中，并实现各厂商设备的互操作，从而实现整个楼宇控制系统的标准化和开放化。

BACnet 针对智能建筑及控制系统的应用所设计的通信，可用在暖通空调系统（HVAC，包括暖气、通风、空气调节），也可以用在照明控制、门禁系统、火灾报警系统及其相关的设备。优点在于能降低维护系统所需成本并且比一般的工业通信协议安装更为简易，而且提供五种业界常用的标准协议，可防止设备供应商及系统业者的垄断，因此未来系统扩充性与兼容性大为增加。

当时网络及通信技术的发展对集成技术提出了更高的要求，要求建筑物自动化系统与高一级的企业管理系统加强联系，提高管理效率。换言之，要在信息管理网上互联来解决不同厂家的自动化系统集成。厂家可以按照 BACnet 标准开发与 BACnet 兼容的控制器或接口，在这一标准协议下实现相互交换数据的目的。BACnet 比 LONMARK 具有更为量大的数据通信，可以运作高级复杂的大量信息，实现不同厂家的楼宇自动化系统之间的互联。

BACnet 网络通信协议标准规定了所有数据在网络中传输的一系列标准，包括使用何种线缆、如何发布指令、怎样得到温度信号、怎样发出警报等，所采用的 4 层体系结构如图 2-3 所示。BACnet 的 4 层结构体系是建立在科学的技术分析基础上的，比 ISO 的 7 层结构体系更适合楼宇自动化系统应用。BACnet 支持六种不同的数据链路层/物理层，包括：ARCnet、以太网、BACnet/IP、RS-232 上的点对点通信（Point-to-Point Telecommunications）、RS-485 上的主站-从站/令牌传递（Master-Slave/Token-Passing，MS/TP）通信和 LonTalk。

BACnet通信协议分层						对应的OSI模型分层
应用层						应用层
网络层						网络层
ISO 8802-2(IEEE 802.2)类型		MS/TP(主从/令牌传递)	PTP(点到点协议)	LonTalk	BVLL UDP/IP	数据链路层
ISO 8802-3(IEEE 802.3)Ethernet	ARCnet	EIA-485 (RS-485)	EIA-232(RS-232)			物理层

图 2-3 BACnet 通信协议的 4 层结构体系

每个 BACnet 设备都会有一份名为"协议实现一致性声明"（Protocol Implementation Conformance Statement，PICS）的文件，其中需说明设备所支持的 BACnet 互操作基本块、对象种类及定义、使用文字集及通信时需要的数据。此文件可以帮助用户和工程技术人员确定不同 BACnet 设备之间的可互操作程度。

（3）OPC 技术 现场总线技术与 BACnet 协议为实现开放的楼宇自控网络系统提供了可能。而当现场信号传至监控计算机后，如何实现计算机内部各应用程序之间的通信沟通与传递（数据源及这些应用程序可以位于同一台计算机上，也可以分布在多台相互联网的计算机上），即如何让现场信号与各应用程序连接起来，让现场信息出现在计算机的各应用平台上，依然存在一个连接标准与规范的问题。

OPC（OLE for Process Control）意为过程控制中的对象嵌入技术，是一项工业技术规范与标准。开发者在 Windows 的对象链接嵌入（Object Linking and Embedding，OLE）、部件对象模块（Component Object Model，COM）、分布部件对象模块（Distributed Component Object Model，DCOM）技术的基础上进行开发，让 OPC 成为自动化系统、现场设备与工厂办公管理应用程序之间有效的联络工具，使现场信号与系统监控软件之间的数据交换间接化、标准化。

在传统系统集成过程中，必须针对各应用程序和硬件驱动开发独立的接口驱动程序，这样应用程序才能从不同厂商的设备中调取数据。在此情况下，当存在多应用程序、多厂商设备时，接口驱动的开发数量庞大、关系复杂，如图 2-4a 所示。OPC 为解决系统集成问题提供了便捷的解决方案。在这种解决方案中，有 OPC 服务器与 OPC 客户。OPC 服务器一般并不知道它的客户，由 OPC 客户根据需要接通或断开与 OPC 服务器的链接。OPC 的作用就是为服务器/客户的链接提供统一、标准的接口规范。按照这种统一规范，各服务器/客户之间可组成如图 2-4b 所示的链接方式。各客户/服务器间形成即插即用、简单、规范的链接关系。图 2-4b 中的链接关系与图 2-4a 中的情形相比，显然简化了许多。

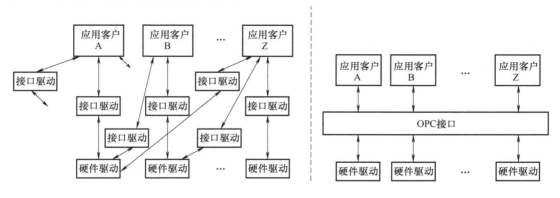

a)   b)

图 2-4 OPC 对数据源与数据用户间连接关系的改善

　　可见，有了 OPC 作为通用接口，就可以把现场信号与上位接口、人机界面软件方便地链接起来，还可以把它们与 PC 的某些通用开发平台和应用软件平台链接起来，如 VB、VC、C++、Excel、Access 等，OPC 是连接现场信号与监控软件的桥梁。图 2-5 描述了 OPC 解决方案中几部分信号的传递关系。

　　从图 2-5 中可以看出，对象链接与嵌入技术 OLE 是其中的重要组成部分。对象链接与嵌入技术把文件、数据块、表格、声音、图像或其他表示手段描述为对象，使它们能在不同厂商提供的应用程序间容易地交换、合成及处理。

　　OLE 由两种数据类型来组成对象。一类为表示数据（presentation data），另一类为原始数据（native data）。表示数据用于描述发送到显

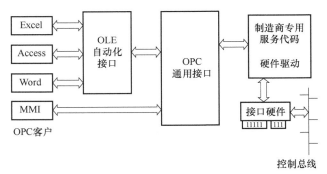

图 2-5　OPC 模式的连接示意图

示设备的信息，而原始数据则是应用程序用以编辑对象所需的全部信息。在 OLE 模型下，既可实现对象链接，也可把对象嵌入到文档中。链接是把对象的表示数据和原始数据的引用或者指针置入文档的过程，和对象有关的原始数据可以放在其他位置上，如磁盘，甚至联网的计算机上，而对用户来说，被链接的对象就像已经全部包含在文档中一样。嵌入与链接的区别在于，嵌入把对象的表示数据和原始数据对置于文档中，即文档中具有编辑对象所需的全部信息，并允许对象随文档一起转移。嵌入会使文件变大，需要更多的开销，而链接由于一个对象数据可以服务于不同文档，具有更高的效率。

　　从图 2-5 中还可以看到，OLE 自动化接口在现场设备与 PC 应用程序的信息交换中发挥了重要作用。OLE 自动化接口是一种在应用程序之外操纵应用程序对象的方法。它用于创建能在应用程序内部和穿越程序进行操作的命令组。利用 OLE 自动化接口，能够完成以下任务：

　　1）创建向编辑工具和宏语言表述对象的应用程序。

　　2）创建和操纵从一个应用程序表述到另一个应用程序的对象。

　　3）创建访问和操纵对象的工具，还可嵌入宏语言、外部编程工具、对象浏览器和编译器等。

　　OPC 作为过程控制中的对象链接和嵌入技术标准，为工业控制自动化系统定义了一个通用的应用模式和结构。OPC 技术将系统划分为 Server 和 Client 两部分，Server 端完成硬件设备相关功能；而 Client 端完成人机交互，或为上层管理信息系统提供支持。同时 OPC 技术为 Server 和 Client 的通信定义了一套完整的接口，为应用程序间的信息集成和交互提供了强有力的手段。

2.2.2　建筑设备管理系统控制模式

　　建筑设备管理系统由中央控制软件、直接数字控制器（Direct Digital Controller，DDC）、传感器、执行器及通信接口/网关等组成。由于被控的机电设备分散于建筑的各个机房、强弱电间等。所以，建筑设备管理系统的网络结构通常采用"分散控制，集中监控"的集散型控制模式。虽然现在网络集成系统和集散系统构架相同，但在内部嵌入了 Web 服务器，融合了 Web 功能。

1. 网络构架

　　现在的 BMS 仍采用集散构架，工程建设中具体采用哪种网络结构应视系统规模的大小以及所采用的产品而定。一般分为两层或三层网络构架：

（1）两层网络构架　典型的集散控制系统两层网络构架如图 2-6 所示，适用于绝大多数 BMS 系统。上层网络与现场控制总线两层网络满足不同的设备通信需求，两层网络之间通过通信控制器连接。这种网络结构是许多现场总线产品厂商主推的网络构架。两层网络结构的 BMS 系统具有以下特性：

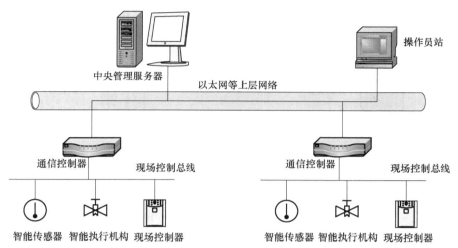

图 2-6　典型的两层网络构架的 BMS 系统

1）底层现场控制总线具有实时性好、抗干扰能力强等特点，虽然一般通信速率不高，但完全能够满足底层现场控制设备之间通信的需求。

2）操作员站、工作站、服务器之间由于需要进行大量的数据、图形交互，通信带宽要求较高，而实时性要求和抗干扰要求不如现场网络那么严格，因此上层网络多采用局域网络中比较成熟的以太网等技术构建。

3）两层网络之间进行通信需要经过通信控制器实现协议转换、路由选择等功能。通信控制器的功能可以由专用的网桥、网关设备或工控机实现，是连接两层网络的纽带。

4）不同楼宇自控厂商产品在通信控制器上功能的强弱有很大差别。功能简单的只是起到协议转换的作用，在采用这种产品的网络中不同现场控制总线之间设备的通信仍要通过工作站进行中转。功能复杂的可以实现路由选择、数据存储、程序处理等功能，甚至可以直接控制输入输出模块起到 DDC 的作用，这种设备实际上已不再是简单的通信控制器，而成为一个区域控制器，如美国 Johnson Controls 的网络控制单元（NCU）就是这样一种设备。在采用后一种产品的网络中，不同控制总线之间设备的通信无须通过工作站，且由于整个系统除了人机界面以外的其他功能实际上都是通过区域控制器及以下的现场设备实现的，因此工作站的关闭完全不影响系统正常工作，系统实现了控制功能的彻底分散，真正成为一种全分布式控制系统。目前，有些公司甚至将 Web 服务器功能集成到区域控制器，这样用户甚至不用选配工作站，通过任意一台安装有标准网络浏览器（如 IE）的 PC 即可实现所有监控任务。

5）绝大多数楼宇自控产品厂商在底层控制总线上都有一些支持某种开放式现场总线技术（如由美国 Echelon 公司推出的 LonWorks 现场总线技术）的产品。这样两层网络都可以构成开放式的网络结构，不同厂商的产品之间能够方便地实现互联。

随着通信速率和可靠性的提高，以太网在 BMS 中开始应用于传统认为不适合其进入的现场控制领域。各大厂商先后推出以太网控制器（内嵌 IP Router），并下挂其他现场控制总线设备构成，如图 2-7 所示的网络结构。这种网络结构利用高速以太网分流现场控制总线的数据通信，具有结构简单、通信速率快、布线工作量小（上层可直接利用综合布线系统）等特点。

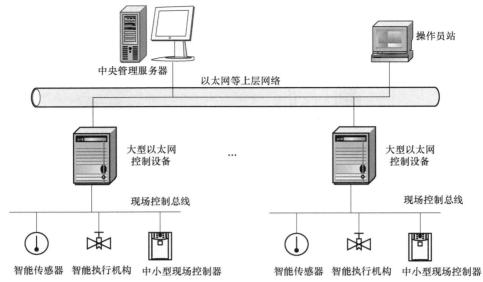

图 2-7　以太网为基础的两层网络结构 BMS 系统

（2）三层网络构架　典型三层网络结构的 BMS 系统如图 2-8 所示，这种网络结构在以太网等上层网路与现场控制总线之间又增加了一层中间层控制网络，它在通信速率、抗干扰能力等方面的性能都介于以太网等上层网路与底层现场控制总线之间。通过这层网络实现大型通用功能现场控制设备之间的互联。

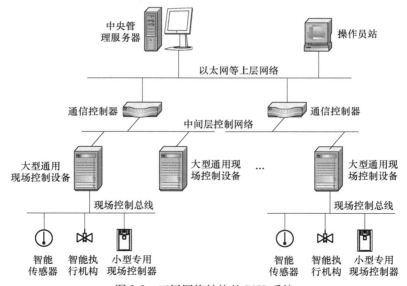

图 2-8　三层网络结构的 BMS 系统

1）上层网络：管理层，位于该层的设备包括 BAS 服务器、BAS 工作站、BAS 客户端、提供基于 IP 网络接口的第三方系统。

该层采用标准的 TCP/IP 以太网构成局域网，中央站与工作站为客户机/服务器（Client/Server）结构或浏览器/服务器（Browser/Server）结构。通过以太网及相应的通信接口实现服务器、工作站、第三方设备、相关子系统间的及建筑设备集成系统的数据通信、资源共享和综合管理等功能。

2）中间网络：控制层，位于该层的设备包括 DDC、分布式模块、网关等。

该层网络采用 LonWorks、BACnet 协议或厂家协议进行组网，通过路由器连接到管理层。直接数字控制器和分布式模块都位于控制层。控制层要求较好的实时性和可靠性。该层的物理基础可以是总线（如 RS-485、MS/TP 网），也可以是以太网。

3）底层网络：现场层，位于该层的设备包括安装在现场的各种传感器、变送器、探测器、执行器、现场专用小型 DDC 等，前端设备信号直接连接到对应 DDC 或分布式模块的输入输出端口。

2. 主要设备

根据工作原理和组成，控制器可分为模拟控制器和数字控制器。

模拟控制器采用模拟电子技术，独立运行，不接入建筑设备管理系统。现在建筑中常见的模拟控制器如就地控制型的风机盘管控制器，它带温度监测、温度设定、三速开关、模式切换等。直接数字控制器利用数字电子技术，借助软件完成控制任务，是建筑设备管理系统的关键部件。它的工作过程是通过模拟输入量 AI 和数字输入量 DI 采集现场数据，并将模拟信号转换成数字信号（A/D 转换），然后按照 DDC 内已编制的程序进行运算，发出数字控制信号 DO 或模拟输出信号 AO（将数字信号进行 D/A 转换）。

DDC 的输入与输出共有四种：

1）模拟量输入（Analog Input，AI）：模拟量是连续不间断的物理量，模拟量的输入即是连续信号的输入，如温度、湿度、压力、压差、气体浓度、流量、液位、空气质量等。AI 一般可以接入多种温度阻值输入和标准的电流信号、电压信号，如 NTC、PT100、PT1000、DC 0~5V、DC 0~10V、DC 0~10mA、DC 4~20mA 等。

2）模拟量输出（Analog Output，AO）：包括 DC 0~10V、DC 2~10V、DC 4~20mA 等。DDC 运算后通过 D/A 转换成模拟信号，一般用来调节水阀开度、风门开度、变频器频率等。

3）数字量输入（Digital Input，DI），也就是开关量的输入，输入的信号可以简单地使用"0"和"1"来表示输入信号的状态，一般通为"1"，断为"0"。某些品牌直接数字控制器的 DI 亦可以用作脉冲量输入对脉冲进行累计。

4）数字量的输出（Digital Output，DO），也就是开关量的输出，一般通为"1"，断为"0"。DO 一般包括 DC 24V、DC 220V 信号或无源接点。这些数字量信号可以来自继电器的触点、NPN 三极管、PNP 三极管、晶闸管等。输出信号包括两态控制（通、断）、三态控制（开阀、关阀、停阀）、干接点信号等。有的数字量输出是继电器辅助触点，如有些 DDC 产品标出 DO 触点容量 AC 250V 5A，则可直接驱动 220V 机电设备。

部分厂家的产品也有通用输入（Universal Input，UI），既可以接入模拟量输入也可以接入数字量输入，是 AI 和 DI 的集合。

为了良好的抗干扰性，AI、AO 端子与现场设备应采用屏蔽双绞线连接。

从应用场合上来分，DDC 可以分为通用控制器和专用控制器，差别在于专用控制器出厂内置了针对 104 特殊受控设备的程序。根据内置程序，专用控制器又分为 VAV 控制器、风机盘管控制器、热泵机组控制器等。其中 VAV 控制器一般为一体化结构，集控制器、流量传感器及风阀驱动器于一体。

工程设计时，在考虑系统硬件配置时，除满足方案当前需要以外，对于 DDC 控制器及其扩展模块上的输入输出点数量，各类型点均考虑了 10%~15% 的备用量，作为将来可能的调整及设备增加之用。

DDC 的输入输出点都是连接到现场设备或受控的电气设备。典型电气设备起/停监控的电气原理图如图 2-9 所示，该系统在电气上分为主回路（一次回路）与控制回路（二次回路）两部分。主回路工作电压为三相 380V，以刀开关作为电源进线开关，以便故障检修时形成明显的断点，确保安全。主回路通过接触器对设备电源进行控制，采用热继电器对设备进行过载保护。

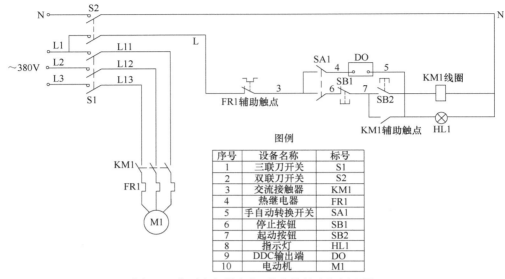

序号	设备名称	标号
1	三联刀开关	S1
2	双联刀开关	S2
3	交流接触器	KM1
4	热继电器	FR1
5	手自动转换开关	SA1
6	停止按钮	SB1
7	起动按钮	SB2
8	指示灯	HL1
9	DDC输出端	DO
10	电动机	M1

图例

图 2-9　典型电气设备起/停监控的电气原理图

控制回路分为 220V 回路，主要实现对主回路接触器的控制。此回路一般要求实现手/自动两种方式对风机起/停进行控制。具体设计方案是：利用一个手/自动转换开关，实现手动回路与自动回路之间的转换。当拨到手动档时，操作人员可通过起动/停止按钮、接触器线圈以及接触器辅助常开触点组成的自保持电路在现场对设备进行控制；当拨到自动档时，设备的起/停则受 DDC 的控制。在实际运用中，为了避免 220V 电压进入 DDC，会采取中间继电器进行隔离的方法。

所以，BMS 常规对电气设备的 3 个 DI 点和 1 个 DO 点（开关状态、手自动状态和故障报警，开关控制）即图 2-9 中主回路中接触器进行控制。

1）电气设备的开关状态一般由该机电设备的主电路接触器的无源辅助触点引出（此点应为无源常开触点）。

2）电气设备的控制箱内设有手/自动转换开关，打到手动状态由现场手动控制，打到自动状态则由远程控制，该机电设备的手自动信号为手/自动转换开关的辅助常开无源干触点信号。

3）电气设备的故障报警由该机电设备的热继电器的无源辅助触点引出（此点应为无源常开触点）。

4）电气设备的开关控制接到受控机电设备的主电路接触器的无源辅助触点，该信号应为无源常开触点；为了更高的安全性，一般可设中间继电器，将 DO 与接触器的无源辅助触点隔离。中间继电器的线包电压为 AC 24V，继电器电源由电控箱内的变压器提供，BMS 的控制触点（常开）串入继电器的电源回路中，触点闭合起动设备，触点断开停止设备

所有需要纳入建筑设备管理系统监控的机电设备在相应配电盘/箱中应为建筑设备管理系统预留接线端子排，将由 BMS 进行统一编号，然后，压接至端子排的一侧。

直接数字控制器可以执行二位控制、比例控制（P）、比例加积分控制（PI）、比例加积分微分控制（PID）、控制回路调节等多种控制算法。

现在的直接数字控制器大多内置了节能管理程序，如按每日计划、节假日计划、临时修正计

划、最优开/关时间计划、夜晚延时控制、高峰需求限止等，并且支持全面自由编程，用于用户定义的特殊程序。

3. 现场设备

现场设备包括传感器、变送器和阀门及执行器等必须安装在设备、管道等现场的设备。它们是控制系统不可缺少的重要组成部分。BMS 领域中常见的传感器与变送器有所不同。传感器指直接用于物理参数转换的元件，传感器的输出为温度阻值。变送器是把传感器的输出转换为标准信号的装置，输出的信号为标准信号。如温度变送器是在温度传感器上增加了将传感器输出的阻值信号变换为标准信号的元器件，变送器一般可提供 DC 0~10V、DC 0~20mA、DC 4~20mA、DC 1~5V 等标准信号。

（1）温度传感器与变送器　温度传感器在 BMS 中提供温度阻值信号。在 BMS 中广泛采用热电阻传感器，热电阻测温精度高、范围广。热电阻传感器的阻值将随着温度的升降而有规律的变化，因此可以根据阻值计算出对应的温度。

铂（Pt）电阻属于正温度系数热敏电阻（Positive Temperature Coefficient，PTC），它的阻值跟温度的变化成正比。如 PT100 温度为 0℃时它的阻值为 100Ω，PT1000 温度为 0℃时它的阻值为 1000Ω，阻值会随着温度上升匀速增长。

温度变送器则直接输出标准电信号。

（2）湿度变送器、露点传感器　湿度传感器内置湿敏元件，几乎所有的湿度传感器都存在时漂和温漂。所以一般湿度传感器都内置温敏电阻，也就可以在提供湿度输出的同时提供温度值输出，即温湿度传感器。一般说来湿度传感器每年需要校验。

露点也是湿度测量中的一个重要参数，它表示在水汽冷却过程中最初发生结露的温度。

（3）空气质量传感器　空气质量传感器用于检测空气内多种气体的浓度，包括如 CO_2/VOC（Carbon Dioxide/Volatile Organic Compounds，二氧化碳/挥发性有机化合物）、CO_2/T（Carbon Dioxide/Temperature，二氧化碳/温度）和 CO_2/T/r. h.（Carbon Dioxide/Temperature/relative Humidity，二氧化碳/温度/相对湿度）等。根据安装方式可分为室内型和风管型两种。

（4）二氧化碳传感器　二氧化碳传感器是用于检测空气中的二氧化碳浓度。根据安装方式可分为室内型和风管型两种。

（5）压力/压差传感器　压力/压差传感器主要是由弹性元件组成，弹性元件受压后产生变形输出（力或位移），也可以通过传动机构直接带动指针指示压力（或压差）或控制压力，也可以通过某种电气元件组成变送器，实现压力（或压差）信号远传。

压差传感器是一种用来测量两个压力之间差值的传感器，通常用于测量某一设备或部件前后两端的压差。

静压传感器是以大气压或绝对真空为参照，比较被测压力与大气压或绝对真空之差。

（6）水流量传感器　BMS 一般采用电磁流量传感器，用于测量水管内流量，如冷冻水供回水总流量。

（7）空气风速传感器　BMS 用到的风速传感器一般都是风管型的，风速传感器是可连续监测风管内的风速。DDC 采集风管内的风速值，可以通过计算获得相应风量值（风量＝风速×横截面面积）。根据传感元件的特征，分为热线式、风车式、皮托管式等。

（8）水流开关　水流开关安装在水管内用以检测水管内水流的真实状态。当水流动时，水流超过阈值触发开关输出报警信号。最常见的是靶流开关和挡板式水流开关。

（9）压差开关　BMS 用到压差开关是检测风管上两点间的压差，通过过滤网两端压差来监测过滤网的脏污程度，通过检测风机两端压差来监测风机的真实状态。当测得的压差超过阈值时发出信号。如中效过滤网、亚高过滤器的压差开关阈值一般设定在过滤器初始阻尼上再加

150Pa；高效过滤网的压差开关阈值一般设定在初始阻尼的 1.5~2 倍。若压差开关安装在风机两端用于检测风机状态的话，压差开关阈值一般设定在 100Pa 以下。

（10）防冻开关　防冻开关是一个管形的感温器，将长敏感元件盘绕于需要低温保护的盘管表面。当敏感元件感应到温度低于设定值时，防冻开关保护单元触点闭合，输出信号，起到防冻的作用。

（11）阀门与阀门执行器　BMS 中涉及的阀门主要有水和蒸汽两种，选择阀门时除了注意按工艺参数计算口径和选择流量特性外，还应注意阀体材料、连接方式、正反作用、是否待反馈、是否带限位、是否带复位、安装位置等。阀门按照流通特性又可以分为线性阀和等百分比阀。在连接方式方面，螺纹连接的阀门主要是公称通径在 100mm 以下的阀门，100mm 及以上的阀门一般采用法兰连接。

执行器是由执行机构和调节机构组成的，民用建筑的 BMS 中一般都采用电动执行机构，较少项目采用气动执行机构。电动执行机构有角行程、直行程、和多回转三种输出形式。电动执行机构由电动机、机械减速器、复位弹簧等组成。根据应用场合，BMS 主要采用电动阀门驱动器和电磁阀。

阀门根据其受控信号，可分为开关型和模拟调节型两种。

选择正确的阀门尺寸，可以满足水/蒸汽系统对温度、压力、流量控制特性以及管道连接的要求；能够保障满足系统冷热负荷对阀门流通量的要求，保证能向系统提供稳定有效的控制质量。

首先，确定阀门的工作条件，考虑因素包括适用介质的性质、工作压力、工作温度、安装位置和操纵控制方式等。

接着进行调节阀的流量计算和阀门选择，具体步骤如下：

1）确定计算流量的最大值和最小值，一般由暖通设计提供。

2）确定计算压差。根据系统特点选定阻力比值 S，然后确定计算（阀全开时）压差，其一般由暖通设计提供。

3）计算流量系数。选择合适的计算公式图表或软件求 K_v 的最大值和最小值。

调节阀用流量系数 K_v 值或 C_v 值来表示它的流通能力。对于英制单位可用 C_v 值表示，对于公制单位可用 K_v 值表示，国内常用 K_v 值，无单位。对于阀门来讲，K_v 值表示在单位时间内、在测试条件中管道保持恒定的压力，管道介质流经阀门的体积流量。K_v 值定义为在 5~40 ℃ 的温度范围内，全开保持 10^5Pa（1bar）的压损时，每小时流过阀门的常温水的体积/质量。

$$K_v = Q \sqrt{\rho/\Delta p} \tag{2-1}$$

式中，Q 为流量（m^3/h）；ρ 为水的密度（kg/dm^3）；Δp 为通过水阀产生的压损（bar）。

4）K_v 值选取。根据 K_v 的最大值在所选产品系列中选择最接近一档的 K_v，得到初选口径。

5）开度验算。因调节阀是在 10%~90% 的开度范围内工作，要求 Q_{max} 时阀开度<90%；Q_{min} 时阀开度≥10%。

6）实际可调比验算。一般要求实际可调比≥10；实际的阀门理想可调比 R>设计要求的理想可调比 R。

调节阀的可调比反应调节阀可控制的流量范围，是在阀两端压降恒定条件下，控制阀可调节的最大流量与最小流量之比，用 R 表示，即 $R = Q_{max}/Q_{min}$。调节阀的理想可调比在出厂时已经确定，其取决于控制阀的结构设计。在实际应用中，因阀门两端压力并不能保持恒定等原因，调节阀的实际可调比比理想可调比要小些。

调节阀的可调比越大，说明控制阀可调节流量的能力越强，精度会越高，反应更灵敏。但是因为加工能力与阀芯设计方面的限制，通常理想可调比不可能很大，通常的直行程阀门的可调比为 30，有些可以达到 50 或 100。

7）口径确定。若开度和实际可调比验算后不合格，则重选 K_v 值，再次选择口径并验证。

最后，根据选定阀门口径后根据厂家资料选择螺纹或法兰连接的阀门，再根据阀门选择配套的阀门驱动器，主要考虑行程、驱动力等。

（12）风门驱动器 先根据受控信号选择开关型或调节型的风门驱动器，再根据风门大小计算相应的控制扭矩，然后考虑受控信号类型、是否带信号反馈、带限位功能、带复位功能、全行程时间等进行下一步选型。风阀驱动器扭矩一般为 2.5N·M、6N·M、10N·M、15N·M、24N·M、30N·M 等。

2.2.3 建筑设备管理系统基本功能

1. 监视功能

建筑设备管理系统从控制中心的服务器或工作站可以监视整个建筑设备管理系统的运行状态，提供现场图片、工艺流程图（如空调控制系统图）、实时曲线图（如温度曲线图，可几条同时显示，时间可任意推移）、监控点表，绘制平面布置图，以形象直观的动态图形方式显示设备的运行情况。可根据实际需要，绘制平面图或流程图并嵌以动态数据，显示图中各监控点状态，提供修改参数或发出指令的操作指示。

建筑设备管理系统提供多种途径查看设备状态，如通过平面图或流程图，通过下拉式菜单或特殊功能键进行常用功能操纵，以单击鼠标的方式来逐级细化地查看设备状态及有关参数。

2. 控制功能

建筑设备管理系统提供如下控制功能：

1）操作员可通过服务器、工作站或手操器操作对现场设备进行控制，如设备的开关控制；通过选择操作可进行运行方式的设定，如选择现场手动方式或自动运行方式；通过交换式菜单可方便地修改工艺参数。

2）DDC 可根据时间表或程序内设置的条件对机电设备进行起停控制、调节控制。

3）中央控制软件对系统的操作权限有严格的管理，以保障系统的操作安全。中央控制软件对操作人员进行身份的鉴别和管制。根据不同操作人员的身份可分为从低到高多个安全管理级别。

3. 报警功能

当系统出现故障或现场的设备出现故障及监控的参数越限时，建筑设备管理系统均产生报警信号。报警信号始终出现在显示屏最下端，为声光报警（可选择），操作员必须进行确认报警信号才能解除。所有报警将记录到报警汇总表中，供操作人员查看。报警共分多个优先级别：日志、低、高或紧急报警等。

报警可设置实时报警打印，由连接到服务器或工作站的报警打印机进行实时报警打印，也可定时打印。

4. 综合管理功能

建筑设备管理系统中央控制软件对有研究与分析价值、应长期进行保存的数据，会建立历史文件数据库，并提供形成棒状图、曲线图等统计、显示或打印功能。

中央控制软件提供一系列汇总报告，作为系统运行状态监视、管理水平评估、运行参数进一步优化及作为设备管理自动化的依据。如能量使用汇总报告，记录每天、每周、每月各种能量消耗及其积累值，为节约使用能源提供依据；又如设备运行时间、起停次数汇总报告（区别各设备分别列出），为设备管理和维护提供依据。

中央控制软件可提供图表式的时间程序计划，可按日历定计划，制订楼宇设备运行的时间表。也支持按星期、按区域及按月历及节假日的计划安排。

5. 其他功能

建筑设备管理系统可实现对建筑内机电设备的统一管理、协调控制。通常可实现以下节能控制功能：

1）焓值控制：比较新回风焓值，合理利用新风量，以达到节能。

2）设立过渡季节工况。例如在过渡季节，利用室外环境免费制冷；在过渡季节，空调系统采用全新风或增大新风比运行，可以有效地改善空调区内空气的品质，大量节省空气处理所需消耗的能量。

3）最佳起动：根据人员使用情况，提前开起冷热源系统和空调设备。在保证人员进入时环境舒适的前提下，最短的提前时间为最佳起动时间。

4）最佳关机：根据人员使用情况，在人员离开之前的最佳时间，关闭空调设备，既能保证人员离开之前空间维持舒适的水平，又能尽早地关闭设备，减少设备能耗。

5）负荷间隙运行：在满足舒适性要求的极限范围内，按实测温度和负荷确定循环周期与分断时间，通过固定周期性或可变周期性间隙运行某些设备来减少设备开起时间，减少能耗。

6）分散功率控制：在需要功率峰值到来之前，关闭一些事先选择好的设备，以减少高峰功率负荷。

7）夜间空气净化程序：采样测定室内外空气参数，并与设定值进行比较，依据是否达到节能效果，发出（或不发出）净化执行命令。

8）循环起停程序：自动按时间循环起停工作泵及备用泵，维护设备。

9）非占用期程序：在夜间及其他非占用期编制专门的非占用期程序，自动停止一些可以停止运行的设备，以节约能源。

10）例外日程序：为特殊日期，如假日提供时间例外日程序安排计划，中断标准系统处理，只运行少数必须运行的设备。

11）临时日编程：如遇特殊情况可进行临时日编程，提前一天编制好下一天的临时日程序，停止运行一些不必要运行的设备，或运行一些必须运行的设备。临时日程序优先于其他时间程序。

12）符合节能标准：对建筑内的新风量、室内空气品质/室内 CO_2 浓度、照度等进行监测和相应的新风调节，以满足相关绿色建筑标准要求。

2.2.4 建筑设备管理系统初步设计

为了设计出适合建筑的建筑设备管理系统，设计人员应该仔细研读建筑的水电风图纸，根据实际情况按照以下流程进行设计：

1）根据建筑的水电风图纸、招标书、建设单位的要求等，确定 BMS 的控制需求，确定 BMS 的输入输出点位，分别按照 AI、AO、DI、DO 统计，求和后获得的点数和代表着该 BMS 的硬件点总和。

2）根据物理点数、冗余量、空间分布、机电设备位置等合理设置 DDC，以及需要的现场设备（传感器、执行器等）。

3）确定中控室位置，中央控制软件和客户端软件，服务器和工作站的硬件要求，通信接口的数量和形式。

4）确定拓扑结构，各类通信设备。

5）确定管线桥架。

至此，BMS 的初步设计完成。初步设计阶段的输出成果包括：系统监控原理图、系统监控点位表、设备配置清单、系统网络架构图以及系统方案（主要包括工程概况、设计依据、监控内容、系统功能、产品介绍等内容）。

在施工设计阶段，将根据控制原理图对每个点位进行细化设计，完善相应的控制策略，进行DDC编程，完成DDC盘柜设计等。

2.3 建筑能效管理系统

根据《智能建筑设计标准》（GB 50314—2015）的相关规定，建筑能效管理系统（Building Energy Efficiency Management System，BEEMS）被纳入到建筑设备管理系统，成为其中的一部分。近年来，随着物联网技术的应用，建筑能效管理系统逐渐发展为建筑能源管理系统，发挥着越来越重要的作用。

建筑能效系统从最初对单一建筑的分项计量开始，从对单一回路的设备进行能效监测，逐渐发展到对设备进行全面的监管和控制，并通过建筑能源的用能系统，包括利用新能源等，在建筑全寿命周期内，进行多能互补，协同优化，同时，在用能环节，对所有设备实施监管和控制，在线基于用户行为等实时变化设置控制策略，协同联动，使得设备运行合理，尽可能降低设备能耗，实现供能系统和用能系统合理联动、管控优化，发挥最大效益。建筑能效管理系统已升级为建筑能源管理系统。

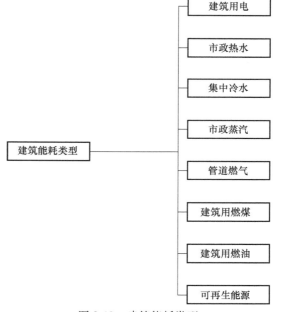

图2-10 建筑能耗类型

2.3.1 建筑能耗分项计量

1. 建筑能耗

建筑的能源消耗主要有电能、热能、冷能、可再生能源等形式，如图2-10所示。市政集中供热供暖多分布我国北方地区，集中供冷近几年全国诸多地方都有应用。此外，有些建筑并不采用电制冷，而是使用燃油或燃气供应直燃式机组进行制冷。

2. 分项计量

建筑能耗分项计量是指将建筑消耗的各类能源进行数据采集和分析整理。通过建筑能耗分项计量，可建立建筑能耗监测系统，实现对各种类型建筑能耗的在线监测和动态分析。通过能耗监测及数据分析，可以全面掌握监测建筑的能耗状况、能耗特征，为建筑节能运行管理、实施建筑节能改造提供数据支撑。同时，有助于政府管理部门下一步制定能耗定额标准及能耗超额加价制度。依据《公共建筑用能监测系统工程技术规范》（DGJ 08-2068—2016），能耗数据的子分类见表2-1。

表2-1 建筑能耗数据分类

能 耗 分 类	一 级 子 类
水	饮用水
	生活用水

（续）

能耗分类	一级子类
电	见表 2-2
燃气	天然气
	人工煤气
	液化气
燃油	汽油
	煤油
	柴油
	燃料油
集中供热	无
集中供冷	无
可再生能源	太阳能系统
	地源热泵系统
	风力发电
	其他可再生能源系统

其中，建筑电类能耗按用途不同区分为 4 个分项和一级或二级子项，详见表 2-2。

表 2-2 电耗数据分项

分项用途	分项名称	一级子项	二级子项
常规电耗	照明、插座系统电耗	室内照明与插座	室内照明
			室内插座
		公共区域照明和应急照明	公共区域照明
			应急照明
		室外景观照明	—
	空调系统电耗	冷热站	冷水机组
			冷冻水泵
			冷却塔
			冷却水泵
			热水循环泵
			锅炉
		空调末端	空调箱、新风机组
			风机盘管
			空调区域的通排风设备
			分体式空调器
	动力系统电耗	电梯	—
		水泵	—
		非空调区域的通排风设备	—

（续）

分项用途	分项名称	一级子项	二级子项
特殊电耗	特殊电耗	电子信息机房	—
		厨房餐厅	—
		洗衣房	—
		游泳池	—
		其他	—

3. 主要计量设备

（1）电能表　常用感应式电能表，按照所测不同电流种类可分为直流式和交流式；按照不同用途可分为单相电能表、三相电能表和特种用途电能表；按照准确度等级可分为普通电能表和标准电能表。

（2）流量计　流量计可以分为插入式流量计和非插入式流量计两大类。插入式流量计如压差流量计、阻力流量计、涡轮流量计、涡街流量计等。非插入式流量计如超声波流量计和电磁流量计等。选择流量计时需要知道所测液体的种类、液体是否清洁、它的最大和最小流速。

（3）热量表　热量表主要由积算仪、流量传感器和配对温度传感器三部分组成，如果三个部分相互独立，则称此种热量表为组合式热量表，反之则称为一体式热量表。

（4）燃气流量计　燃气计量常用气体涡轮流量计。进入仪表的被测气体，经截面收缩的导流体加速，然后通过进口通道作用在涡轮叶片上，涡轮轴安装在滚珠轴承上，与被测气体体积成正比的涡轮转数经多级齿轮减速后传送到多位数的计数器上，显示出被测气体的体积量。

2.3.2　建筑能源效益评估

对能源系统的综合效益开展评价，需考虑系统运行技术经济效益与能源效率，在此基础上，还应从社会角度考虑环境收益。建筑能效管理效果，则需要通过某些可以量化的指标进行评价，同时这样的评价指标或评价方法需具备以下特征：①不同建筑或不同能源系统之间具有可比性；②基础数据应具备可获得性；③注重评价结果的综合性。

1. 技术经济效益

对于一般业主而言，能源效益管理最主要的目的之一是降低能源系统运行成本，节支增效，其潜在收益包括但不限于：①能源费用的节省；②降低耗能设备的容量从而降低设备投资；③降低能耗设备的维护、管理费；④改善室内品质从而提高主业经营的效益；⑤销售富余能量从而获得的额外收入；⑥避免因能源消耗、污染物排放造成的罚款。

对于技术经济效益进行的评价的方法一般有：①静态投资回收周期法；②静态收益率法；③净现值法；④净年值法；⑤费用现值与费用年值法；⑥内部收益率法；⑦动态投资回收期法；⑧寿命周期成本法；⑨资产增值法。

2. 能源效率

世界能源委员会对能源效率的定义为"减少提供同等能源服务的能源投入"。在保持同等能源服务的前提下，提高能源效率，可以降低能源总量支出，从而降低能源费用，提高经济效益。对于能源效率的分析，一般有两种方法。

第一种方法依据能量的数量守恒关系，即热力学第一定律。通过分析能量在数量上的转换、传递、利用和损失的情况，确定局部设备装置或整体能源系统的转换效率，称之为"能效率"。

第二种方法是依据能量中㶲的平衡关系分析㶲的转换、传递、利用和损失的情况，确定局部设备装置或整体能源系统的㶲利用效率，称之为"㶲效率"。

3. 环境效益

环境效益是对人类社会活动的环境后果的衡量。对于政府、事业单位、公益单位而言，能源效益管理最主要的目的之一是提高环境效益，节能减排。

环境效益可以根据由优化能源系统所带来的二氧化碳和污染物减排量进行计算，并按照碳交易价格和国内环境保护税征收标准将减排量折算为节省资金，进而分析能效系统的环境效益。

2.3.3 家庭级能效管理系统

1. 家庭级能效管理系统的组成

家庭级能效管理系统（Home Energy Efficiency Management System，HEEMS）能够利用通信传感技术，实现对所有家电能耗信息的采集，基于用户的实际需求做出相应反映的能效管理系统。它可以通过转换和限制能源需求来节省能耗，并且根据电价与用户舒适度调整能源使用情况。

典型的家庭级能效管理系统如图 2-11 所示。家庭级能效管理系统中心包括一个集中的智能控制器，为用户提供基于家庭通信网络的监控模块和控制功能。家庭级能效管理系统还可以收集家电实时用电数据，包括可调度的家电（例如：洗衣机、空调、电熨斗、热水器、电动汽车）和不可调度的家电（例如：冰箱、打印机、微波炉、电视、电吹风），实现最优需求调度。

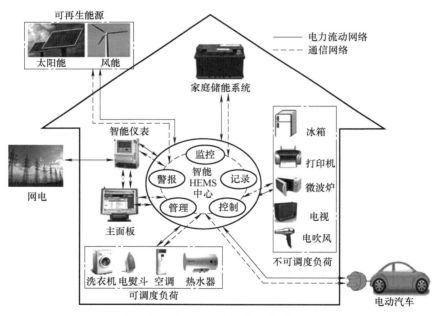

图 2-11 典型的家庭级能效管理系统

2. 家庭级能效管理系统的功能

家庭级能效管理系统的主要功能包括监测、分析、控制、警报和管理等五大功能模块。每个功能模块具体情况如图 2-12 所示。

五大功能模块提供的服务方式分别为：

1）监测：可提供实时能源消耗信息，还可提供各种家电的运行模式和能源状态的显示服务。

2）分析：该功能可用来整理关于设备的用电量、来自多类分布式能源（Distributed Energy Resources，DERs）的发电信息和能源存储状态的数据信息，并提供来对于能源分时价格的需求

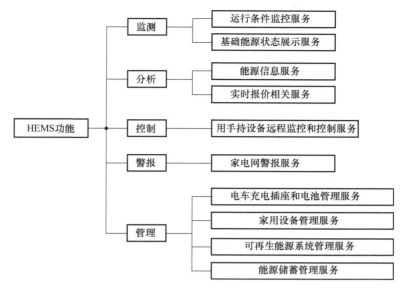

图 2-12　家庭级能效管理系统提供的服务方式

响应分析。

3）控制：有两种控制方式，即直接控制和远程控制。直接控制作用于对设备和控制系统；而远程控制则是指客户可以从外部通过手持个人计算机或智能手机在线接入，对家居设备的使用模式进行监控。

4）警报：如果检测到任何异常，会产生警报并将其发送到家庭级能效管理系统，并提供故障信息。

5）管理：涵盖可再生能源系统管理服务、储能管理服务、家电管理服务、插电式电动汽车和电池管理服务等一系列服务，优化设备运行模式，提高系统能源效率。

电动汽车（Electric Vehicle，EV）是一种特殊的可调度负载，在车对网（Vehicle-to-Grid，V2G）技术中，储存在电动汽车电池中的电能也可以传输到电网。电动汽车不仅可消耗电网的电能满足居民的交通需求，必要时还为家庭负荷提供应急电力。

目前，住宅分布式可再生发电最常见的是太阳能光伏发电（Photovoltaic，PV）。住宅能效管理系统可以充分应用本地的可再生电力，让家庭不再仅仅依靠传统电力系统的电能。由于太阳能存在随机性，其产生的电能总是波动不定，家庭能源系统需要随时平衡能源的供求关系。而能源储存系统可以存储富余的或低价的电力，并且提高电能质量和能源效率，该功能对维护能源系统的可靠性以及提高能效系统经济性具有重要作用。此外，风力发电也具有清洁、可再生、分布广泛、节约土地等优点，所以风能在家庭能效管理系统中的应用具有较大的潜力。

2.3.4　楼宇级能效管理系统

1. 楼宇级能效管理系统的组成

楼宇级能效管理系统（Building Energy Efficiency Management System，BEEMS）以企业办公写字楼、医院、宾馆以及大型商业建筑为对象，是一种自动控制系统，用以监控建筑内部环境，采集实时数据，并远程管理和控制建筑设备，确保建筑各项系统（如供暖、制冷和照明）在不浪费能源的情况下为建筑使用者提供最佳的舒适性。能效管理系统可以根据不同的控制逻辑或功能开发，自动或半自动地管理和控制能源使用。

图 2-13 展示了楼宇级能效管理系统在一栋多项能源支持的建筑中的组成应用，该系统通过集成控制电源转换系统（Power Convert System，PCS）对电网、新能源和可再生能源、能源储存系统（Energy Storage System，ESS）进行调节，并根据能源网关（Energy Gateway）采集的信息对建筑能耗信息和能耗预测进行分析。分析结果用于控制能源消耗装置。能源储存系统将电网产生的电能储存在存储装置中，并在需要时提供电能。能源储存系统作为智能电网的一项重要核心技术，可以通过负载均衡来优化电力运行，高效利用可再生能源，实现建筑能源费用的节省，并有效管理峰值负荷和需求响应。

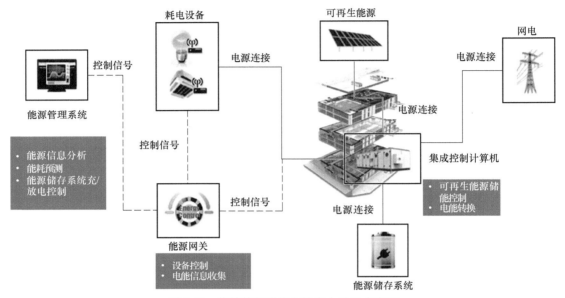

图 2-13　能效管理系统在楼宇中的组成应用

楼宇级能效管理系统主要采用分层分布式计算机网络结构，如图 2-13 所示。现阶段商业开发的楼宇级能效管理系统可以更细的划分为五个层次，系统架构如图 2-14 所示。

1）场域感知层：主要包括建筑用水、电、气等计量表，以及各种环境传感器和场域设备。另外建筑能耗管理中心可以根据所安装的执行器件不同，完成一些动作，例如控制中央空调系统的开关和温度控制，控制用电设备的开关、灯光的开关、供水或气阀门的开关等。

2）数据收集层：包括场域计算机和各种数据收集服务。

3）网络层：包括通信转换器、网络以及路由系统。上传各类能耗数据，采用无线（5G、RF、WIFI）或有线（RS-485、M-BUS、TCP/IP）的通信方式送入数据处理层，也可以接受指令，实现对器件的远程控制。

4）数据处理及应用层：包括中央数据服务器、能效管理系统软件、入口网站和电子看板。数据服务器将各建筑的能耗数据汇总之后，上传到上级数据管理中心，存储数据，并实时监控和统计分析。同时通过 WEB 界面软件平台共享给用户，展示数据，实现人机交互。

5）整合层：能源数据上传，报表上报。

2. 楼宇能效管理系统的功能

楼宇级能效管理系统的功能主要有以下方面：

1）帮助建筑用户实现能源系统由粗放到精细化、科学化的管理。精确地检测各项能耗设备的耗电细节，检测手段更加多样、细化；记录的能源系统运行状况，使得用户可以掌握能耗数据，从而做出合理的设备运行调整策略。

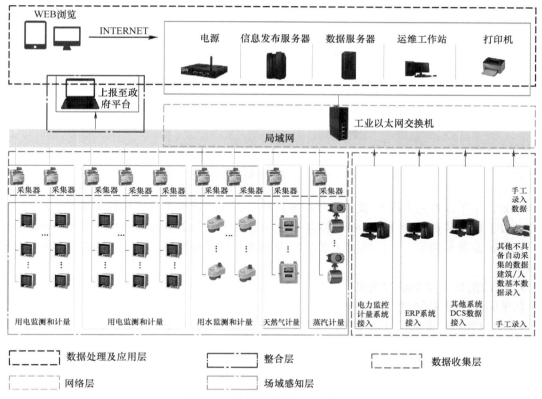

图 2-14 建筑能效管理系统构架

2）具备较强的数据综合处理和分析能力；采用可视化（图表、曲线等）形式展示数据统计结果，方便对比历史数据；计算节能空间，生成节能目标，并统计节能效果，为客户提供优化控制方案；能直接通过硬件实现对底层运行的设备进行管理和控制；帮助用户生成能源报表，提高管理水平。

3）具备网络化的功能，使得用户可通过互联网远程查看能耗情况和设备运行状态，远程控制调节设备优化运行。

此外，基于家庭社区规模上，类似的还有社区能源系统（Community Energy System，CES），其基于可再生能源（如太阳能、风能、生物质能、地热能），能够进行能源转换、传输和消费，为终端用户提供可持续的电、热、冷等多种能源形式，并作为"孤立岛屿"或配电网（热力网）的备份。在社区能源系统中，用户既可以生产能源，也可以消费能源，因此被称为生产消耗者（Prosumers）。

2.3.5 区域级能效管理系统

区域能源系统（District Energy System）中，"区域"是指由多个社区、街道所构成的范围，其物理和行政边界一般按照历史、文化、路网等标准进行构建，如图 2-15 所示。

在世界各地，已设计和建造了许多区域能源系统，例如澳大利亚的家庭分布式能源系统、英国的分散式微型热电联产（Combined Heating and Power，CHP）系统、位于伊朗德黑兰东部和中国大连的三联供（Combined Cooling，Heating and Power，CCHP）系统。

区域能效管理系统（District Energy Efficiency Management System，DEEMS）是以物联网技

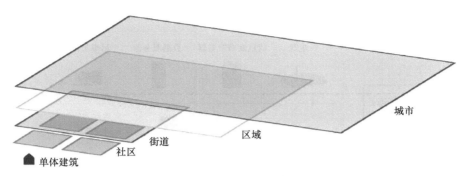

图 2-15　区域层级示意图

术为基础，采用成熟先进的 IT 技术和数据通信技术，通过远程控制区域能源系统，进行有效可行的设备控制和资源管理。它通过信息交互、协同服务、集中监测和统一管理，对区域能源系统进行监测和调节，对区域能源系统的使用进行管理和控制，以达到高效、绿色、节能的效果。

1. 区域能效管理系统的组成

区域能效管理系统包括五部分：

1）供应侧能效管理：包括电网、能源站、太阳能光伏、风电，热泵、余冷/余热，燃气供应，市政给水等能源（资源）。

2）需求侧能效管理：包括区域内建筑电负荷、空调冷/热负荷，生活热水、燃气负荷；区域内工业电力、蒸汽、热水、压缩空气、油、水等负荷和资源；区域内绿色交通电动车充电（部分包含在建筑负荷）；区域内路灯照明、景观照明等负荷；其他特殊负荷。

3）能源微网能效管理：包含微电网、热力微网、燃气网、蒸汽网、压缩空气网、市政给水/污水网等。

4）储能设施能效管理：包括蓄电和蓄热、蓄冷等。

5）能效管理信息网：与能源微网并存的还有信息网。

区域能效管理系统通过区域内的通信网络，一方面连接区域内各个能效管理子系统，包括各建筑能效管理系统（BEMS）、工厂设备能效管理系统（Factory Energy Management System, FEMS）以及家庭能效管理系统（HEMS），采集各类能源监测数据；另一方面连接区域产能供能系统，包括可再生能源产能系统、燃气分布式供能系统、余热循环利用系统、蓄能系统，以及其他供冷、供热、供电系统，对能源的需求和供应进行综合管理和调度。

2. 区域能效管理系统的功能

区域能效管理系统可感知供应侧和需求侧需求，进行动态的能量生产、传输、存储、利用，以及并网、需求侧管理（Demand Side Management，DSM）、售电等优化调度、生产决策、节能管理、碳交易、综合能源服务等，大数据智能算法确保供需动态平衡，实现节能减排、提高收益。区域能效管理平台架构如图 2-16 所示，其功能如图 2-17 所示。

建筑能源管理系统在建筑中的大量运用，形成了海量的建筑能耗数据，如何利用好这些数据，实现绿色能源的合理利用是目前建筑节能领域研究的热点之一。依托大数据技术，可以通过建筑运行的历史数据建模，考虑规划数据、天气数据等多维度，预测未来的能源消耗，并通过人工智能等，分析建筑能耗预测模型的精度、准度，以设定合理的建筑能耗节能策略和能源优化管控策略，从而实现家庭级、区域级到面向城市级的大型综合能源管控，构建能源互联网，达到全社会绿色、低碳的目标。

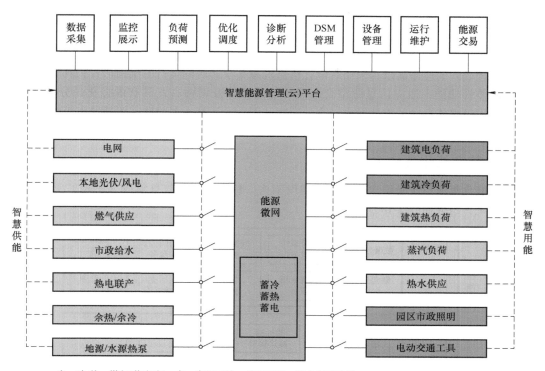

电、冷/热、燃气/蒸汽/气、水，多能互补，梯级利用，综合能源服务

图 2-16　区域能效管理平台架构

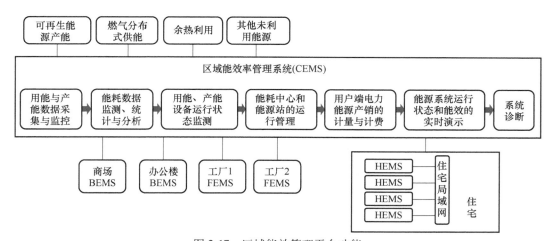

图 2-17　区域能效管理平台功能

2.4　建筑智能化集成系统

2.4.1　建筑智能化集成系统概述

1. 定义

建筑智能化集成系统（Intelligent Integration System，IIS）是为实现建筑物的运营及管理目标，基于统一的信息平台，以多种类智能化信息集成方式形成的具有信息汇聚、资源共享、协同

运行、优化管理等综合应用功能的系统。

2. 功能

智能化集成系统的功能应符合下列规定：以实现绿色建筑为目标，满足建筑的业务功能、物业运营及管理模式的应用需求；采用智能化信息资源共享和协同运行的架构形式；具有实用、规范和高效的监管功能；适应信息化综合应用功能的延伸及增强；宜具有虚拟化、分布式应用、统一安全管理等整体平台的支撑能力；宜顺应物联网、云计算、大数据、智慧城市等信息交互多元化和新应用的发展。

2.4.2 建筑智能化集成系统组成

建筑智能化集成系统是层次化的工程建设架构，包括智能化信息集成（平台）系统和集成信息应用系统，组成如图 2-18 所示。

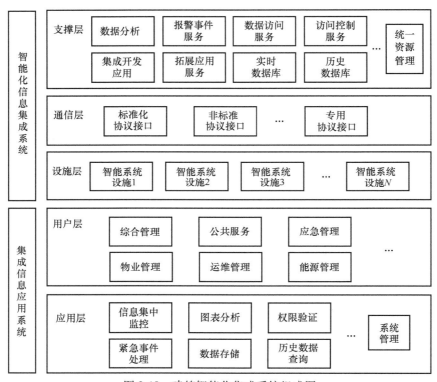

图 2-18 建筑智能化集成系统组成图

1. 智能化信息集成（平台）系统

智能化信息集成（平台）系统包括设施层、通信层和支撑层。

1）设施层：各纳入集成管理的智能化设施系统。

2）通信层：与集成互为关联的各类信息通信接口，用于与设施层的数据通信。

3）支撑层：操作系统、数据库、集成系统平台应用程序。

2. 集成信息应用系统

集成信息应用系统包括应用层和用户层。

1）应用层：提供信息集中监控、紧急事件处理、数据存储、图表分析、系统管理等功能。

2）用户层：提供综合管理、应急管理、设备管理、运维管理、物业管理等功能。

3. 设计配置原则

根据《智能建筑设计标准》（GB 50314—2015）的相关规定，建筑智能化集成系统配置应符合以下规定：

1）应适应标准化信息集成平台的技术发展方向。

2）应形成对智能化相关信息采集、数据通信、分析处理等支持能力。

3）宜满足对智能化实时信息及历史数据分析、可视化展现的要求。

4）宜满足远程及移动应用的扩展的需要。

5）应符合实施规范化的管理方式和专业化的业务运行程序。

6）应具有安全性、可用性、可维护性和扩展性。

不同类型的建筑在进行智能化集成系统设计时，应符合以上规定，并同时满足现行行业标准的有关规定。以住宅建筑为例，住宅建筑的智能化系统配置还应符合《住宅建筑电气设计规范》（JGJ 242—2011）的有关规定，如住宅建筑智能化集成系统宜为住宅物业提供完善的服务功能，当住宅小区或超高层住宅建筑设有物业管理系统时，宜配置无线对讲系统。

建筑智能化综合管理系统中的网络通信集成管理等其他子系统，将在后续章节逐一进行介绍。

思 考 题

1. 建筑智能化综合管理系统的组成和功能分别有哪些？

2. 建筑设备管理系统的组成和基本功能是什么？

3. 如何理解建筑能源管理系统？

4. 建筑能耗分项计量如何进行？

5. 建筑能源效益评估如何开展？

6. 简述家庭级能效管理系统的组成和功能。

7. 简要说明5G、AI技术对区域级能效管理系统的发展带来的影响。

8. 谈谈你对住宅建筑智能化集成系统的配置的建议和看法。

第**3**章

建筑设备监控系统

3.1 概述

3.1.1 建筑设备监控系统的基本概念

建筑物内诸多的机电设备之间存在着内在的相互联系，通过建立监控管理系统，达到对机电设备进行综合管理、调度、监视、操作和控制，实现高效、节能的目的。因此，建筑设备监控系统是以计算机局域网为通信基础、以计算机技术为核心，对与建筑物有关的暖通空调、给水排水、电力、照明、运输等设备进行集中监视、控制和管理的综合性系统，是智能建筑中一个不可缺少的系统，对设备可进行分散控制和集中管理。

建筑设备监控系统具有如下功能：

1）能提供整体监测，对机电设备故障做出即时察觉及分析，减少因小故障而引起的其他问题，同时节省时间和资金。

2）配合自控系统的节能程式操作，减少不必要的能源浪费。

3）提供防范性保养，对可能发生的设备问题做出事先维修。

4）提高对建筑的整体管理效率，节省人力和时间。

3.1.2 建筑设备监控系统的组成

组成建筑设备监控系统的主要子系统如下：

1. 冷热源系统监控

冷热源系统监控包括冷热源系统群控，水蓄冷/冰蓄冷系统监控，冷热水泵监控，冷却水泵、冷冻水泵、热水泵、二次泵控制，冷冻水供回水系统监控，冷却水系统监控，冷却塔监控，免费冷却系统监控等。在实际工程中，上述内容可能无法完全包含在一个具体工程的监控内容中（如一次水供回水温度及压差、定压补水装置、软化装置等）。因此，还要根据具体情况确定受控设备、控制参数和控制策略。

2. 空调监控系统

空调是调节室内空气环境参数的重要设备。空调监控系统包括监控和管理风机、冷却器、加热器、加湿器、过滤器等，保证设备运行的安全性。通过合理的加热、冷却、加湿、去湿，使空气状态处于舒适合理的状态。

3. 给水排水监控系统

智能建筑对给水排水系统有很高的运行可靠性要求，确保人员处在安全的环境中，因此给水排水监控系统应对给水排水和污水处理设备实施监控和管理。尤其是智能建筑的地下室空间，必须保证排水系统的通畅性，同时避免废水的干扰影响到卫生条件。应提供水位监测和超限报警功能、水泵运行故障报警功能等。

4. 供配电设备检测系统

供配电系统是建筑内主要的能源来源，没有供电，建筑内的电气化系统将不能运作，因此，可靠的供配电系统是智能建筑连续运行的前提。智能化供配电设备检测系统能自动、实时监控和管理供配电设备的运行或故障状态，记录运行参数，除此之外还应具备故障发生时的应急处理能力。

5. 照明监控系统

电气照明是智能建筑的重要组成部分。照明是为了营造良好的视觉环境，除了影响建筑物的功能外还影响艺术效果。工程中应用最为广泛的是基于现场总线的智能照明控制系统，照明的智能化管理可大大减少建筑的运行维护费用。照明监控系统对照明设备的监测和控制保证了智能建筑内的功能性照明和艺术氛围。

6. 电梯监控系统

智能建筑需对电梯和自动扶梯的运行进行监测和控制，保障高楼内人员上下楼的安全。

7. 其他需要接入的系统

《智能建筑设计标准》（GB 50314—2015）的相关规定，建筑设备管理系统与火灾自动报警系统、安防系统应预留互联的信息通信接口，实现应急状况下的设备联动，因此，火灾自动报警系统、安防系统等需根据项目的具体要求，实现与建筑设备监控系统的有机集成。

3.2 冷热源系统监控

冷热源系统是中央空调系统的主机，是建筑内能源供应系统的主要部分，和空调通风系统合计约占建筑能耗的 50%~60%。

常见的冷源系统有冷水机组、直燃式溴化锂吸收式冷热水机组、热泵式冷热水机组、蓄冷系统等；常见的热源系统主要有中央热水机组、热交换式热水器、各种锅炉和热泵式冷热水机组等。既要制冷又要供暖的中央空调工程，常用的冷热源方案，主要有冷水机组供冷加锅炉供暖或热网供暖的组合方式，直燃式溴锂吸收式冷热水机组夏季制冷冬季供暖，热泵式冷热水机组夏季制冷冬季供暖等。此外，冷热源系统项目还可采用燃气冷热电三联供技术和区域能源技术。

燃气冷热电三联供（Combined Cooling, Heating and Power, CCHP）技术是指以天然气为主要能源，驱动燃气轮机、内燃机、微型燃机等各种燃气动力发电设备，结合余热回收装置，为用户提供冷、热、电等能源供应的系统。冷热电三联供运行控制策略以电定热，同时控制不可回收利用热能的排放量，以提高能源综合利用效率。

区域能源是利用集中设置的大型能源中心向一定范围内的单体建筑集中供冷、集中供暖、区域供冷、供电、热电联供等各种技术措施。比如上海迪士尼、世博园等大型项目都在园区内设置了大型的能源中心。从冷冻站输送出来的冷水一般经过建筑内的板式换热器从各建筑吸收能量。

3.2.1 冷热源群控策略

1. 冷水机组和冷热水机组的组成

冷水机组和冷热水机组都包括四个主要组成部分——压缩机、蒸发器、冷凝器、膨胀阀，以此实现机组制冷制热效果。冷水机组是一种冷源设备，仅能提供冷冻水；而冷热水机组是一种冷热源两用设备，可同时提供冷水和热水。热泵机组是一种冷热源两用的设备，既能供冷，又能提供比驱动能源多的热能。热泵机组分为地源热泵、水源热泵、空气源热泵等。锅炉是利用燃烧释放的热能或其他热能，将水加热到一定温度或使其产生蒸汽的热源设备。锅炉系统包括蒸汽锅炉、热水锅炉、热水泵、软化器、水箱等。

2. 冷热源系统群控策略设计原则

冷热源系统群控是冷、热源设备节能运行的一种有效方式，通过编制针对项目情况的冷机群控程序，实现包括冷源设备/热源设备及其外围设备（冷冻水泵、旁通阀、冷却塔、冷却水泵和相应阀门等）的联动控制、加卸载台数控制、定时控制、压差旁通控制等功能。例如：离心式、螺杆式冷水机组在某些负荷范围运行时的效率高于设计工作点的效率，因此简单地按容量大小来确定运行台数并不一定是最节能的方式；在许多工程中，采用了冷、热源设备大、小搭配的设计方案，这时采用群控方式，合理确定运行模式对节能是非常有利的。又如，在冰蓄冷系统中，根据负荷预测调整制冷机和系统的运行策略，达到最佳移峰、节省运行费用的效果，这些均需要进行冷热源系统群控才能实现。如果冷源设备厂商或热源设备冷机厂商随主机提供群控系统，则建筑设备监控系统通过通信接口与之集成。

冷热源系统的群控策略主要考虑：冷源设备/热源设备的起停控制、冷源设备/热源设备的累计运行时间、供回水的温差控制、供回水的压差控制、变频控制、冷却塔的监控等。

由于工程情况的不同，具体设计时，应根据负荷特性、设备容量、设备的部分负荷效率、自控系统功能以及投资等多方面进行经济技术分析后确定群控方案。同时，也应该将冷水机组、水泵、冷却塔等相关设备综合考虑。设计原则如下：

1）单台冷水机组、冷热水机组、热泵机组的控制一般都由机组自身的控制系统完成，建筑设备监控系统可对冷水机组、热泵机组的起停和状态检测进行控制，并通过通信接口与之集成，采集运行数据。有可能的情况下，也就可通过通信接口实现不同外部环境条件下冷机出水温度的再设定优化控制。

2）建筑设备监控系统根据供水管的流量及集水器、分水器的温差，计算制冷热负荷，根据用户侧的负荷情况向冷机控制系统提交起停控制要求，同时监测其动作反馈，与常规意义上的控制有所区别。另外，所有冷水机组参数上传至建筑设备监控系统进行数据备份，筛选报告，曲线分类后，对于机组本身的运行维护也是大有帮助的。

3）要建立冷机群控系统，一定要针对项目，研究项目冷热源设备的情况，定流量系统、变流量系统、变冷却水系统、冷机变频等不同的组合需要不同的群控系统。能效比（Coefficient Of Performance，COP）是冷水机组输出的冷负荷与消耗的能量的比值。要做到节能高效，不仅要深入研究冷热源主机的性能曲线，尽量让冷热源主机运行在效率高点附近，还要综合考虑外围设备的总能耗。

4）设计控制策略时需要综合考虑空调冷冻水系统的形式（包括末端设备是采用二通阀还是三通阀等）、冷冻泵的控制策略等对冷冻站进行综合优化控制，以使整个冷冻站运行效率最高。当电流百分比已经不能准确反应冷机的负载时候，比如当具有多台压缩机的冷机出现有一台压缩机故障，而冷机只有总报警输出时，可以在前置的判断条件中采集相应的故障报警，以供判断。

下面以冷水机组为例说明冷热源群控系统的主要控制策略。冷水机组的控制方法有压差旁通控制法、温度控制法和负荷控制法。

（1）压差旁通法　在供回水总管之间设置压差传感器，设定一压差值，由于负荷侧为变流量系统，通过旁通调节负荷侧流量，因此供回水总管的压差为一动态值。当压差旁通法中旁通管达到最大开度，压差仍然超过设定值时，应关闭一台冷水机组和循环水泵；当开度小于15%，压差值仍然小于设定值时，应开起一台冷水机组和循环水泵。

（2）温度控制法　根据测量冷冻水供水或回水温度调整冷水机组的台数控制。

1）判断冷水机组是否加载，应根据冷冻水供水或回水温度。当冷冻水供水或回水温度接近或等于设定温度时，冷水机组不应加载；当冷冻水供水或回水温度远离（高于）设定温度时，冷水机组应加载。

2）判断冷水机组是否卸载，应根据冷冻水供水或回水温度及当前冷水机组的负荷。当冷冻水供水或回水温度远离（高于）设定温度时，冷水机组不应卸载；当冷冻水供水或回水温度接近或等于设定温度时，冷水机组应卸载。

（3）负荷控制法　常规方式计算负荷是根据冷源系统总负荷量（一次供回水温差×总流量），计算出实际冷负荷，然后根据冷机的运行特性通过比较系统的需求负荷和冷机最高效率点运行时的容量来确定冷机的加载或卸载以及多台冷机的联控（冷机的联控主要考虑到一般冷机的效率最高点并不是100%负荷运行时，在相同供冷负荷下，有时2台冷机在部分负荷率下的综合运行效率可能会比单台冷机满负荷运行时高）。运行台数需与负荷相匹配，同时考虑实现机组最优起停时间控制和冷机效率高点。

负荷计算：

$$Q = kFc\Delta T$$

式中，Q 为负荷（kW）；k 为常数；F 为流量（L/s）；ΔT 为供回水温差（℃）。

在二次泵系统中需要将旁通管内水流方向纳入加减机策略中，比如可由旁通管水流向和供水温度确认加减机：当冷冻水需求量大于供给量时，再投入一台冷机；当冷负荷减少，旁通管水流量大于单台冷机蒸发量的110%时，关闭一台冷机。

但实际工程中这几种方法都各有欠缺，也有工程尝试将设置多个判断条件进行综合逻辑判断，比如当机组出水温度超过设定值且负荷超过设定值时，控制加机；当机组回水温度低于设定值或负荷低于设定值时，控制减机。目前工程上比较流行的是将冷机的电流百分比纳入判断条件。电流百分比（负载率）是冷机运行中的参数，直接反映了冷机负载情况，该数值可通过通信接口读取。

改良后的温度控制法，除监测冷冻水回水温度之外，通过通信接口采集冷水机组的电流百分比。在30min内，如果冷冻水回水温度高于回水温度设定值，并且冷机电流百分比大于95%，则起动累计运行时间最短的冷机；在30min内，如果冷冻水温度低于回水温度设定值，且冷机电流百分比小于60%（该数值可调整，具体需看冷机的参数而定），则关闭运行时间最长的冷机。

改良后的负荷控制法，除监测冷冻水供回水温度和供水流量之外，还可以通过通信接口采集冷水机组的电流百分比。在30min内，如果末端负荷大于目前投入使用的冷机负载的95%，并且电流百分比大于95%，则起动累计运行时间最短的冷机；在30min内，如果末端负荷小于目前投入使用的冷机负载的60%（该数值可调整），并且电流百分比小于60%（该数值可调整，具体需看冷机的参数而定），则关闭运行时间最长的冷机。

无论采用何种控制法，冷机台数控制的基本原则是：

1）让设备尽可能处于高效运行，整个冷热源系统的总能耗最小或者所有冷水机组的COP值和最大。

2）让相同型号（容量）的设备交替运行，各设备运行时间尽量接近以保持其同样的运行寿命（通常优先起动累计运行时间最少的设备，优先关闭累计运行时间最长的设备）；

3）满足用户侧低负荷运行的需求。

在工程实施中，为了获取电流百分比等冷水机组的实际数据，建筑设备监控系统需要冷水机组配合提供相应接口与数据如下：

电气接口要求：满足 RS-485/422、RS-232 或以太网接口。

通信协议：满足 BACnet 或 MODBUS、DDE 等标准，开放数据格式、帧格式、数据定义等。

数据包括：冷水主机电动机参数，包括电压、电流、电流百分比、输入/输出功率，有功电度、累计使用时间；压缩机参数，包括导叶开度、扩压器开度、膨胀阀开度、油箱油温、油压等主机控制数据；冷凝器参数，包括冷凝压力、冷凝液温度、冷却水入口温度、冷却水出口温度、冷却水温度差、冷却水进水压力，冷却水出水压力等；蒸发器参数，包括蒸发压力、蒸发温度、冷冻水入口温度、冷冻水出口温度、冷冻水温差、冷冻水进水压力、冷冻水出水压力等。

所有上述冷水机组参数上传至建筑设备监控系统，进行数据备份，报告筛选，曲线分类后，对于机组本身的运行维护也是大有帮助的。

3.2.2　水泵系统的监控

空调冷冻水/热水系统根据水泵特性可分为一级泵系统和二级泵系统。在冷源侧和负荷侧合用一组循环泵的，为一次泵系统；在冷源侧和负荷侧分别设置一组循环泵的，称为二次泵系统。

一次泵系统都设有旁通阀，以保证冷机的最小流量。当负荷改变以后，根据供回水管的压差调节阀门的开度旁通水量，用以调节加入用户的水量；二次泵系统通过设置桥管/旁通管，将一次环路与二次环路两者连接在一起，使一次环路保持定流量运行。这样不仅有效地解决了冷热源侧定流量与负荷侧变流量的矛盾，而且实现了系统各部分水力工况隔离（一次循环、二次循环），以减少输送能耗。桥管/旁通管上不设旁通阀，只需设温度传感器、流量开关和流量计。一次泵系统可再根据水泵特征分为一次泵定流量系统和一次泵变流量系统。二次泵系统多为变流量系统，其中一次泵为定频泵，二次泵为变频泵。

1. 一次泵定流量系统

一台冷水机组配置一台一次定频冷冻水泵、一台冷却塔和一台冷却水泵。

采用"一泵对一机"的定流量方式，以保证通过冷水机组的水流量为定值，冷冻水泵的加减机控制与冷水机组的加减机同步。这样的空调系统冷冻水流量固定不变，当系统的实际负载低于设计负载时，冷冻水供回水温差将小于设计温差。系统在低温差、大流量的情况下工作，不仅会降低末端空调换热效率，也会增加管路系统的能量损失。一次泵定流量系统不节能，现在已经较少使用。表3-1列出了典型一次泵定流量系统监控要求。

表 3-1　典型一次泵定流量系统监控点表

受控设备	监控内容	AI	DI	AO	DO	前端设备
一次冷冻水泵	运行状态		1			主交流接触器辅助常开无源触点
	故障报警		1			热继电器辅助常开无源触点
	手/自动状态		1			手/自动开关辅助常开无源触点
	起停控制				1	中间继电器
冷冻水系统	供水温度	1				水管温度传感器
	回水温度	1				水管温度传感器
	回水流量	1				电磁流量计
	供回水压差	1				水管压差传感器
	压差旁通阀开度			1		电动调节阀

2. 一次泵变流量系统

一次泵变流量系统采用可变流量的冷水机组、变频冷冻水泵等组成的空调系统。一台冷水机组配置一台一次变频冷冻水泵、一台冷却塔和一台冷却水泵。一次泵的台数控制与冷水机组的加减机同步。对于一次泵变流量系统，当末端设备的冷冻水流量随负荷改变时，其两端的压差也在随之改变，一次水泵的变频器根据最不利的压差信号，改变水泵的转速，从而改变系统的水流量以满足末端设备的要求。表3-2列出了典型一次泵变流量系统监控要求。

表3-2 典型一次泵变流量系统监控点表

受控设备	监控内容	AI	DI	AO	DO	前端设备
一次冷冻水泵	运行状态		1			主交流接触器辅助常开无源触点
	故障报警		1			热继电器辅助常开无源触点
	手/自动状态		1			手/自动开关辅助常开无源触点
	起停控制				1	中间继电器
	压差信号	1				水管压差传感器
	变频器频率	1				变频器
	变频器频率控制			1		变频器
冷冻水系统	供水温度	1				水管温度传感器
	回水温度	1				水管温度传感器
	回水流量	1				电磁流量计
	供回水压差	1				水管压差传感器
	压差旁通阀开度			1		电动调节阀

3. 二次泵变流量系统

一次环路由冷水机组、一次泵、供回水管路和旁通管组成，负责冷水制备，按定流量运行。一次泵负责克服冷水机侧的阻力，一次泵与冷水机组一一对应。二次环路由二次泵、空调末端设备、供回水管路和旁通管组成，负责冷水输送，按变流量运行。二次泵用来克服末端的阻力。

一次泵的控制：一次泵环路宜采用"一泵对一机"的定流量方式，一次泵的加减机控制与冷机同步。二次泵的变频控制方式：根据冷冻水二次总供回水压差或者最不利点压差来控制二次泵的频率。负荷侧压差传感器可监测负荷端最不利压差环路，控制二次泵的频率，保证压差在设定值范围。冷冻水二次总供回水压差信号取自二次水泵环路中主供、回水管道的压力信号。最不利点压差取自二次水泵环路中各个远端支管上有代表性的压差信号。当有一个压差信号未能达到设定要求时，提高二次泵的转速，直到满足为止；反之，当所有的压差信号都超过设定值时，降低转速。

这两种方法各有优缺点，由于信号点的距离近，根据二次总供回水压差来控制二次泵频率的方法易于实施。根据最不利点压差来控制二次泵频率的方法所得到的供回水压差更接近空调末端设备的使用要求，因此在保证使用效果的前提下，它的运行节能效果较前一种更好，但信号传输距离远，并且对末端压差传感器的安装位置要求较高，对技术要求较高。

二次泵的台数控制采用以下策略：

加机策略：系统开启时打开一台累计运行时间最短的水泵，运行中按照供回水压差或者最不利点压差控制水泵的频率。如监测到水泵频率保持在100%超过5min，则投入未运行水泵中累计运行时间最短的一台水泵。

减机策略：如监测水泵频率保持在70%以下超过5min，则关闭累计运行时间最长的一台水泵，并保证至少一台二次泵在运行中。

故障控制：当检测到一台二次泵故障时，投入备用的累计运行时间最短的二次泵。

表3-3列出了典型的二次泵系统监控要求。

表 3-3　典型的二次泵系统监控点表

受控设备	监控内容	AI	DI	AO	DO	前端设备
一次冷冻水泵	运行状态		1			主交流接触器辅助常开无源触点
	故障报警		1			热继电器辅助常开无源触点
	手/自动状态		1			手/自动开关辅助常开无源触点
	起停控制				1	中间继电器
一次冷冻水系统	供水温度	1				水管温度传感器
	回水温度	1				水管温度传感器
	回水流量	1				电磁流量计
	供回水压差	1				水管压差传感器
	旁通管水流量	1				电磁流量计
	旁通管水流开关		1			流量开关
	旁通管水温度	1				水管温度传感器
二次冷冻水泵	运行状态		1			主交流接触器辅助常开无源触点
	故障报警		1			热继电器辅助常开无源触点
	手/自动状态		1			手/自动开关辅助常开无源触点
	起停控制				1	中间继电器
	压差信号	1				水管压差传感器
	变频器频率	1				变频器
	变频器频率控制			1		变频器
二次冷冻水系统	供水温度	1				水管温度传感器
	回水温度	1				水管温度传感器
	回水流量	1				电磁流量计
	流量开关			1		流量开关

3.2.3　冷却水系统的监控

冷却水的供水温度对制冷机组的运行效率影响很大，同时也会影响到机组的正常运行。冷却塔控制的目标在于保证最低的冷却水温以使得冷水机组高效运行。如采用变频（或多速）风机控制，使冷却塔在低风速、大换热面积的工况下运行，使冷却水温度尽可能接近室外湿球温度，从而提高冷机效率，而又不影响末端负荷需求。对于冷水机组来说，冷却水温度每降低1℃，约可节能3%。

1. 冷却水总供水的温度控制方式

1）控制冷却塔风机的运行台数（对于单塔多风机设备）。

2）控制冷却塔风机转速（如冷却塔风机转速可调）。

3）通过在冷却水供、回水总管设置温差旁通电动阀等方式进行控制。

其中方法 1）节能效果明显，应优先采用。如环境噪声要求较高（如夜间时），可优先采用方法 2），它在降低运行噪声的同时，同样具有很好的节能效果，但投资稍大。当气候越来越凉，风机全部关闭后，冷却水温仍然下降时，可采用方法 3），通过调节旁通流量保证进入冷水机组的冷却水温高于最低限值。当气候逐渐变热时，则反向进行控制。

一般说来，冷却塔台数应该与制冷主机的数量一一对应，同时起停。由冷水机组的运行台数及冷却水供水温度控制冷却塔的台数、冷却塔风机的运行台数和冷却塔风机的风速。

2. 冷却塔的控制策略

1）当冷却水温度≥32℃（可调）时，冷却塔风机全开。

2）当冷却水温度<32℃（可调）但≥20℃（可调）时，由冷却水回水温度控制冷却塔风机的开机台数和转速。

3）当冷却水温度<20℃（可调）时，系统控制冷却水旁通以保证机组的冷却水温度不低于最小允许值。

冷却塔系统的监控制包括：冷却塔风机台数控制、风机速度控制、冷却水供回水温度、冷却塔水盘液位检测、冷却塔相应阀门的控制、冷却塔防冻保护、冷却水泵的监控、冷却水系统旁通阀控制等。表3-4列出了典型的冷却水系统监控要求。

表 3-4　典型的冷却水系统监控点表

受控设备	监控内容	AI	DI	AO	DO	前端设备
冷却塔风机	运行状态		1			主交流接触器辅助常开无源触点
	故障报警		1			热继电器辅助常开无源触点
	手/自动状态		1			手/自动开关辅助常开无源触点
	起停控制				1	中间继电器
	变频器频率	1				变频器
	变频器频率控制			1		变频器
冷却塔集水盘	液位开关		1			液位开关
	防冻开关		1			防冻开关
冷却塔进出水蝶阀	开关状态		1			电动开关蝶阀
	开关控制				1	电动开关蝶阀
冷却水泵	运行状态		1			主交流接触器辅助常开无源触点
	故障报警		1			热继电器辅助常开无源触点
	手/自动状态		1			手/自动开关辅助常开无源触点
	起停控制				1	中间继电器
冷却水系统	供水温度	1				水管温度传感器
	回水温度	1				水管温度传感器
	温差旁通阀开度			1		电动调节阀

3.2.4 蓄冷系统的监控

蓄冷技术就是根据水、冰以及其他物质的蓄冷特性，通过制冷机和蓄冷装置，在电网低谷的廉价电费计时时段进行蓄冷作业，而在非电力低谷时段，将所蓄存的冷量释放的一种制冷空调机技术。空调用蓄冷技术一般包括水蓄冷、冰蓄冷、共晶盐蓄冷等。

蓄冷系统一般由制冷、蓄冷和供冷三个子系统组成。制冷、蓄冷子系统由制冷设备、蓄冷装置、辅助设备、控制调节设备四大部分通过管道和导线（包括控制导线和动力电缆等）连接组成，通常以水或乙烯二醇水溶液为载冷剂。该系统除了能用于常规制冷外，还能在蓄冷工况下运行，从蓄冷介质中移除热量（显热和潜热），待需要供冷时，可由制冷设备单独制冷供冷，或蓄冰装置单独释冷供冷，或二者联合供冷。

蓄冷系统包括全负荷蓄冷系统和部分负荷蓄冷系统。全负荷是指系统全部的冷量都由蓄冷系统来提供，部分负荷就指冷量一部分由蓄冷系统提供，一部分由冷机提供。

部分负荷蓄冷系统的运行较复杂，对控制系统有着较高要求。如部分冰蓄冷系统的控制系统除了保证各运行工况之间的切换及冷水、乙二醇的供回水温度控制外，还应解决主机和蓄冰设备间的供冷负荷分配问题。

蓄冷系统根据测定的室外温湿度情况，以及负荷侧回水温度、流量，通过计算预测全天负荷，计算指定主机和蓄冷设备的负荷分配概况，切换工况，最大限度发挥蓄冷设备的制冷效果，达到节约电费的目的。

1. 冰蓄冷系统的工况

部分冰蓄冷系统有以下四种工况：

1）主机蓄冰工况：相应阀门开闭，冰槽液位测定蓄冰量，达到设定之后停主机。

2）主机单独供冷工况：相应阀门开闭，仅冷机提供冷量。

3）蓄冷装置单独供冷：相应阀门开闭，仅蓄冰槽提供冷量，调节相应阀门，控制进入冰槽载冷剂流量。

4）联合供冷工况：相应阀门开闭，冷机和蓄冰槽同时提供冷量。

建筑设备监控系统配合蓄冷系统的设计，对冷机、乙二醇泵、蓄冰槽、换热器、相应阀门等进行监控。

2. 水蓄冷系统实例介绍

下面以某项目水蓄冷系统为例，介绍建筑设备监控系统对水蓄冷系统监控要求。

该水蓄冷系统项目冷热源系统有8台离心式冷水机组、8台冷却塔、8台冷却循环泵、8台冷冻水一次泵、5台冷冻水二次泵、2个水蓄冷罐、5台蓄冷循环泵、1定套压装置、3套加药装置及相关蝶阀。

（1）项目工况　该项目共有五种工况：

1）冷机单制冷。

2）冷机边制冷边供冷。

3）蓄冷罐单独供冷。

4）冷机单独供冷。

5）冷机与蓄冷罐联合供冷。

（2）该项目建筑设备监控系统的功能

1）监测室外温湿度，根据管路上的温度、流量等信号，通过计算后判断系统工况，进行工况切换。结合冷机的电流百分比和冷负荷进行冷机台数的控制，实现在不同工况下对各设备的起停控制，监视其故障报警、手/自动状态、运行状态，进行主备设备的选择与联动控制，通过群控实现节能运行。

2）通过通信接口采集冷水机组的运行数据。

3）根据压差对冷水二次泵、蓄冷循环泵进行台数及变频控制，对冷却塔风机和冷却水泵进行台数控制。

4）监测蓄冷罐及各水路的参数并显示，各蝶阀的阀位显示，被控参数的显示。

5）动态显示水蓄冷系统流程图，水流、系统运行动态。

6）采集历史数据及曲线图记录及存储，故障报警显示及处理报告记录。

7）监测蓄冷罐的放冷量统计，末端负荷的冷量统计。

本项目的水蓄冷系统监控要求见表3-5。

表 3-5　某项目的水蓄冷系统监控点表

受 控 设 备	监 控 内 容	AI	DI	AO	DO	网关	前 端 设 备
室外温湿度	室外温湿度	2					室外温湿度传感器
冷水机组	冷机内部数据					1	通信接口
	水流状态		4				水流开关
	冷凝器碟阀控制		2		2		电动开关蝶阀
	蒸发器碟阀控制		2		2		电动开关蝶阀
冷冻水一次泵	运行状态		1				主交流接触器辅助常开无源触点
	故障报警		1				热继电器辅助常开无源触点
	手/自动状态		1				手/自动开关辅助常开无源触点
	起停控制				1		中间继电器
一 次 冷 冻 水系统	供水温度	1					水管温度传感器
	回水温度	1					水管温度传感器
	回水流量	1					电磁流量计
	供回水压差	1					水管压差传感器
	旁通管水流量	1					电磁流量计
	旁通管水流开关		1				流量开关
	旁通管水温度	1					水管温度传感器
冷冻水二次泵	运行状态		1				主交流接触器辅助常开无源触点
	故障报警		1				热继电器辅助常开无源触点
	手/自动状态		1				手/自动开关辅助常开无源触点
	起停控制				1		中间继电器
	压差信号	1					水管压差传感器
	变频器频率	1					变频器
	变频器频率控制			1			变频器
二 次 冷 冻 水系统	供水温度	1					水管温度传感器
	回水温度	1					水管温度传感器
	回水流量	1					电磁流量计
	流量开关			1			流量开关
蓄冷循环泵	运行状态		1				主交流接触器辅助常开无源触点
	故障报警		1				热继电器辅助常开无源触点
	手/自动状态		1				手/自动开关辅助常开无源触点
	起停控制				1		中间继电器
	变频器频率	1					变频器
	变频器频率控制			1			变频器
水蓄冷罐	高低液位		2				液位开关
	水流状态		2				水流开关
	进出水温度	2					水管温度传感器
	回水流量	1					电磁能量计
	进出水蝶阀		2		2		电动开关蝶阀
	供冷量	1					能量计

（续）

受控设备	监控内容	AI	DI	AO	DO	网关	前端设备
工况切换蝶阀	蝶阀开关控制		1		1		电动开关蝶阀
冷却塔风机	运行状态		1				主交流接触器辅助常开无源触点
	故障报警		1				热继电器辅助常开无源触点
	手/自动状态		1				手/自动开关辅助常开无源触点
	起停控制				1		中间继电器
	变频器频率	1					变频器
	变频器频率控制			1			变频器
冷却塔集水盘	液位开关		1				液位开关
	防冻开关		1				防冻开关
冷却塔进出水蝶阀	开关状态		1				电动开关蝶阀
	开关控制				1		电动开关蝶阀
冷却水泵	运行状态		1				主交流接触器辅助常开无源触点
	故障报警		1				热继电器辅助常开无源触点
	手/自动状态		1				手/自动开关辅助常开无源触点
	起停控制				1		中间继电器
冷却水系统	供水温度	1					水管温度传感器
	回水温度	1					水管温度传感器
	温差旁通阀开度			1			电动调节蝶阀

54

3.2.5　免费冷却系统的控制

免费冷却（free cooling）是指在过渡季节或冬季，不起动冷机，直接利用外界温度较低的空气带走建筑内的热负荷。免费冷却系统一般设有免费制冷用板式热交换器，冬季或过渡季节运行冷却塔，向免费制冷用板式换热器提供一次冷水。一次侧直接连接到冷却水系统，二次侧为冷冻水系统，直接利用冷却塔冷却后的冷却水通过换热器降低冷冻水的温度。或者全空气系统可以在过渡季节使用参数较低的室外新风对室内空气进行冷却。

划分内外区的空调系统在夏季内外区同时供冷；在冬季，外区供暖内区供冷。内区冬季采用冷却塔自然冷却。

当建筑设备监控系统检测到室外温度比冷冻水回水温度低2℃（可调）时，系统进入免费冷却工况，关闭冷水机组和相应阀门，打开板式热交换器与相应的阀门，并根据二次侧回水温度调节一次侧阀门的开度，使得二次侧冷冻水回水温度保持在设定范围内。

通过在板式热交换器一次侧和二次侧分别安装温度传感器，测量一二次侧的供回水温度，由此计算板式热交换器的换热效率。当换热效率低于一定值，报警并提醒清洗。

表3-6列出了典型的免费冷却系统监控要求。

表3-6　典型的免费冷却系统监控点表

受控设备	监控内容	AI	DI	AO	DO	前端设备
免费冷却板式热交换器	二次侧供回水温度	2				水管温度传感器
	一次侧阀门	1		1		电动调节阀
	二次侧供回水温度	2				水管温度传感器
	二次侧开关阀门		1		1	电动开关阀

（续）

受控设备	监控内容	AI	DI	AO	DO	前端设备
	运行状态		1			主交流接触器辅助常开无源触点
冷却水泵	故障报警		1			热继电器辅助常开无源触点
	手/自动状态		1			手/自动开关辅助常开无源触点
	起停控制				1	中间继电器

3.3 空调系统的监控

空调系统由空气处理设备、空气输送设备、空气分布装置和空调制冷、热源设备组成。

中央空调系统根据用途或服务对象不同可以分为舒适性空调和工艺性空调，本文主要涉及舒适性空调的控制，暂未涉及工艺性空调的洁净度控制、房间压差控制等。

不同的建筑、不同的用户和不同的应用环境对空气调节系统有不同的需求，这就需要结合空调系统的特点、使用条件、建筑用途和用户需求等综合考虑空调系统的选型。建筑设备管理系统则根据暖通空调设计的要求实现根据实际负荷来控制各设备的输出量，满足建筑环境的要求。空调系统主要受控设备有新风机、空调机、风机盘管、VAV BOX、送风机、排风机、排烟风机、消防风机等。

3.3.1 空调系统控制内容

在考虑具体空调设备的监控要求和监控原理之前，首先介绍空调相关的基本知识及空调系统分类。

1. 空气的状态参数

空气是一种由干空气和一定量的水蒸气组成的混合物，称为湿空气。其中，干空气以氮气和氧气为主，是多种气体组成的混合体。一般，氮约占空气的78%，氧占21%，二氧化碳和其他气体约占1%。干空气中的多数成分比较稳定，少数成分随季节有所波动，但从总体上仍可以将干空气视为一个稳定的混合物。水蒸气在湿空气中含量很少，通常只占千分之几到千分之二十几，但其变化会对空气环境的干燥和潮湿程度产生重要影响，会改变湿空气的物理性质。除干空气和水蒸气外，在湿空气中还包括尘埃、烟雾、微生物等杂质成分。湿空气的状态通常用压力、温度、湿度及焓等参数来描述，这些参数称为湿空气的状态参数。

（1）压力 地球的大气层对单位地球表面积形成的压力称为大气压力，用 p 表示，单位为Pa（帕）或kPa（千帕）。

大气压随各地的海拔高度、季节、温度的不同而有差异。标准大气压是指北纬45°处海平面的全年平均气压，一个标准大气压为101325Pa。大气压力不同，会影响其他空气物理性质的状态参数。在空调系统中，检测仪表上指示的压力通常称为工作压力（表压），它不是该系统湿空气的绝对压力，而是系统湿空气的绝对压力与当地大气压力之差。

湿空气中，水蒸气分压力的大小反映了其中水蒸气含量的多少。在一定的温度下，水蒸气含量越多，则其分压力越大。当空气中水蒸气含量超过某一限量时，多余的水蒸气会凝结成水析出。在一定温度条件下，湿空气中水蒸气含量达到最大限值时，湿空气处于饱和状态，称为饱和空气。

（2）温度 空气温度用以表示空气的冷热程度，通常用 T 或 t 表示。T 为热力学温度，单位为K；t 为摄氏温度，单位为℃，一些国家采用℉（华氏）为单位。这三者之间的关系为

$$F = \frac{9}{5}t + 32$$

$$T = 273.15 + t$$

湿空气的温度也是干空气及水蒸气的温度，又称为干球温度，即用温度计直接测量出的空气温度。

（3）湿度　湿度是表示湿空气中水蒸气含量的物理量，通常有三种表示方法：

1）绝对湿度。每 $1m^3$ 湿空气中含有的水蒸气量称为绝对湿度 z，单位为 kg/m^3。

2）含湿量。在湿空气中与 1kg 干空气同时并存的水蒸气量称为含湿量 d，单位为 g/kg。含湿量表示空气中水蒸气的含量，在对空气进行加湿或减湿处理时，都是用含湿量来计算空气中水蒸气量的变化。

3）相对湿度。相对湿度 φ 为空气中水蒸气分压力与同温度下饱和水蒸气分压力之比，用%表示。相对湿度反映了湿空气中水蒸气含量接近饱和的程度。φ 值越大，表示空气越接近饱和，空气越潮湿。

（4）露点温度　在一定的压力下，对含湿量为 d 的空气保持其含湿量不变，而降低其温度，当空气呈饱和状态而刚出现冷凝水时的温度称为该空气状态的露点温度，简称露点。

在空气处理过程中，常利用冷却方法使空气温度降到露点以下，使水蒸气从空气中液化成水分离出来，以达到去湿的目的。

（5）湿空气的焓　湿空气的焓 H（单位为 kJ/kg）等于 1kg 干空气的焓加上与其同时存在的水蒸气的焓（单位为 kg）。湿空气的焓值计算公式为

$$H = 1.01t + d(2500 + 1.84t)$$
$$= (1.01t + 1.84dt) + 2500d$$

式中，$(1.01t + 1.84dt)$ 是与温度有关的热量，称之为"显热"；而 $2500d$ 只与空气含湿量有关，称其为"潜热"。

在空调工程中，空气压力的变化一般很小，可近似为定压过程，所以可用湿空气的焓变化（焓差）来度量空气加热或冷却的热量变化。在空气调节控制中的焓值控制方式就是对室内室外空气焓值进行比较，控制新、回风比例，以便于充分利用新、回风能量，节省能源。

2. 室内空气质量

室内空气质量参数是指室内空气中与人体健康有关的物理、化学、生物和放射性参数。其物理性参数包括温度、相对湿度、空气流速和新风量等四个物理性参数；化学性参数包括二氧化硫、二氧化氮、一氧化碳、二氧化碳、氨、臭氧、甲醛、苯等 13 个化学性参数；生物参数包括菌落总数 1 个生物性参数；放射性参数包括氡 1 个放射性参数。《民用建筑供暖通风与空气调节设计规范》（GB 50736—2012）规定了不同建筑类型不同房间类型的室内人员所需最小新风量，如办公室的最小新风量为 30（$m^3/h \cdot 人$）。

《室内空气质量标准》（GB/T 18883—2002）对室内空气质量的参数做出了具体规定，CO_2 日平均值上限是 0.1%，可吸入颗粒物 PM10 日平均值上限是 $0.15mg/m^3$。

建筑设备监控系统将采集室内空气品质或 CO_2 浓度，用于调节新回风比，在满足暖通工艺要求和卫生要求的情况下，实现节能控制。

有些项目对于空气品质比较关注，也会增加对可吸入颗粒物 PM2.5 的监测等。同时在室内外安装 PM2.5 传感器。在雾霾天气下，根据室内外 PM2.5 检测值或者系统管理员确认，根据空调系统的实际情况，将混风系统进入雾霾控制模式，混风系统趋向最小新风模式或全回风模式，从而减少室外污染空气对室内的影响。

3. 空调系统分类

空调系统按照不同的标准有多种分类方式，在此仅为方便后续讨论，介绍一种按空气处理设备设置位置的分类方法。按空气处理设备的设置位置分类，可将空调系统分为集中式空调系统、半集中式空调系统和分散式空调系统三类。

1）集中式空调系统：所有空气处理设备集中在空调机房中，冷冻水或空调热水由冷热源站集中送至空调机房，对空气进行中处理，然后由风管配送至各个房间。典型的集中式空调系统是由空调机组（Air Handling Unit，AHU）对大空间区域（如会议厅、餐厅、大堂等）空气集中处理的定风量系统，以及对独立、分割空间（如办公区域等）空气进行集中处理的变风量系统等。

2）半集中式空调系统：空气处理过程由集中在空调机房中的集中设备和分布在控制区域的分散设备共同完成。典型的半集中式空调是新风机组（Primary Air Unit，PAU）加风机盘管（Fan Coil Unit，FCU）系统。这种空调系统的空气处理过程包括PAU对新风的集中处理、配送和FCU对回风的分散处理两部分。

3）分散式空调系统：空气处理过程完全由分散在控制区域的设备完成，这些分散的空气处理设备往往拥有各自独立的室外机作为冷热源，整套设备由独立的控制器进行控制，一般不纳入楼宇自控系统监控范围或仅通过干接点、网关等方式对其起停及个别状态进行监控。这类空调系统包括普通分体式空调、恒温恒湿空调等。

4. 空调系统常用控制

空调系统的被控参数主要包括空气的温度、湿度、压力、压差以及空气洁净度、风速、风量、气流方向等。建筑设备监控系统对于空调系统应具有下列基本控制要求：

（1）温湿度控制　空气的两个主要参数温度和湿度并不是完全独立的变量。当相对湿度发生变化时候，必会引起加湿或除湿的动作，结果必将引起温度的变化；而当温度变化时，空气中水蒸气的饱和压力变化，在绝对湿度不变的情况下，就直接改变了相对湿度（温度增高则相对湿度减少，温度降低相对湿度增加）。新风系统中根据送风温湿度或室内温湿度进行控制，空调机组则根据回风温湿度或室内温湿度进行控制。如果空调系统同时有温度控制和湿度控制的需求，则优先进行湿度控制。

1）除湿控制。如果空调机组设有四管制，且冷盘管在前，则在夏季可以实现除湿。打开冷盘管将风管温度降到露点，再控制热盘管开度使得温度达到设定值要求。舒适性空调的相对湿度可不做控制。

2）加湿控制。如果空调机组设有加湿段，则加湿方式一般有：干蒸汽直接加湿、喷淋加湿、高压喷雾加湿和湿膜加湿等。在冬季，可以根据回风湿度或室内湿度值，控制加湿器，达到加湿效果。

3）温度控制。新风系统中比较送风温度或室内温度与其设定值，经PID计算对冷热盘管进行控制；空调机组则根据回风温度或室内温度与其设定值，经PID计算对冷热盘管进行控制。

（2）新风焓值控制　为了充分、合理地利用回风能量和新风能量，根据新回风焓值来控制新风量和回风量的比例，在满足卫生要求的前提下，最大限度地减少人工冷热量。

将室外新风处理到满足工艺要求的送风焓状态所需的负荷 Q 为

$$Q = G(h_1 - h_2)$$

式中，G 为新风量（kW）；h_1 为新风焓值（kJ/kg）；h_2 为送风焓值（kJ/kg）。

利用比焓差控制新风量，分别测量新风焓值和回风焓值，通过计算可以得出新风负荷。

利用比焓差控制新风量可以有以下几种工况：

1）在制冷工况下，当室外新风比焓值大于回风比焓值，应采用最小新风量，减少冷源的负荷。如果同时还监测室内空气品质，则根据室内空气品质调节新风量，满足卫生要求。

2）在制热工况下，由于室外新风比焓值可能远小于回风比焓值，应采用最小新风量，减少热源的负荷。如果同时还监测室内空气品质，则根据室内空气品质调节新风量，满足卫生要求。

3）在制冷工况下，当室外新风比焓值小于回风比焓值，应采用最大新风量，充分利用室外冷量，减少冷源的负荷。

4）在制冷工况下，根据室内外焓值的比较计算，如果利用一部分回风与新风混合后即可达到室内空气要求，则可不运行冷源。

总结以上工况，利用焓值控制新风量既要最大限度的利用新风来节能，亦要满足工艺与卫生要求。

（3）空气品质的监控　当室内空气质量包括多个参数，建筑设备管理系统一般采用二氧化碳传感器或室内空气品质传感器用以监测室内空气质量。

二氧化碳并不是污染物，但可以作为室内空气品质的一个指标值。在人员密度相对较大且变化较大的房间，宜采用新风需求控制，如机场候机大厅等。即根据室内 CO_2 浓度检测值增加或减少新风量，使 CO_2 浓度始终维持在卫生标准规定的限值内。

对室内环境要求较高的项目也会增加对可吸入物 PM2.5 的监测。但可吸入颗粒仅能通过高效过滤网去除，BMS 只能监测后采取降低新风等方式，无法从根本上解决 PM2.5 问题。

（4）防冻保护　防冻开关缠绕在盘管上，当冬季温度过低（如5℃）时，防冻开关发出干接点信号，DDC 控制机组进入保护程序，如将热盘管打开到10%，或者关闭空调机组和风阀。

（5）过滤器堵塞报警　过滤网脏污严重，若不及时清洗或更换，将增加机头损失并且可能影响整个空调机组的运行。通过设置在过滤网两端的压差开关，监测压差，如果压差超过设定范围，则报警提示清洗或更换。

（6）风机的监控　根据时间表对空调机组的风机进行起停控制，并监测其运行状态、手/自动状态和故障报警。也可在风机两端加设压差开关，根据压差反馈判别风机的真实状态。

3.3.2　室外温湿度监控

在建筑外围不同地点，设置室外温湿度传感器，可监视室外温湿度，供建筑设备管理系统设定参数使用。

通过采集到的室外温湿度计算出焓值，可用于空调系统的焓值控制。比如全空气系统采用焓值控制技术，可利用全新风运行，最大限度地利用自然冷却。

室外温度值也可用于判断空调系统的工况。如当连续多日室外温度低于室外温度冬季设定点（如10℃，可调整），则判断为制热工况；当连续多日室外温度高于室外温度夏季设定点（如22℃，可调整），则判断为制冷工况；如果室外温度介于室外温度冬季设定点和室外温度夏季设定点之间，则判断为过渡季节工况。具体的冬/夏季节的温度设定可参考：上海的夏季一般需要连续5天日平均温度高于22℃，冬季是连续五天平均气温低于10℃。

以上判断条件仅作为一般原则，需根据项目所在地、暖通设计要求等具体确定。有些项目则仅有冬季和夏季两种工况；有些项目则只有一种工况。如数据中心由于常年制冷，则无论室外温湿度变化只有制冷工况。

3.3.3　新风机组的监控

新风机组是半集中式空调系统中用来集中处理新风的空气处理装置，新风在机组内进行过滤及热湿处理，然后利用风机通过管道送往各个房间。新风机组由新风阀、过滤器、冷热盘管、送风机等组成，有的新风机组还设有加湿装置。

1. 新风机组监控原理及要求

新风机组监控原理如图3-1所示，表3-7列出了典型新风机组监控要求。

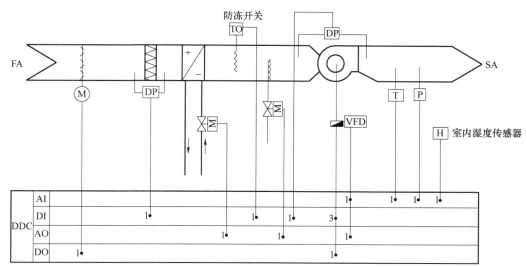

图 3-1　新风机组监控原理图

表 3-7　典型新风机组监控点表

受控设备	监 控 内 容	AI	DI	AO	DO	前 端 设 备
新风机组	送风温度	1				风管温度传感器
	室内湿度	1				室内湿度传感器
	室内空气品质	1				二氧化碳传感器
	风管静压	1				风管压力传感器
	风机频率反馈	1				变频器
	风机频率控制			1		变频器
	冷/热盘管阀门控制			1		电动调节阀
	加湿器控制			1		—
	风机状态		1			主交流接触器辅助常开无源触点
	风机故障报警		1			热继电器辅助常开无源触点
	风机手/自动状态		1			手/自动开关辅助常开无源触点
	过滤网压差状态		1			压差开关
	风机压差状态		1			压差开关
	防冻开关		1			防冻开关
	风机开关控制				1	中间继电器
	新风门开关控制				1	风门驱动器

2. 主要监控功能

1）机组定时起停控制：根据事先排定的工作及节假日作息时间表，定时起停机组。

2）自动统计机组运行时间，提示定时维修。

3）监测机组的运行状态、手自动状态、风机故障报警、送风温度。

59

4）过滤网堵塞报警：当过滤网两端压差过大时报警，提示清扫。

5）防冻保护功能：在冬季，当水盘管处温度过低（如<6℃），导致防冻保护开关动作后，保护程序将停止送风机运行，新风门关闭，排风阀关闭，回风门关闭，打开热水阀（如开度为30%）。

6）送风（处理新风）温度自动控制：以送风温度设定值作为控制目标，以送风温度测量值作为过程变量，以控制阀门作为执行器，采用闭环控制进行PID调节，使送风温度保持在设定值的附近。在夏季工况时，当送风温度高于设定值时，增大阀门开度；当送风温度低于设定值时，减少阀门开度。在冬季工况时，当送风温度高于设定值时，减少阀门开度；当送风温度低于设定值时，增大阀门开度，使送风温度始终控制在设定值范围内。

7）室内湿度控制：在冬季，根据室内湿度和室内湿度设定值，调节加湿器控制阀，以达到调节回风湿度的目的。

8）送风机变频调节：根据送风管道静压和静压设定值自动调节送风机变频频率。系统静压监测的目的，是为了在送风量发生变化的情况下，保证系统压力正常，防止超压现象，同时也保证了系统有足够的新风量。

9）联动控制：风机起动，则新风风阀打开、水阀执行自动控制；风机停止，则新风风阀关闭、水阀关闭。在冬季水阀则保持30%的开度，以保护热水盘管，防止冻裂。

10）报警功能：如机组风机未能对起停命令做出响应，则发出风机系统故障警报。风机系统故障、风机故障均能在手操器和中央监控中心计算机上显示，以提醒操作员及时处理。待故障排除，将系统报警复位后，风机才能投入正常运行。

11）起停时间控制：从节能目的出发，编制软件，控制风机起/停时间，同时累计机组工作时间，为定时维修提供依据。正常日程起/停程序：按正常上、下班时间编制。节、假日起/停程序：制定法定节日、假日及夜间起/停时间表。间歇运行程序：在满足舒适性要求的前提下，按允许的最大与最小间歇时间，根据实测温度与负荷确定循环周期，实现周期性间歇运行。编制时间程序自动控制风机起停，并累计运行时间。

3.3.4 风机盘管控制

风机盘管是半集中式空调系统种的空气局部处理装置，由空气的加热、冷却盘管和风机组成。风机盘管控制是指通过温控器控制冷热盘管的二通阀或三通阀，从而控制冷热盘管水路的通断，达到温度控制目的；通过风速控制器选择高中低速，从而控制风机的转速。其主要应用在空气-水系统和全水系统两种情况，全空气系统不适用风机盘管控制。空气-水系统、全水系统和全空气系统的区分方式为承担负荷介质的不同。全水系统的承担负荷介质为水；全空气系统的承担负荷介质为空气；空气-水系统的承担负荷介质为水和空气。

风机盘管的盘管系统也有两管制、三管制和四管制之分。其中两管制工作原理是将冷水管和热水管在空调控水总管合并，添加阀门，以调节阀门的方式切换二者；三管制的工作原理是将冷水管和热水管直接接在末端设备上；而四管制的工作原理是所有设备的冷水管和热水管均独立工作，连接在末端设备上。四管制常应用于高档宾馆，以便住店客人任意选择制冷制热模式。

由于风机盘管水阀管径较小，很难精确调节流量，因此其盘管水阀通常仅进行开关量控制，其控制方式如图3-2所示，其中$e(t)$为设定温度与室内实际温度的差值。夏季，当室内温度高于设定温度若干度时打开水阀；当室内温度低于设定温度若干度时关闭水阀。冬季工况正好相反。同时，风机盘管的风机功率较小，因此控制较为简单，仅包括转速控制，且一般为有级调节，分为高、中、低速三档。另外，由于处理的是室内回风，故风机盘管无需滤网设备。温度采样直接取室内实际温度，温度传感器通常安装在控制面板内。根据类型不同，风机盘管的温度控制器有起停控制、三档风速控制、温度设定、室内温度显示、制冷/制热工况选择、占用模式设定等功能可供选择。

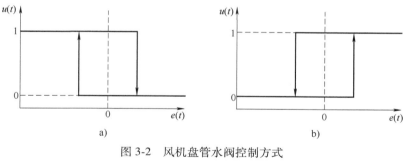

图 3-2　风机盘管水阀控制方式
a）夏季工况　b）冬季工况
$e(t)$—偏差　$u(t)$—控制量

风机盘管的控制一般有联网和非联网（就地型）两种实现方式。图 3-3 所示为典型风机盘管模拟控制器的电气接线图。

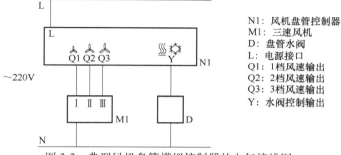

N1：风机盘管控制器
M1：三速风机
D：盘管水阀
L：电源接口
Q1：1档风速输出
Q2：2档风速输出
Q3：3档风速输出
Y：水阀控制输出

图 3-3　典型风机盘管模拟控制器的电气接线图

所谓非联网实现方式是指上述的盘管水阀控制、风机转速控制等功能均不是通过 DDC 控制实现的，而是由模拟控制器中的纯电子电路就地实现。模拟控制器比较室内温度与温度设定值，控制风机盘管水阀的开关。风机的高中低速度是人为设定的，无法根据室内温度调节，很容易造成能源浪费。这种控制方式不需要 CPU，因此造价低廉，但控制方式不够灵活，且无法实现集中监控管理，不节能，仅适合于一些控制要求不高的场合。对于就地型风机盘管模拟控制器，也可以通过对风机盘管的供电回路进行控制，如按照时间表起停，达到部分节能目的。

联网型控制采用风机盘管专用 DDC，BMS 可以远程设定其开机时间、设定温度上下限、风速等，实现统一管理和节能运行管理。联网型风机盘管的制冷/制热工况跟随主系统变化，联网型风机盘管控制原理图如图 3-4 所示，其监控点数表参见表 3-8。

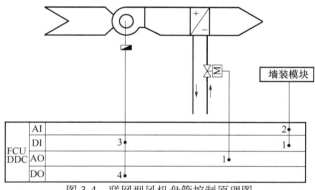

图 3-4　联网型风机盘管控制原理图

表 3-8　典型的风机盘管专用 DDC 点表

受 控 设 备	监 控 内 容	AI	DI	AO	DO	前 端 设 备
风机盘管	室内温度	1				墙装温控模块
	室内温度设定	1				
	有人/无人状态		1			
	运行状态		1			主交流接触器辅助常开无源触点
	故障报警		1			热继电器辅助常开无源触点
	手/自动状态		1			手/自动开关辅助常开无源触点
	风机高/中/低速控制				3	
	风机起停				1	中间继电器
	冷热水盘管阀门控制			1		电磁阀

联网型风机盘管控制的内容包括：

1）室内温度的检测与设定：在控制区域安装室内温控器，将测定温度值与设定温度比较后，控制冷热水阀门及相应风机转速。

2）FCU 风量控制：室内用户设定器可设定 FCU 风机的转速（高/中/低/停）。BMS 服务器/工作站都设定相应参数，后者权限更高。

3）FCU 温度控制：室内用户设定器可设定房间温度，服务器/工作站都可设定相应参数，后者权限更高。控制器根据设定温度控制 FCU 二通阀的开关。

4）最优起停：可根据建筑的使用情况设置时间表，统一起停。如在上班前 15min，系统自动起动新风机组，使办公区域的风机盘管达到低速运行状态；下班前 5min，关闭对应的新风机组，靠余冷（热）控制室温。下班后 1h 关闭所有空调设备。

5）火警模式下 FCU 的运行：如果在空调机组服务的楼层或区域内探测到火警情况，则发生下列控制作用：风机盘管控制器将风机关闭；风机盘管控制器关闭冷热盘管水阀执行器；只有火警输入返回到正常状态，相关风机盘管才能返回到当天该时段的正常控制功能。

3.3.5　定风量空调机组的监控

空调系统向室内输送的送风量与室内热负荷之间的关系为

$$Q = \frac{Q_r}{C_p \rho (t_n - t_s)}$$

式中，Q 为送风量（m^3/h）；Q_r 为室内显热负荷（kJ/h）；C_p 为干空气比定压热容 [$kJ/(kg \cdot ℃)$]；ρ 为空气密度（kg/m^3）；t_n 为室内温度（℃）；t_s 为送风温度（℃）。

送风量与室内湿负荷关系为

$$Q = \frac{1000D}{\rho (d_n - d_s)}$$

式中，Q 为送风量（m^3/h）；D 为室内热负荷（kg/h）；ρ 为空气密度（kg/m^3）；d_n 为室内含湿量（g/kg）；d_s 为送风含湿量（g/kg）。

从上述公式中可以看到，当送风量为定值时，可以通过改变送风温度来满足定风量空调系统内负荷的需求；如果送风温度恒定，则可以通过改变送风量来满足室内负荷的需求。根据送风量是否变化，全空气系统可分为定风量（Constant Air Volume，CAV）空调系统和变风量（Variable Air Volume，VAV）空调系统。空调机组与新风机组不同，它是利用一部分回风与新风混合后，经空气处理机对混合空气进行热湿处理，然后送入房间。

定风量空调系统（CAV）采用恒定转速的送风机，送风量恒定，通过调节冷盘管、热盘管的调节阀开度来改变送风温度。而变风量空调系统（VAV）采用变频的送风机，送风温度恒定，通过改变送风量来满足末端负荷。定风量空调系统原理如图3-5所示，其监控要求参见表3-9。

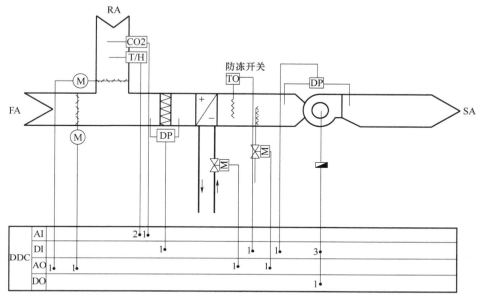

图3-5　定风量空调机组监控原理图

表3-9　典型的定风量空调机组监控点表

受控设备	监控内容	AI	DI	AO	DO	前端设备
定风量空调机组	回风温度	1				风管温湿度传感器
	回风湿度	1				
	回风 CO_2 浓度	1				风管二氧化碳传感器
	冷/热盘管阀门控制			1		电动调节阀
	加湿器控制			1		
	新风门调节控制			1		风门驱动器
	回风门调节控制			1		风门驱动器
	风机状态		1			主交流接触器辅助常开无源触点
	风机故障报警		1			热继电器辅助常开无源触点
	风机手/自动状态		1			手/自动开关辅助常开无源触点
	过滤网压差状态		1			压差开关
	风机压差状态		1			压差开关
	防冻开关		1			防冻开关
	风机开关控制				1	中间继电器

定风量空调机组监控的主要监控功能如下：

1）机组定时起停控制：根据事先排定的工作及节假日作息时间表，定时起停机组。自动统计机组运行时间，提示定时维修。

2）监测机组的运行状态、手自动状态、风机故障报警、回风温度。

3）防冻保护功能：在冬季，当水盘管处温度过低，导致防冻保护开关动作后，保护程序将停止送/回风机运行，新风门关闭，排风阀关闭，回风门关闭，打开热水阀。

4）过滤网堵塞报警：当过滤网两端压差过大时报警，提示清扫。

5）风机两端压差报警：在风机两端设置压差开关，当压差与风机运行指令不符时，报警。

6）回风温度自动控制：以回风温度设定值作为控制目标，以回风温度测量值作为过程变量，以控制阀门作为执行器，采用闭环控制方案一进行 PID 调节，使回风温度保持在设定值的附近。在夏季工况时，当回风温度高于设定值时，增大阀门开度；当回风温度低于设定值时，减少阀门开度。在冬季工况时，当送风温度高于设定值时，减少阀门开度；当回风温度低于设定值时，增大阀门开度。使回风温度始终控制在设定值范围内。

7）回风湿度控制：在冬季，根据回风湿度和和回风湿度设定值，调节加湿器控制阀，以达到调节回风湿度的目的。

8）空气品质控制：在回风管上设有空气品质传感器或者 CO_2 传感器，基于空气品质或 CO_2 浓度调节最小新风量。考虑到可能出现即使没有新风也会出现 CO_2 不超标的情况，新风阀必须设有一个最小开度，保证最小新风量。

9）焓值控制：对空气源进行全热值计算，并进行比较决策，自动选择空气源，使被冷却盘管除去的冷量或增加的热量最少，来达到所希望的冷却或加热温度。

10）联动控制：风机起动，则新风风阀打开、水阀执行自动控制；风机停止，则新风风阀关闭、水阀关闭。在冬季水阀保持 30% 的开度，以保护热水盘管，防止冻裂。

11）报警功能：防冻保护开关、送/排风机起停失败、风机故障任一报警均可发出风机系统故障报警，这些硬件故障报警和软件报警都能在手操器和监控中心计算机上显示出来，以提醒操作员及时处理。待故障排除，将系统报警复位后，风机才能投入正常运行。

12）超驰控制：回风空气质量超驰控制新风门、回风门、排风门。当回风 CO_2 浓度超过设计值时，超驰打开新风阀、排风门，关闭回风门。此控制优先级最高。

13）起停时间控制：从节能目的出发，编制软件，控制风机起/停时间，同时累计机组工作时间，为定时维修提供依据。正常日程起/停程序：按正常上、下班时间编制。节、假日起/停程序：制定法定节日、假日及夜间起/停时间表。间歇运行程序：在满足舒适性要求的前提下，按允许的最大与最小间歇时间，根据实测温度与负荷确定循环周期，实现周期性间歇运行。编制时间程序自动控制风机起停，并累计运行时间。

3.3.6 变风量空调机组的监控

变风量控制和定风量控制不同，当控制区域热、湿负荷变化时，不是在送风量不变的条件下依靠改变送风参数（温度、湿度）来维护室内所需要的温、湿度，而是保持送风参数不变，通过改变送风量来维持室内所需温、湿度。从送风量与热湿负荷关系可知，当室内热负荷减少时，只要相应地减少送风量，即可维持室温不变，不必改变送风温度。这样做，一方面可以避免冷却去湿后再加热以提高送风温度这一冷热抵消过程所消耗的能量；另一方面，由于被处理的空气量减少，相应地又减少了制冷机组的制冷量，因而节约了能源。

变风量系统由变风量空调机、风管、变风量末端和控制元件共同组成。该系统通过调节变风量末端的风阀开度改变送风量实现对室内温度的调节，满足室内冷热负荷。变风量系统的末端装置可以根据房间实际需求而改变送风量，这就意味着为多个房间服务的变风量空调机组的供冷量可随着房间需求变化而在同一机组服务的各个房间内转移，空调机组不必按照各个房间最大负荷累加值确定送风量，而按照各个房间逐时负荷累计后的最大值确定送风量。因此，与定风量系统相比，变风量系统充分利用各房间最大负荷并非在同一时刻全部达到最大值的特点，减少整个系统的负荷总量（总送风量），从而使得空调机组设备规格减小，降低风系统输送能耗，达到节能目的。

1. 送风机的控制方法

变风量系统之所以能够变工况运行，完全是依靠它的控制系统。变风量的控制系统由若干个控制回路组成，它们要完成回路基本功能：室温控制、送风机控制、送回风匹配控制和新排风控制。其中最主要的是送风机控制，因为送风机控制方法的选定直接涉及空调系统的方式和节能。

对于变风量系统采用的离心式风机，风量与转速的关系为

$$\frac{Q}{Q'} = \frac{n}{n'}$$

风压与转速的关系为

$$\frac{H}{H'} = \left(\frac{n}{n'}\right)^2$$

风机所需轴功率与转速的关系为

$$\frac{P}{P'} = \frac{QH}{Q'H'} = \left(\frac{n}{n'}\right)^3$$

式中，Q 为风机的流量（m^3/h）；n 为风机的转速（r/min）；H 为风压（Pa）；P 为风机的轴功率（kW）。

由上述关系可知，在其他条件相同的情况下，风机的风量与风机的主轴转速成正比，风机的压力与风机的主轴转速的二次方成正比，风机的轴功率与风机的主轴转速的三次方成正比。也就是说，随着风量（或转速）的下降，轴功率将三次方倍地下降。例如，风量下降到50%时，轴功率将下降到12.5%，可见节约的能源相当可观。因此，用调节风机转速控制风量取代风门或挡风板的节流调节是节能的有效措施。

变风量系统空调机组送风机的控制方法有三种：定静压控制、变静压控制和总风量控制。

（1）定静压控制　变风量系统定静压控制是在送风系统管网适当位置（国家标准规定在离风机2/3处，有些控制系统厂商建议在倒数第二个VAV箱处）设置静压传感器，在保持该点静压为一定值的前提下（一般在250～375Pa之间），通过调节风机转速来改变空调系统的送风量。单风管一般设在风管2/3处，多风管则比较多个风管2/3处的静压值，取小值。当空调负荷减少时，部分VAV箱风阀开度减小，系统末端阻力增加，管路综合阻力系数增加，管路特性变陡。根据相关数据分析，对于定静压控制系统，风机功率的减少率基本上等于风机风量的减少率。当风机风量全年平均在60%的负荷下运行时，风机功率节约不到40%。

采用定静压法，系统运行控制状态点会随送风量的变化，风机的运行点也会随之变化，改变风机动力。监控变风量空调机组的DDC无须与其对应的VAV控制器通信。不足之处是静压传感器的位置和数量很难确定，而且节能效果较差。

（2）变静压控制　变风量系统处于低负荷时，若处于定静压的送风控制方式，系统末端装置的风阀不得不关小开度以减小风量。这时消耗在末端装置上的静压很显然要比风阀全开状态提供同样大小风量所需的静压大。于是在保证系统风量要求的同时尽量降低送风静压的节能方式随之产生，这就是所谓的变静压控制方法。它要求不停地调节送风静压，在保证系统风量要求的同时始终保持系统中至少有一个末端装置的风阀开度为全开。

在调节过程中，风道内的静压根据变风量末端机组的风门开度（或送风量）进行调整。自动控制系统测量每个变风量末端机组的风门开度（或送风量），风道内的静压应使最大开度（或送风量）的风门（或送风量）接近全开位置（或最大送风量）。当最大开度的变风量末端机组的

风门开度小于某一下限值（例如85%）时，减少风道的静压设定值，反之，当最大开度的变风量末端机组的风门开度大于某一上限值（例如98%）时，加大风道的静压设定值。通常不应使风门长期处于100%开度，以免引起风门执行机构损坏。

由于阀门始终处于85%～98%之间，VAV箱局部阻力系数变化很小（可能增加一点，也可能减小一点），相应地管路综合阻力系数也变化很小，综合阻力曲线上升或下降幅度微小。根据相关数据分析，对于变静压控制系统，风机功率的减少率基本上等于风机风量减少率的三次方，当风机风量全年平均在60%的负荷下运行时，此时风机功率节约78.4%（$1-0.6^3=0.784$）。

变风量空调系统静压控制示意图如图3-6所示，在变静压的控制过程中，控制系统需反复不断地监测末端装置VAV的风阀开度和送风机的送风静压，根据风阀及末端风量的情况及时地调整送风静压的设定值，进而改变空调系统的送风量。

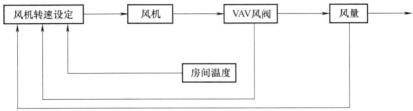

图3-6　变风量空调系统静压控制示意图

当系统中有一个以上末端装置的风阀开度在设定的最大开度范围内（如最大开度设定为95%～100%）时，说明送风静压不够，这时需改变送风静压，使其增大。

当系统中没有一个末端装置的风阀开度达到了设定值的最大开度的下限（如可定义为80%或者更低）时，说明送风的静压过大，这时需减小送风静压。

当系统中至少有一个末端装置的风阀开度处于设定值范围且没有风阀开度超过最大开度时，说明此时静压适中，此时静压无须改变，风机频率也就无须改变。详细的控制过程见表3-10。

表3-10　变静压法的控制方法

VAV 阀门状态	送 风 静 压	风 机 转 速	控 制 内 容
全部 VAV 中有 1 台以上风阀全开（95%～100%）	增大	加速	调高频率，增大送风量，使风阀接近全开状态（<95%～100%）
全部 VAV 中至少有一个风阀开度处于80%～95%，其余的均小于80%	不变	不变	控制内容不变
全部 VAV 的风阀开度处于80%以下	减小	减速	调低频率，减小送风量，使风阀开度增大

变静压法是最节能的，其特点如下：

1）定静压法中定静压设定值固定不变，在低负荷的情况下，变风量末端将在高静压低开度下工作，风机能耗浪费且有较大噪声。而变静压法中风机频率根据末端风阀开度而定，风机转速更低，风机节能效果显著。

2）对风管的分布设计即对系统的静压分布没有任何要求，适用于各种送风管网系统。

3）控制目的是使具有最大静压值的VAV装置阀门尽可能处于全开状态，尽量使风机运行静压最低，节约风机动力。

4）由于最大限度地限低了风管内静压，使得各VAV装置的入口静压保持最低，在提高系统节能效率的同时可降低VAV装置的噪声。

采用变静压法，监控变风量空调机组的DDC需与其对应所有的VAV控制器通信，通信量较大，变风量末端较多时，控制延迟较长。

（3）总风量控制　总风量法的基本原理是建立系统设定风量与风机转速的函数关系，统计各个变风量末端的需求风量求和得到系统设定总风量，直接求得风机的转速。

总风量控制法是在20世纪末出现的变风量控制方法，在变风量系统中，由于涉及多个末端的状态变量，采用反馈控制方式反应慢、算法复杂，因此，总风量控制提出了前馈控制的思想。在压力无关型VAV末端中，已经确定了各控制区域需求风量。将所有区域的需求风量累加即可获得送风机的总输出风量，并以此作为控制风机频率的依据。总风量控制中的关键是确定风机送风量与风机转速之间的函数关系。其控制原理如图3-7所示，统计各个变风量末端的需求风量，求和得到系统的设定总风量，根据已有的风机送风量与风机转速之间的函数关系求得该总风量值对应的风机转速，直接控制风机转速。

图 3-7　总风量控制法的控制原理

理论上由于前馈控制带有一定的超前预测特性，因此，响应速度比变静压和定静压都快，且节能效果可以接近变静压控制。但实际上风道的阻力特性要比理想状态下复杂得多，因此总风量控制的效果并没有理论上这么好。为保证系统至少满足各控制区域的负荷需求，总风量控制往往与定静压控制结合使用，在风管静压最不利点（可以是多点）设置静压传感器。当这些点的风管静压均满足最小静压限制时，采用总风量控制；当风管静压低于最小静压限制时，转为定静压控制，优先保证风管静压。

工程中，许多人往往会误认为采用哪种控制策略完全是控制方面的问题，而与暖通设计无关。事实上，每一种控制策略都必须和相应的暖通设计相配合，才能达到良好的控制效果。以定静压和变静压控制为例，定静压由于各VAV末端直接的耦合关系不明显，一般一台空调机组可以带15~20个末端，而变静压控制方式控制的空调机组一般只能带5~8个末端。因此，为定静压控制设计的VAV系统如果用变静压方式调试，基本上是无法达到稳定的。而为变静压控制设计的VAV系统如果采用定静压方式调试，就控制而言是可行的。但变静压系统的末端往往采用低风速系统，对VAV末端噪声参数要求不高，如果换成定静压控制的话，控制区域的室内噪声将明显增大。

由此可见，工程中VAV风管静压控制方式的确定应与暖通设计结合起来，最好暖通设计早期就开始介入。表3-11对三种风管静压控制方式进行了比较，以供参考。

表 3-11　VAV 系统风管静压控制方式比较表

控制方法	定静压控制法	变静压控制法	总风量控制法
产生年代	20 世纪 80 年代前期	20 世纪 90 年代后期	20 世纪 90 年代末期
控制原理	以风管静压为依据，控制送风机运行频率，保持风管静压恒定	以各变风量末端的风阀开度反馈为依据，控制送风机运行频率，使其中开度最大风阀保持接近全开位置	以各变风量末端的风量需求为依据，控制送风机运行频率，使送风机送风量等于各末端风量需求之和

（续）

控制方法	定静压控制法	变静压控制法	总风量控制法
控制形式	反馈控制	反馈控制	前馈控制
建设难点	定压点的确定，尤其在风管结构较复杂时，静压点设置不当会导致节能效果下降或部分风口风量不足	末端风量的准确测量，尤其在风量需求较小时，末端依靠毕托管难以确保风量测量的准确性，往往需要采用超声波传感器	如何在各末端风量需求不断变化的情况下，准确地确定风机转速
节能效果	节能效果较差	节能效果最好	节能效果介于定静压与变静压之间，接近变静压效果
建设难度	难度较低	难度最大	介于定静压与变静压之间
建设成本	介于变静压与总风量之间	成本最高	成本最低
响应速度	介于变静压与总风量之间	响应最慢	响应最快
各末端之间的影响	耦合度最小	介于定静压与总风量之间	耦合度最大
末端数量	支持最多末端数量，可达20~30个	支持的末端数量较小，一般为5~8个	支持的末端数量介于定静压与变静压之间，且末端数量不能太少（视具体情况数量从不宜少于10个到不宜少于15个不等）

在 VAV 系统中，空调机组控制的主要难度在于新风量的控制，即在总送风量变化的条件下如何保证最小新风量。其中，最简单、直观的方法是在新风口上安装风速传感器，测量新风量，根据测得的新风量对新风门进行控制。但实际工程中，空调机组的新风量一般较小，且新风管道很短，这给风速的准确测量带来困难。

另一间接测量新风量的方法是分别测量送风量和回风量，两者的差值即为新风量。由于送风量和回风量一般都较新风量大，且管道较长、风速平稳，因此测量精度较第一种方式要高。

还有一种精确控制新风量的方法是在新风口单独设置对新风进行预处理的 CAV 新风机组。此系统中只要将 CAV 的风量设定为最小新风量即可。采用这种方式的控制系统不仅最小新风量控制精确，而且由于新风机组对新风的预处理作用，使得温度控制效果也进一步优化。

变风量空调的送风量随着负荷变化，回风量也要随之变化以满足房间压力要求。因为建筑存在一定的漏风量，故回风量比送风量略小。

如果变风量系统带有回风机，则可以对送风机和回风机同步变频。或者在回风管上也设置静压传感器，据此调节回风机的频率。

2. 典型的变风量空调机组的监控

如图 3-8 所示，在变风量系统中每个控制区域都有一个末端风阀装置，称为 VAV BOX，通过改变 VAV 末端风阀的开度可以控制送入各区域的风量，从而满足不同区域的负荷需求。同时，由于变风量系统根据各控制区域的负荷需求决定总负荷输出，故在低负荷状态下送风能源、冷热量消耗都获得节省（与定风量系统相比），尤其在各控制区域负荷差别较大的情况下，节能效果尤为明显。与新风机组加风机盘管相比，变风量系统属于全空气系统，舒适性更高，同时避免了风机盘管的结露问题。典型的变风量系统监控点见表 3-12。

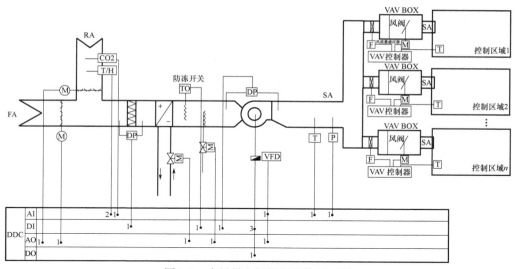

图 3-8 变风量空调机组监控原理图

表 3-12 典型的变风量系统监控点表

受控设备	监控内容	AI	DI	AO	DO	前端设备
变风量空调机组	回风温度	1				风管温湿度传感器
	回风湿度	1				
	回风 CO_2 浓度	1				风管二氧化碳传感器
	送风温度	1				风管温湿度传感器
	送风静压	1				风管压力传感器
	风机频率反馈	1				变频器
	风机频率控制			1		变频器
	冷/热盘管阀门控制			1		电动调节阀
	加湿器控制			1		
	新风门调节控制			1		风门驱动器
	回风门调节控制			1		风门驱动器
	风机状态		1			主交流接触器辅助常开无源触点
	风机故障报警		1			热继电器辅助常开无源触点
	风机手/自动状态		1			手/自动开关辅助常开无源触点
	风机开关控制				1	中间继电器
	过滤网压差状态		1			压差开关
	风机压差状态		1			压差开关
	防冻开关		1			防冻开关

变风量空调机组监控的主要监控功能如下：

1）送风温度的最佳控制：根据与 VAV 控制器的通信，收集至 VAV 的控制信号，根据最高制冷要求温度/供暖要求温度，变更送风温度设定值。每一分钟将复位值的 1/10 的值加给送风温度设定值，进风温度的下限值为 11℃。供冷时，如果有一个 VAV BOX 风门全开，该区域温度高于上限，则增加供冷温度 0.5℃，如果该区域温度低于下限，则降低供冷温度 0.5℃。

2）湿度控制：由回风管道内的湿度传感器实测出回风湿度，输入 DDC，与湿度设定值比较，得到偏差。湿度大于设定值，关闭加湿器；湿度小于设定值，起动加湿器。

3）联动控制：风机起动，则新风门、回风门、排风门打开，水阀执行器自动调节；风机停止，则新风门、排风门，回风门关闭、水阀关闭。在冬季水阀则保持30%的开度，以保护热水盘管，防止冻裂。送风机起动20s后，回风机会被起动；送风机停止，回风机立即停止。

4）预冷和预热控制：空调机起动时，关闭新风和排风阀，全开各个 VAV 箱，风机频率设为100%，根据回风温度对冷/热水盘管的二通阀进行比例积分控制。停机时，全部关闭电动二通阀和新风管上的电动风阀，冷热水盘管上的电动二通阀全闭采用时限控制（10min 左右）。

5）变新风（焓值）控制：

冬季运行时，采用正常的温度控制，热水调节阀工作。当热水调节阀全关后，送风温度仍超过设定值时，由温度控制改为新风比控制，使送风温度保持在设定值范围内。此时进入出冬过渡季节。

如果室外空气焓值虽然小于室内空气焓值，但新风门全开后送风温度仍超过设定值，则由新风比控制改为温度控制，冷水调节阀工作，此时进入入夏过渡季节。

如果室外空气焓值大于室内空气焓值，气候由入夏过渡季转为夏季，此时应取最小新风比，仍为温度控制，冷水调节阀工作。

夏季向冬季过渡的过程与上述相反。

6）过渡季节节能运行控制：在过渡季节，应该尽可能利用室外空气焓值较低的条件，做新风比控制，以降低空调能源消耗。

7）风机变频控制：根据收集的 VAV 末端开启度反馈信号，以计算末端所需风量，根据计算，得到风机所需的转速，控制风机变频器输出频率，修正风机转速。

8）风管静压监测：通过测量风管末端静压，对风管静压进行监测。系统静压监测的目的，是在送风量发生变化的情况下，保证系统压力正常，防止超压现象，同时也保证系统有足够的新风量。采用变静压控制，也可以取消该点的监测，后面会详述。

9）初、中效过滤网的压差报警，提醒清洗过滤网。

10）风机运行状态及故障状态监测，起停控制。

11）升温控制：空调机开始运转时，将新风阀全闭 1h，进行空调机的运转。升温运转中禁止加湿控制，VAV 装置以最大风量进行运转。

12）新风量控制：这里所说的新风是由对应的新风机组处理的新风。新风进入空调机组前均有一套新风量控制箱（CAV BOX）装置，可设置风阀调节器来控制新风阀，以达到设计所需进入的一定的新风量，并设置风速传感器监测其送风量的大小。CAV BOX 平时应维持恒定新风量。

13）空气品质控制：在空调机组的回风管处设有 CO_2 浓度监测，根据空气中 CO_2 浓度，控制新风量。新风量在最小新风比的基础上，根据二氧化碳的设定值进行补偿步进调节，使空气质量达到预定指标。当空气中 CO_2 含量超标时，增加新风量，减少回风量，直到空气质量达标。

14）排风量控制：根据新风量控制箱的风阀开度决定排风阀的开度，保证排风量等于或略小于新风量。

15）报警功能：防冻保护开关、送/排风机起停失败、风机故障均可发出风机系统故障报警，这些硬件故障报警和软件报警都能在手操器和监控中心计算机上显示出来，以提醒操作员及时处理。待故障排除，将系统报警复位后，风机才能投入正常运行。

16）超弛控制：回风空气质量超弛控制新风门、回风门、排风门。当回风 CO_2 浓度超过设计值时，超驰打开新风阀、排风门，关闭回风门。此控制优先级最高。

17）起停时间控制：从节能目的出发，编制软件，控制风机起/停时间；同时累计机组工作时间，为定时维修提供依据。正常日程起/停程序：按正常上、下班时间编制。节、假日起/停程序：制定法定节日、假日及夜间起/停时间表。间歇运行程序：在满足舒适性要求的前提下，按允许的最大与最小间歇时间，根据实测温度与负荷确定循环周期，实现周期性间歇运行。编制时间程序自动控制风机起停，并累计运行时间。

3.3.7　变风量末端控制

1. 变风量末端

在变风量系统中，通过改变变风量末端（VAV BOX）风阀的开度可以控制送入各区域的风量，从而满足不同区域的负荷需求。

变风量末端有多种类型，包括压力有关型、压力无关型、带风机、带再加热盘管等，针对不同类型的变风量末端控制方法不尽相同。每个变风量末端都应有专门的小型 DDC 控制：由安装在房间内的温控模块检测室内温度，并与设定值比较，来调节变风量末端阀门的开度。当带有再加热盘管时，先控风门调节送风量再控再加热盘管。

定风量末端（CAV BOX）与变风量末端相同，同样应有专门的小型 DDC 控制，但其控制原理不考虑温度控制，而是由专用控制器根据风速传感器风速反馈与设定值之间的差值对定风量末端风门进行 PID 调节，以保证送风量恒定。实际工程中，定风量末端很少安装在送风口。定风量末端通常安装在排风口或新风口，以保证恒定的换气量或室内压力。

图 3-9a 所示的是压力有关型 VAV 末端的控制方式，它是直接根据室内温度与设定温度的差值确定末端风门开度的。当风管静压发生变化时，由于室内温度惯性较大，不可能发生突变，因此不会影响风门的开度。风管静压变化了而风门开度不变，送风量必然发生改变，即送风量的大小与风管静压有关，故称为压力有关型 VAV 末端。这种末端由于受风管静压的波动影响过大，目前工程中已较少使用。

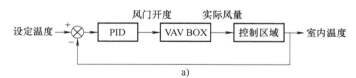

a)

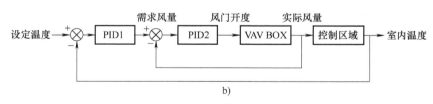

b)

图 3-9　VAV 末端的两种控制方式

a）压力有关型 VAV 末端　b）压力无关型 VAV 末端

图 3-9b 为压力无关型 VAV 末端的控制方式。它采用串级 PID 调节方式，首先根据室内温度与设定温度的差值确定需求风量，然后根据需求风量与实际风量的差值确定风门开度。在此系统中，当风管静压变化时，立刻会导致送风量的变化，图 3-9b 中的 PID2 运算模块将改变风门开度，保持送风量恒定，即送风量不再受风管静压的影响，故称为压力无关型 VAV 末端。目前工程中大量采用的大多是这种压力无关型 VAV 末端。

变风量设备的控制环路分为两个环节：

（1）室内温度控制环路　通过房间温度传感器测得室内温度，将之与温度控制器中的设定值做比较，然后给出一个电信号给风量控制器，从而根据房间温度的变化来调节送风量。控制原理如图 3-10 所示。

（2）风量串级控制环路　闭环控制环路（测量—比较—调整），通过 VAV 设备前端的压差测量管测得动压，由压差变送器转换成电信号给风量控制器，或者直接测得风量值。VAV 控制器将之转换成风量值，将此实际测量值与设定值比较，得出的偏差为一电信号，给执行器后调节阀片，从而改变风量，直到达到设定值范围。

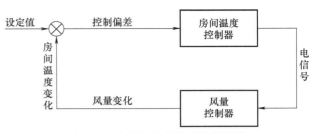

图 3-10　变风量末端温度控制回路

在 VAV 系统控制的建筑层面中，往往会区分内区与外区进行控制。所谓外区是指建筑物的周边区，室内的空气状态不仅与室内人员、灯光、设备等因素有关，还与室外温度和太阳辐射有关。对建筑物的外区，一般夏季供冷，冬季供暖。建筑物内区的空气状态仅与室内负荷有关，而与室外环境无关。建筑物的内区往往常年供冷。在区分内区、外区的 VAV 系统中，内区 VAV 一般采用基本末端形式，常年制冷；外区可采用再加热型 VAV 末端。外区采用再加热型 VAV 末端可以在冬季工况下根据需求独立升高各末端的送风温度，对送风温度二次调节，以增强系统灵活性。

风机驱动型 VAV 末端又称为 Fan Powered VAV BOX。空调系统的控制对象不仅包括温度、湿度及空气品质，还包括气流组织。基本 VAV 末端在风量较小时，无法保证良好的气流组织，往往造成控制区域冷热不均，甚至产生气流死角。风机驱动型 VAV 末端在基本 VAV 末端的基础上增设了风机设备，通过将集中送风与部分室内回风混合以改善这一状况。根据风机位置不同，可将风机驱动型 VAV 末端分为风机串联型和风机并联型两种。风机位于出风口的称为风机串联型（图 3-11a），风机位于回风口的称为风机并联型（图 3-11b）。

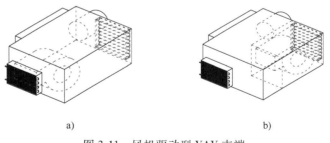

a)　　　　　　　　　　　　　　b)

图 3-11　风机驱动型 VAV 末端

a）风机串联型　b）风机并联型

在风机驱动型 VAV 末端的控制中，除需完成常规 VAV 末端控制任务外，还需对风机的起停及运行状态进行监控。

VAV 专用控制器通过墙装温控模块采集室内温度和室内温度设定值。VAV 专用控制器自带的风量传感器监测通过该变风量末端的风量，计算后输出控制信号给风门驱动器，风门驱动器控制风门开度，调节送入室内的送风量，实现对室温的控制。VAV 专用控制器需符合 BACnet 或 LONMARK 标准，应考虑了所有变风量箱控制的各种方式，包括压力有关型、压力无关型、单风道、串联风机、并联风机、带再加热等。

VAV 专用控制器实现有效的一对一控制和预先设定程序控制，而无须单独编程。预置程序包括单冷的 VAV 末端、带电再加热或散热器的 VAV 末端、带热水再加热的 VAV 末端、带两级再加热的串联风机 VAV 末端、带热水再加热的串联风机 VAV 末端、带两级再加热的并联风机 VAV 末端、带热水再加热的并联风机 VAV 末端等。如果需要，则可以修改送风量设定点、房间温度设定和其他参数。

VAV 控制器控制内容包括送风量的控制、再加热控制和风机控制。针对各类 VAV 末端，VAV 控制器控制的核心都是送风量的控制。对于并联风机的 VAV 末端，VAV 控制器在控制风阀的开度基础上再增加对风机的起停控制；对于串联风机的 VAV 末端，由于风机常开，VAV 控制器控制的核心是控制风阀的开度。

VAV 控制器根据室内温度调节风阀以满足设定温度的需要，同时检测风阀开度和风量的数据。这些数据上传至相关的 DDC，再由 DDC 判别风阀开度来调节变风量空调机组的频率。VAV 控制内容包括了温度控制和风量控制，CAV 则仅进行风量控制，下面就 VAV 控制内容详细展开。

2. 典型的变风量末端监控内容

典型的变风量末端监控内容如图 3-12 所示，控制点见表 3-13。

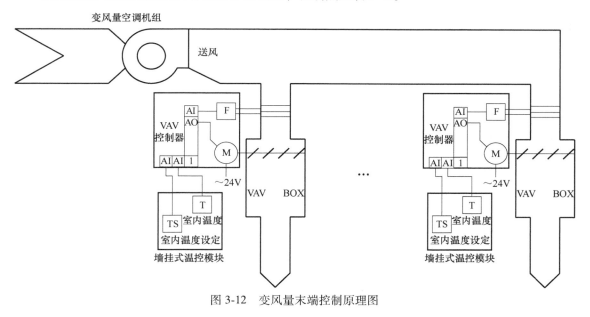

图 3-12　变风量末端控制原理图

表 3-13　典型的单风道 VAV 末端控制点表

受 控 设 备	监 控 内 容	AI	DI	AO	DO	前 端 设 备
变风量末端	室内温度	1				室内温控模块
	室内温度设定值	1				
	实际风量反馈	1				变风量末端的风量传感器
	风阀开度控制			1		变风量末端的风阀驱动器
	风阀开度反馈	1				变风量末端的风阀驱动器

VAV 控制器控制内容有：

（1）室温控制　供冷时根据区域温度 T 控制调节 VAV 送风量，当达到供冷设定点时维持新风需求的最小送风量不变。

（2）联动控制　当变风量空调机组起停的时候同时打开/关闭变风量末端。

（3）定时起停　根据事先制定的时间表对各个变风量末端进行定时起停。

（4）断电后分时起动　对于断电后变风量控制器需要起动的情况，连接到同一个变风量空调机组的变风量末端可以按优先级别或者按权重顺序起动，可使得空调机组平稳起动，保持风量平衡。

3. VAV 控制器与 DDC、中央监控站通信要求

VAV 控制器与监控对应变风量空调机组的 DDC 以及建筑设备管理系统中央软件需建立联系，并将变风量末端的内部参数传送给对应 DDC，并接受相应命令。通信内容包括：

1）控制区域室内温度。

2）控制区域室内温度设定值。如设有带温度设定的室内温控模块，中央软件可对温度设定值限制最大值和最小值，也可直接设定室内温度设定值。

3）通过变风量末端的风量。将由 VAV 本体输出的风量信号输入于 VAV 控制器，根据 VAV 制造商的指示公式计算风量值。对应变风量空调机组的 DDC 收集相应 VAV 风量和，用于总风量控制法。另外，回风和送风的 VAV 的风量控制应纳入系统总风量平衡之中。

3.3.8　辐射冷暖系统的控制

以上介绍的空调设备都是利用对流原理对室内空气进行调节的，而辐射冷暖系统是指降低/升高围护结构内表面中一个或多个表面的温度，形成冷/热辐射面，依靠辐射面与人体、家具及围护结构其余表面的辐射热交换进行供冷/暖的技术方法。常见的有冷吊顶系统、墙面辐射冷暖空调系统、地面辐射冷暖系统等，这些系统都是利用热辐射原理对室内的空气温度进行调节，具有制冷均匀、舒适度高等优点。

冷吊顶系统在吊顶上安装盘管，通过盘管中冷水循环对室内空气进行制冷处理。冷吊顶系统一般仅用于制冷，不用于制热。地面辐射冷暖系统是在地板或者地砖下面预先埋设好管道，在夏天需要制冷时管道里面循环冷水（如 15~20℃），在冬天需要供暖时管道里面循环热水（如 30~35℃），再通过地面作为整个散热器将冷气或热气主要以辐射的方式传递出来，从而达到制冷或供暖的目的。

辐射冷暖系统都需与新风系统配合使用，通过新风调节室内空气的新风比例，并实现湿度控制。辐射冷暖系统的控制原理基本相同，现在以冷吊顶系统为例介绍。图 3-13 所示为冷吊顶系统的监控原理图，表 3-14 为该系统监控点表。

表 3-14　典型的冷吊顶系统监控点表

受控设备	监控内容	AI	DI	AO	DO	前端设备
板式热交换器	二次侧回水温度	1				水管温度传感器
	一次侧阀门			1		电动蝶阀
冷热水泵	运行状态		1			主交流接触器辅助常开无源触点
	故障报警		1			热继电器辅助常开无源触点
	手/自动状态		1			手/自动开关辅助常开无源触点
	起停控制				1	中间继电器
电加热器	出水温度	1				水管温度传感器
	再加热控制			1		

（续）

受控设备	监控内容	AI	DI	AO	DO	前端设备
冷吊顶盘管	室内温度	1				室内温湿度传感器
	室内湿度	1				
	盘管开度控制			1		电动调节阀

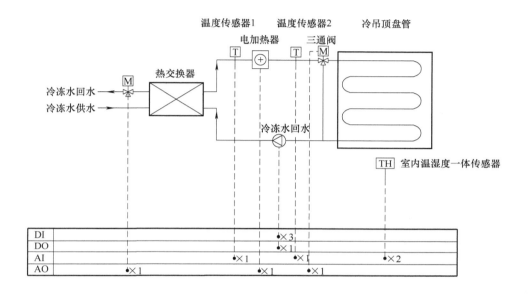

图 3-13　冷吊顶系统监控原理图

　　冷吊顶系统控制的关键在于冷吊顶盘管进水温度的控制。冷吊顶盘管进水温度过高，往往无法迅速满足室内的制冷需求。温度过低，吊顶盘管容易结露，造成顶板滴水。为合理地控制冷吊顶盘管进水温度，首先要确定室内的露点温度。所谓露点温度是指室内空气开始结露的最高温度，它与当前室内空气的温度及湿度有关。然后根据室内实测温度与设定温度的差值确定冷吊顶盘管理想的进水温度。冷吊顶盘管进水温度的控制值应尽可能接近冷吊顶盘管理想的进水温度，且高于当前室内环境空气的露点温度。由于露点温度随着室内温度、湿度的变化而实时变化，因此冷吊顶盘管进水温度的控制值也应及时进行调整，这对整个系统控制的实时性要求较高。

　　冷吊顶控制系统对盘管进水温度的控制一般包括两次控制：

　　首先通过调节热交换器冷冻水水阀的开度改变热交换器的热交换速度，对盘管进水温度进行控制。温度传感器 1 和冷冻水水阀构成第一个闭环控制系统。

　　热交换器的调节热惯性较大，往往无法满足冷吊顶盘管进水温度控制值迅速变化的需求，因此在热交换器之后，又增加了电加热设备以保证冷吊顶盘管进水温度严格高于当前室内露点温度。温度传感器 2 和电加热设备的功率输出控制构成第二个闭环控制系统。

　　三通阀与室内温度传感器构成闭环控制，控制通过冷吊顶盘管与旁通的冷水比例。三通阀的开度由室内设定温度与室内实测温度之间的差值进行 PID 控制。

　　水泵作为冷吊顶盘管水循环系统的动力设备，其监控内容包括：

　　1）水泵起/停控制及状态监视。

2）水泵故障报警监视。

3）水泵的手/自动控制状态监视等。

利用冷吊顶系统对室内温度进行控制虽然舒适度较高，但其应用受地域气候因素的影响较大。一般在湿度较小的地区应用较广，而在沿海等湿度较高的地区，由于露点温度普遍较高，冷吊顶盘管进水温度也必须设定得较高，制冷速度较慢，冷负荷输出能力受到限制，控制效果并不理想，因此应用受限。

3.3.9　通风系统的监控

通风系统包括送风机、排风机、排烟风机、车库送排风机。

送排风机主要是通过 BAS 预设的时间表来进行起停控制的。在以排除房间发热量为主的通风系统中，根据房间温度控制通风设备运行台数或转速，可避免在气候凉爽或房间发热量不大的情况下通风设备满负荷运行的状况发生，既可节约电能，又能延长设备的使用年限。建筑设备监控系统对消防风机只监不控。

地下停车库的通风系统，BMS 根据使用情况对通风机设置定时起停（台数）控制或根据车库内的 CO 浓度进行自动运行控制。对于居住区、办公楼等每日车辆出入明显有高峰时段的地下车库，采用每日、每周时间程序控制风机起停的方法，节能效果明显。在有多台风机的情况下，也可以根据不同的时间起停不同的运行台数的方式进行控制。

采用 CO 浓度自动控制风机的起停（或运行台数），有利于在保持车库内空气质量的前提下节约能源，但由于 CO 浓度探测设备比较贵，因此适用于高峰时段不确定的地下车库在汽车开、停过程中，通过对其主要排放污染物 CO 浓度的监测来控制通风设备的运行。

参考《公共建筑节能设计标准》（GB 50189—2015），建议采用 CO 浓度控制方式的阈值取 $(3 \sim 5) \times 10^{-6} \mathrm{m}^3 / \mathrm{m}^3$。

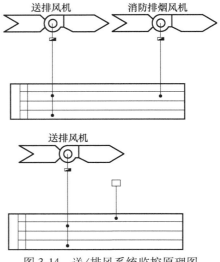

图 3-14　送/排风系统监控原理图

送/排风系统监控原理图如图 3-14 所述，其监控点表参见表 3-15。

表 3-15　典型的通风系统监控点表

受控设备	监控内容	AI	DI	AO	DO	前端设备
送风机	运行状态		1			主交流接触器辅助常开无源触点
	故障报警		1			热继电器辅助常开无源触点
	手/自动状态		1			手/自动开关辅助常开无源触点
	起停控制				1	
排风机	运行状态		1			主交流接触器辅助常开无源触点
	故障报警		1			热继电器辅助常开无源触点
	手/自动状态		1			手/自动开关辅助常开无源触点
	起停控制				1	

（续）

受控设备	监控内容	AI	DI	AO	DO	前端设备
消防风机	运行状态		1			主交流接触器辅助常开无源触点
	故障报警		1			热继电器辅助常开无源触点
车库风机	CO 浓度	1				CO 浓度传感器
	运行状态		1			主交流接触器辅助常开无源触点
	故障报警		1			热继电器辅助常开无源触点
	手/自动状态		1			手/自动开关辅助常开无源触点
	起停控制				1	

送排风系统监控内容有：

1）通过起动柜接触器辅助开关，直接监测风机运行状态和手自动状态。

2）通过风机过载继电器状态监测，产生风机故障报警信号。在有报警时，停下风机并报警形式在操作站上显示，以提醒操作人员安排有关人员做检修工作。而 BAS 也会将有关的事项一一记录，以作日后检查之用。

3）根据设置在车库的 CO 浓度传感器测得车库内的 CO 浓度，根据 CO 浓度控制相应风机的起停（如超过 50ppm[⊖]报警并起停相应风机等）。

4）在预定时间程序下控制排风机、送风机等起停，可根据要求临时或者永久设定、改变有关时间表，确定假期和特殊时段。

5）累计风机的运行时间。

6）中央站用彩色图形显示上述各参数，记录各参数、状态、报警、起停时间（手动时）、累计时间和其历史参数，且可通过打印机输出。

3.4 给水排水监控系统的监控

建筑给水系统是将城镇给水管网或自备水源给水管网的水引入室内，经配水管送至生活、生产和消防用水设备，并满足各用水点对水量、水压和水质要求的冷水供应系统。其中建筑的给水方式分为直接给水和设有附属设备（如水箱、水泵、水池等）给水两种。

给水排水系统是任何建筑都必不可少的重要组成部分，主要包括给水系统、热水系统、排水系统和中水系统等。其中排水系统包括污水系统、废水系统、雨水系统。给水系统主要用于建筑的消防、建筑内用户的生活和生产等，排水系统主要是通过建筑内外的管道及辅助设备进行排水。这几个系统都是建筑设备管理系统重要的监控对象。

生活给水系统、生活热水系统和排水系统的监控主要是对给水系统的状态、参数进行监控与控制，保证系统的运行参数满足建筑的供水要求以及供水系统的安全。控制目的是保证供水质量，节约能源，实现供需水量与进排水量的平衡。

建筑消防给水主要用于消火栓和自动淋喷设施，由于消防水系统与火灾自动报警系统、消防自动灭火系统关系密切，国家技术规范规定消防给水应由消防系统统一控制管理，因此，消防给水系统由消防联动控制系统进行控制，建筑设备管理系统对于消防水系统只监不控。关于消防控制系统的具体内容会在本书第 4 章进行详细阐述。

⊖ 1ppm = 10^{-6}。

生活热水系统监控原理如图 3-15 所示，给水排水系统监控原理如图 3-16 所示。典型的给水排水系统监控点见表 3-16。

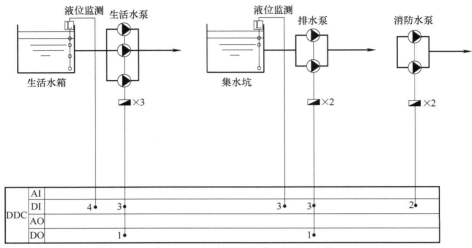

图 3-15　生活热水系统监控原理图

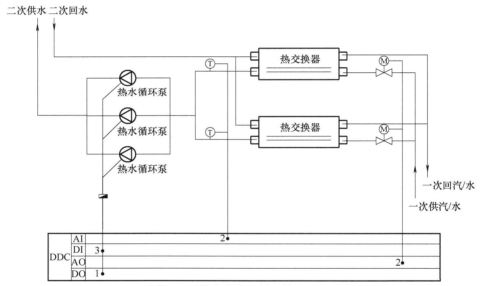

图 3-16　给水排水系统监控原理图

表 3-16　典型的给水排水系统监控点表

受控设备	监控内容	AI	DI	AO	DO	前端设备
生活水池	超低液位		1			液位开关
	低液位		1			液位开关
	高液位		1			液位开关
	超高液位		1			液位开关
给水泵	运行状态		1			主交流接触器辅助常开无源触点
	故障报警		1			热继电器辅助常开无源触点
	手/自动状态		1			手/自动开关辅助常开无源触点
	起停控制				1	

（续）

受控设备	监控内容	AI	DI	AO	DO	前端设备
生活热水板式热交换器	二次侧回水温度	1				水管温度传感器
	一次侧阀门			1		电动阀
给水泵	运行状态		1			主交流接触器辅助常开无源触点
	故障报警		1			热继电器辅助常开无源触点
	手/自动状态		1			手/自动开关辅助常开无源触点
	起停控制				1	
集水坑	低液位		1			液位开关
	高液位		1			液位开关
	超高液位		1			液位开关
污水泵	运行状态		1			主交流接触器辅助常开无源触点
	故障报警		1			热继电器辅助常开无源触点
	手/自动状态		1			手/自动开关辅助常开无源触点
	起停控制				1	
消防水池	超低液位		1			液位开关
	低液位		1			液位开关
	高液位		1			液位开关
	超高液位		1			液位开关
喷淋泵	运行状态		1			主交流接触器辅助常开无源触点
	故障报警		1			热继电器辅助常开无源触点
消火栓泵	运行状态		1			主交流接触器辅助常开无源触点
	故障报警		1			热继电器辅助常开无源触点

给水排水系统的监控主要有以下功能：

1）监测水箱液位，并做高、低、超高、低限水位报警。

2）监测集水井液位，并做超高水位报警。

3）给水泵每天可自动切换运行。

4）累计有关设备运行时间。

5）按照物业管理部门要求，定时开关水泵。

6）当水泵发生故障时，自动切换到备用水泵。

7）监测生活水泵、潜污泵、消防泵等的运行状态、故障报警。

8）监测和记录有关水箱、水池的液位报警情况，并生成动态趋势图。

主要进行监控信号有液位、压力、压差、流量等，主要监控的设备为高位水箱和水泵等。例如在变频恒压供水监控中，一旦建筑内的用水量变大，给水系统供水管网的压力就越低；反之建筑内用水量变少，给水系统管网的压力就越高。如果要保证用水端压力不变，就需要供水管网水泵压力能维持恒定，换言之，水泵需要拥有自动调节流量和压力的能力。

常见的变频恒压给水系统的组成部分有压力传感器、变频水泵、DDC 等。变频器和水泵作为其主要的给水设备使得水箱这一设备可以不去采用。其中变频器能够平滑改变三相交流电的频率，进而对异步电动机的转速进行调节，进而保证供水管网的压力基本不变。

3.5 供配电设备监控

建筑供配电系统就是解决建筑物所需电能的供应和分配的系统，是电力系统的组成部分。大型建筑或建筑小区，电源进线电压多采用35kV，经配电变压器后35kV高压降为10kV，再经配电变压器，10kV高压降为一般用电设备所需的电压（220/380V），此过程中电能先经过高压配电所，再由高压配电所分送给各终端变电所。对于中型项目，电源进线多采用10kV，电能由高压配电所分送给各终端变电所。经配电变压器，10kV高压降为一般用电设备所需的电压（220/380V），然后电能由低压配电线路分送给各用电设备使用。对于小型建筑，因用电量较小，仍可采用低压进线，此时只需设置一个低压配电室，甚至只需设置一台配电箱即可。

如果供配电系统未配置监控系统，建筑设备管理系统需监控的设备包括35kV高压配电屏、10kV高压配电屏、35/10kV变压器、10/0.4kV变压器、进线断路器及进线、低压配电屏、MCC柜等。监测配电柜的开关状态、故障，断路器状态，变压器风机的状态、故障、开关状态和超温报警信号等。

建筑供配电监控主要采用电子技术、现代传感技术、通信技术以及计算机技术来达到四位一体化的综合监测防护体系。其主要特点有智能化、模块化、易操作和覆盖范围广等。其主要组成部分分为三个：信号层、控制层和通信层。三个层级需要分别进行设计才能合理地完成建筑供配电的监控。

信号层的设计主要是针对智能传感器和电力信号变送器对电气信号的采集。将智能仪表连接到PCI接口和通信端口，再通过A/D转换后将信号传送到上位机。控制层的设计主要是针对整个供配电系统进行细分控制：控制系统的系统性部分可以通过智能化仪表和辅助设备完成，对电气设备的功能控制需要PLC来完成。通信层的设计主要是使用相应电力控制软件，根据监控系统对电气设备的监控和运行状态，对数据进行分析，从而生成对应图表。

建筑设备监控系统通过设置多功能计量电表（多参数变送器方式），采集配电柜部分所需监测的三相电流、三相电压、功率因数、电能计量、频率等电力参数。根据实际情况可配置通信网关，对柴油发电机进行监测。为了安全考虑，对供配电系统的运行状态和工作参数，建筑设备监控系统实施监视而不做任何控制，一切控制操作均留给现场有关控制器或操作人员执行。

如果供配电系统配有监控系统，则建筑设备监控系统可通过通信接口提取数据，实现数据实时采集、数字通信、远程操作与程序控制、保护定值管理、事件记录与报警、故障分析等功能，提供大量的图形和报表分析统计工具，帮助管理者提高运行效率。

典型的供配电系统监控点表见表3-17，其基本监测内容有下：

表 3-17　典型的供配电系统监控点表

受控设备	监控内容	AI	DI	AO	DO	前端设备
35kV 高压系统	电源进出线主开关		1			
	进线的电流、电压、频率、电能	1				多功能电表
	SF6 气体充气量		1			
10kV 中压系统	电源进出线主开关		1			
	进线的电流、电压、频率、电能	1				多功能电表

(续)

受控设备	监控内容	AI	DI	AO	DO	前端设备
0.4kV 低压系统	电源进出线主开关		1			
	进线的电流、电压、频率、电能	1				多功能电表
35/10kV 及 10/0.4kV 变压器系统	变压器风机运行状态		1			主交流接触器辅助常开无源触点
	变压器风机故障报警		1			热继电器辅助常开无源触点
	变压器线圈温度	1				
	变压器超温报警		1			
应急电源	应急电源运行状态		1			
	应急电源与市电联动状态		1			
MCC	开关状态		1			
	电能		1			

1) 监测高压开关、低压开关的状态、显示及故障报警。当发生跳闸报警时立即通知物业管理部门，以便及时维修。

2) 通过多参数变送器监测高低压进、出线的有关工作参数，包括出线三相电流、三相电压、有功功率、功率因数等，若这些参数超出正常范围（可设定），立即做超限报警，通知有关人员进行检修。

3) 监视中压及低压主母排的电压、电流、功率因素等。

4) 监视备用/应急电源的手自动状态、电压、电流、功率因素等。

5) 监测变压器风机故障、开关状态和超温报警信号。

6) 主回路及重要回路的谐波监测。

7) 电能监测：自动计算有功功率、无功功率，统计动力、照明等各回路耗电量。

8) 统计各种高压系统的工作情况，并打印成报表，以供物业管理部门使用；图形显示高压系统电气原理图，并显示所有测量数据，根据需要显示数据的运行趋势图。

3.6 照明系统的监控

在现代化建筑物中，照明系统为使用者提供良好、舒适的光环境，同时也是能源消耗的重要组成部分。照明质量直接影响着建筑内的光环境，也影响着在建筑内人员的工作效率和视力保护。建筑设备监控系统能提供建筑物的良好光环境并起到节能效果，通过改善光环境提高工作效率和生活舒适度。

照明系统分为公共照明、泛光照明、广告照明和航空障碍灯等几个部分，建筑设备监控系统对以上部分的监控方式可采用以下两种：一是建筑设备监控系统直接监控或由专用智能照明系统控制；二是建筑设备监控系统通过通信接口对照明系统进行监视和控制。在系统设计时应根据工程实际情况进行选择。

1. 照明应用的场所及具体需求

照明设备的自动控制需根据不同的场合、需求进行控制。一般楼宇中，照明所应用的场合及具体需求包括：

（1）办公室及酒店客房等区域　此类区域的照明控制方式有就地手动控制、按时间表自动控制、按室内照度自动控制、按有/无人自动控制等几种。部分建筑物中此类区域的照明控制也可通过手机、电话、以太网等方式进行远程遥控。

（2）门厅、走道、楼梯等公共区域　在现代化建筑物中，此类区域的照明控制主要采用时间表控制的方式。如在办公楼宇中，走道照明一般在清晨定时全部起，整个工作时间维持正常工作的需要；到晚上，除申请加班区域外，其他区域仅长明灯保持开起，以维持巡更人员的可视照度；不同回路的照明灯交替作为长明灯使用，保证同一区域灯泡寿命基本相同，延缓灯泡老化。

（3）大堂、会议厅、接待厅、娱乐场所等区域　此类区域照明系统的使用时间不定，不同场合对照明需求差异较大，因此往往预先设定几种照明场景，使用时根据具体场合进行切换。以会议厅为例，在会议的不同进程中，对会议室的照明要求各异。会议尚未开始时，一般需要照明系统将整个会场照亮；主席发言时要求灯光集中在主席台，听众席照明相对较弱；会议休息时一般将听众席照明照度提高，而主席台照明照度减弱等。在这类区域的照明控制系统中，预先设定好几种常用场景模式，需要进行场景切换时只需按动相应按钮或在控制计算机上进行相应操作即可，这显然是最佳的解决方案。

（4）泛光照明系统　单个或单组泛光照明灯的照明效果一般由专用控制器进行控制，不受楼宇自控系统的控制，但照明设备监控系统可以通过相应接口（一般为干接点）控制整个泛光照明系统的起/停和进行场景模式选择。泛光照明的起/停控制以往一般由时间表或人工远程控制，但现在许多区域都要求实现区域泛光照明的统一控制。如上海黄浦江两岸建筑物的泛光照明就由政府的照明管理办公室统一控制起/停。具体控制方法是通过一个无线控制器，此控制器可以接受照明管理办公室发出的无线信号以控制相关照明控制器中的干接点通/断。照明设备监控系统首先读取此干接点信号的状态，然后根据干接点信号的状态来驱动本建筑物泛光照明设备的起/停。通过这种方式实现泛光照明的区域统一管理。

（5）灾难及应急照明设备　灾难及应急照明设备的起动一般由故障或报警信号触发，属于系统间或系统内的联动控制。如正常照明系统故障触发应急照明设备的起动等。

（6）其他区域照明　除上述讨论的几个典型区域、用途照明外，建筑物照明系统还包括航空障碍灯、停车场照明等，这些照明系统大多均采用时间表控制方式或按照度自动调节控制方式进行控制。

2. 照明控制模式

从照明控制的角度看，照明控制包括开/关控制和多级、无级调节两大类。开/关控制主要负责控制某个回路或某个照明子系统的起/停；多级、无级调节主要控制部分区域的照明效果，如会场照明的各种明暗效果等，这类控制一般由专用的控制器或控制系统完成。无论是照明设备监控系统直接控制的开/关控制还是通过接口控制的多级、无级调节，楼宇照明设备的控制都包括以下几种典型控制模式：

（1）时间表控制模式　这是楼宇照明控制中最常用的控制模式，工作人员预先在上位机上编制运行时间表，并下载至相应控制器，控制器根据时间表对相应照明设备进行起/停控制。时间表中可以随时插入临时任务，如某单位的加班任务等，临时任务的优先级高于正常时间配置，且一次有效，执行后自动恢复至正常时间配置。

（2）情景切换控制模式　在这种模式中，工作人员预先编写好几种常用场合下的照明方式，并下载至相应控制器。控制器读取现场情景切换按钮状态或远程系统情景设置，并根据读入信号切换至对应的照明模式。

（3）动态控制模式　这种模式往往和一些传感器设备配合使用。如根据照度自动调节的照明系统中需要有照度传感器，控制器根据照度反馈自动控制相应区域照明系统的起/停。又如，有些走道可以根据相应的声感、红外感应等传感器判别是否有人进过，借以控制对象照明系统的起/停等。

（4）远程强制控制模式　除了以上介绍的自动控制方式外，工作人员也可以在工作站远程对固定区域的照明系统进行强制控制，远程设置其照明状态。

（5）联动控制模式　联动控制模式是指由某一联动信号触发的相应区域照明系统的控制变化。如区域泛光控制中无线控制器干接点信号的输入、火警信号的输入、正常照明系统的故障信号输入等均属于联动信号。当它们的状态发生变化时，将触发相应照明区域的一系列联动动作，如泛光照明的打开、逃生诱导灯的打开、应急照明系统的切换等。

以上列出的各种控制模式之间并不相互排斥，在同一区域的照明控制中往往可以配合使用。当然，这需要处理好各模式之间的切换或优先级关系。以走道照明系统为例，可以采用时间表控制、远程强制控制及安保联动控制三种模式相结合的控制方式。其中，远程强制控制的优先级高于时间表控制，安保联动控制的优先级高于强制远程控制。正常情况下，走道照明按预设时间表进行控制；有特殊需要时，可远程强制控制某一区域的走道照明开/关；当某区域安保系统发生报警时，自动打开相应区域走道的全部照明，以便利用视频监控系统查看情况。

3.6.1　直接控制方式

传统控制方式中，建筑设备监控系统一般对建筑内的公共照明、泛光照明、景观照明等进行监控，也可通过时间程序结合光照度和空间的使用状态对照明进行控制。

由于照明回路较多，不宜每个照明回路都加装手动/自动转换开关，因此可将多个照明控制回路设立一个手动/自动转换开关，即多个回路共用一个手动/自动转换开关。

典型的照明监控点表见表3-18，监控内容如下：

1）可按照预先编排的时间程序或按输入指令实施室内公共、室外照明等的自动开关。

2）按照管理部门要求，定时开关各种照明设备，达到最佳管理，最节能的效果。

3）节约照明灯具的使用时间，节约能耗。

4）根据预先设置的时间表，对公共通道实现分区、分时控制；自动控制环境照明的开和关。根据预定时间起停照明回路，通过软件实现逻辑控制。时间表可以根据实际需求修改。

5）可统计各种照明用电量的变化情况，打印成报表，供物业管理部门利用。

表 3-18　典型的照明监控点表

受控设备	监控内容	AI	DI	AO	DO	前端设备
室外照度	室外照度	1				室外照度传感器
公共照明	照明回路开关状态		1			
	照明回路控制				1	
	室内照度	1				室内照度传感器
	占用状态		1			占用/非占用传感器
庭院照明	照明回路开关状态		1			
	照明回路控制				1	
泛光照明	照明回路开关状态		1			
	照明回路控制				1	

3.6.2 智能照明系统

智能照明系统一般是一个独立的系统，包括智能照明系统软件、控制器、开关控制模块、调光控制模块、墙装面板、照度传感器、占用/无人探测器、空调温控面板等。主要可对灯具进行开关控制、色温控制、照度控制，也可进行窗帘控制、场景控制、场景链接等控制，现在也有基于智能照明系统衍生而来的智能家居系统，增加了对空调、安防、智能家电、音视频等的控制。

智能照明系统可以向建筑设备监管系统提供通信接口，提高综合管理能力。

1. 智能照明系统构架

早期的智能照明系统多采用总线结构，所有的设备都在总线上。而随着技术的发展，出现了各种协议转换器/路由器，现在的智能照明系统多基于 IP 网络。

2. 智能照明系统常用协议

应用于智能照明系统的总线技术包括 ABB 公司的 I-BUS 总线、施耐德电气的奇胜 C-BUS 总线、LonWorks 总线、欧盟标准 EIB/KNX、DALI（Digital Addressable Lighting Interface，数字化可寻照明接口）总线等。与其他的总线技术相比，DALI 技术的最大特点是单个灯具具有独立地址，可通过 DALI 系统对单灯或灯组进行精确的调光、变色、开关控制等。

遵循 DALI 协议的灯具直接安装在 DALI 总线上，由控制面板或安装有智能照明系统软件工作站的计算机进行调光、变色、开关控制等。普通灯具则需先将强电回路连接到 DALI 协议的灯光控制模块上，再由控制面板或安装有智能照明系统软件工作站的计算机进行调光、开关控制等。

DALI 系统软件可对同一强电回路或不同回路上的单个或多个灯具进行独立寻址，从而实现单独控制和任意分组。因此 DALI 调光系统为照明控制带来极大的灵活性，用户可根据需求在安装结束后的运行过程中调整功能，而无须对线路做任何改动。

3. 智能照明系统功能

智能照明系统通过对建筑内外照明的控制，达到实现光环境控制，满足建筑和使用的设计要求和节能要求。

自动调光和色彩控制能用于改变房间的氛围，并且根据不同用途、每天不同的时间、自然光、用户或其他因素来调整动态区域的组群。这类控制也能大大降低照明系统的能源损耗。

（1）自然采光和人工照明的自动控制　可以根据室外照度、室内照度和时间表，自动控制百叶窗帘的升降、百叶的开度和室内照明回路的亮度。比如在白天光照强的情况下，放下百叶窗帘，减少炫光的影响，同时根据室内的桌面照度调节相应照明回路的亮度；下班后办公照明关闭，床帘关闭，当检测室内有人时，相应照明打开并调节到满足工作要求的照度。

例如，根据国家标准，办公建筑普通办公室的 0.75m 水平面的照度标准值 300lx，当自然光照度不足时，打开人工照明照度进行补充，使得合成光达到要求范围。当到达水平面的自然采光照度超过 300lx 时，关闭人工照明，并开始调节遮阳百叶等，使得水平面照度在设计范围内。

智能照明最大的特点是场景控制。在同一室内可有多路照明回路，每一回路亮度调整后达到的某种灯光气氛称为场景。可预先设置不同的场景，切换场景时的淡入淡出时间，使灯光柔和变化。时钟控制，利用时钟控制器，使灯光呈现按每天的日出日落或其他时间规律的变化。利用各种传感器及遥控器达到对灯光的自动控制。

（2）美化环境　室内照明利用场景变化增加环境艺术效果，产生立体感、层次感，营造出舒适的环境，以利于人们的身心健康，提高工作效率。

（3）延长灯具寿命　影响灯具寿命的主要因素是过电压使用和冷态冲击，它们使灯具寿命大大降低。LT 系列智能调光器具有输出限压保护功能，即当电网电压超过额定电压 220V 后调光器自动调节输出在 220V 以内。灯泡冷态接电瞬间会产生额定电流 5~10 倍的冲击电流，大大影响灯具寿命。智能调光控制系统设置抑制电网冲击电压和浪涌电压装置，并人为控制电压，采用缓开启及淡入淡出调光控制，可避免对灯具的冷态冲击，延长灯具寿命。系统可延长灯泡寿命2~4倍，可节省大量灯泡，减少更换灯泡的工作量。

（4）节约能源　采用亮度传感器，自动调节灯光强弱，达到节能效果。采用移动传感器，当人进入传感器感应区域后逐渐升光，当人走出感应区域后灯光渐渐减低或熄灭，使一些走廊、楼道的长明灯得到控制，达到节能的目的。

（5）照度及照度的一致性　通过安装室内照度传感器，可以使室内的光线保持恒定。

例如：在学校的教室里，要求靠窗与靠墙光强度基本相同，可在靠窗与靠墙处分别加装传感器，当室外光线强时系统会自动将靠窗的灯光减弱或关闭，并根据靠墙传感器调整靠墙的灯光亮度；当室外光线变弱时，传感器会根据感应信号调整灯的亮度到预先设置的光照度值。新灯具随着使用时间发光效率会逐渐降低，新办公楼随着使用时间墙面的反射率将衰减，这样新旧交替就会产生照度的不一致性，智能调光器系统可调节照度达到相对的稳定，且可节约能源。

（6）综合控制　可通过计算机网络对整个系统进行监控，例如了解当前各个照明回路的工作状态；设置、修改场景；当有紧急情况时控制整个系统即发出故障报警。

3.7　电梯监控系统的监控

电梯是现代建筑物尤其是高层建筑中必备的垂直交通工具，包括直升电梯和自动扶梯。直升电梯按用途分类又有普通客梯、观光梯和货梯等。

建筑内常见的电梯有直升电梯、自动扶梯和自动人行道。现在一般都设有电梯联控系统。

电梯机房一般位于电梯井道的顶部，少数也有设置在底层井道旁边，现在也有无机房电梯。

电梯监控系统是以计算机为核心的智能监控系统，其主要结构为主控计算机、打印机、显示器、DDC、通信网、操作平台，如图3-17所示。

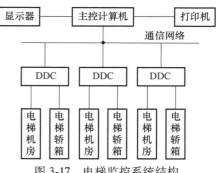

主控计算机管理各种汇入的信息，显示器负责显示各种状态和数据等。管理者可以远程对整个系统的状态进行介入以满足随时起停任何一部电梯的需求。

建筑设备监管系统可以通过硬接线方式直接监视电梯的状态、故障、楼层信息等，也可以通过通信接口集成电梯的楼层显示、上下行状态、故障报警。

图3-17　电梯监控系统结构

典型的电梯监控见表3-19，有如下监控内容：

1）通过通信网关方式，监视每部电梯的运行状态、楼层显示，并故障报警。

2）统计电梯的工作情况，并打印成报表，以供物业管理部门使用。

3）根据初步设计方案建议楼宇自控系统通过网络接口方式与电梯系统厂家控制器相连，从而实时监测各个设备的运行参数。

表3-19　典型的电梯监控点表

受控设备	监控内容	AI	DI	AO	DO	前端设备
电梯	运行状态		1			主交流接触器辅助常开无源触点
	故障报警		1			热继电器辅助常开无源触点
	上行状态		1			干接点信号
	下行状态		1			干接点信号
	楼层信息		2			干接点信号

现在的电梯都能够提供开放接口给建筑设备监控系统，所以上述信息都可以通过通信接口集成过来。对于直升电梯，楼宇自控系统往往还监视其运行所在楼层及报警状态。

3.8 其他需纳入监控的系统

建筑设备监管系统除了对所有空调系统、照明系统、送排风系统、给水排水系统、变配电等系统进行管理外，必要时还需集成消防系统、安防系统等。

建筑设备监管系统一般会为消防报警系统预留一路开关量输入信号，用作总消防报警信号，在发生火灾时候建筑设备监管系统启动相应火灾下控制程序。

中央软件可提供被集成设备的详细实时数据，不同应用系统之间可以共享数据。中央控制软件系统已包含了广泛的设备及协议界面供集成选用，系统有以下开放接口：ODBC 数据接口、Network API（C、C++、VB、FORTRAN）、AdvanceDDE 客户端、BACnet 客户端/服务器、Microsoft Excel Data 交换、OPC 等。

3.8.1 消防报警系统

《智能建筑设计标准》（GB 50314—2015）指出：火灾自动报警系统应预留与建筑设备管理系统互联的信息通信接口。为了实现与火灾自动报警系统的集成，火灾自动报警系统需开放通信接口给建筑设备监管系统，并达到以下要求：

1）电气接口要求：满足 RS-485/422、RS-232 或以太网接口。

2）通信协议：满足 MODBUS、OPC 等标准，开放数据格式、帧格式、数据定义等。

3）消防报警系统独立设置，独立运行，并向建筑设备监管系统开放其通信协议。防排烟系统与正常通风系统合用的设备由建筑设备监管系统统一监控。

4）火灾时，火灾自动报警系统向建筑设备监管系统发送火灾报警信息和火灾模式指令。建筑设备监管系统按照模式指令将其监控的防排烟风机、应急照明、疏散指示等设备切换到救灾状态，实现系统的联动。

5）火灾自动报警系统通过通信接口向建筑设备监管系统传送已经人工确认的火灾报警对应的信号，建筑设备监管系统实现关联设备的运行。建筑设备监管系统能准确地接收到火灾自动报警系统的信息，保证相关控制的启动，同时将反馈信息给火灾自动报警系统，各工况合用一个反馈信号，接口形式为硬接点。

火灾自动报警系统与建筑设备管理系统联动实例：可以事先设定，发生火灾报警时，相应楼层（火患楼层 N 层及 $N\pm1$ 层）的动力电源与照明电源切断，如空气处理机或新风机组的新风风门和回风风门将被强行关闭，空调运行风机也将被强行关闭。同时通过相应楼层空调系统的温度传感器监视发生火患区域的温度变化情况，通过变配电系统监视发生火患区域的电流和电压的变化情况，通过给水排水系统监视水池和水箱的供水情况。

3.8.2 安防系统

安防系统含视频监控系统、出入口控制系统、巡更系统、车库管理系统、入侵报警系统等。如果设有安全防范综合管理系统，则该系统集成管理系统提供各个子系统的控制、状态监视、事件记录打印管理功能；提供各层的电子地图，以动态图形化的方式实时地显示摄像机、门禁、报警及停车库出入口的实时状态，可在电子地图上完成控制功能；完成各子系统间的联动功能等。这种情况下，建筑设备管理系统通过与安全防范综合管理系统通信实现与各个系统的通信，实现对安防系统的综合管理。如果未设有安全防范综合管理系统，则建筑设备管理系统需与视频监控系统、门禁管理系统、巡更系统、车库管理系统、入侵报警系统等安防子系统等分别集成。

门禁管理系统与建筑设备监控系统联动实例：当出入口控制与管理系统在非工作时间有人持卡进入时，建筑物设备自动化系统自动将进入区域的照明打开（如果选择了非工作时间关闭的话），并联动电梯控制系统，使电梯停靠相关楼层。

3.8.3 其他系统

除了消防报警系统和安防系统，其他需向建筑设备管理系统开放接口的设备包括冷水机组、锅炉、发电机、智能照明系统、能源管理系统、水系统稳压装置、电子除垢仪、变频泵等，具体需根据项目要求而定。

这些系统需在硬件上开放，提供 RS-232、RS-485、以太网口等，同时在软件上提供开放的通信协议，如 Windows API、DDE、ODBC、MODBUS、LonTalk、BACnet、OPC、WEBservice 等，并且提供相应接口信息描述文件。

思 考 题

1. 建筑设备监控系统的基本功能有哪些？
2. 建筑设备监控系统的主要子系统有哪些？
3. 冷源系统的开关机控制顺序是什么？
4. 冷水机组的控制方法有哪几种？
5. 夏季或过渡季节随着室外空气湿球温度的降低，冷却水水温已经达到冷水机组的最低供水温度限制时，可以采取哪种控制方式？
6. 建筑设备监控系统可以实现对空调系统的哪些参数的控制？
7. 建筑设备管理系统可以不设置室外温湿度传感器吗？
8. 新风机组的控制包括哪些内容？
9. 四管制空调在夏季如何进行温度控制、湿度控制？
10. 变风量系统空调机组送风机的控制方法包括哪些？
11. 火警模式下 VAV BOX 的工作包括哪些内容？
12. 简述图 3-18 风机盘管系统控制原理。

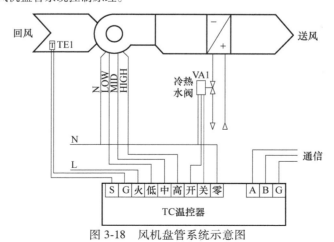

图 3-18 风机盘管系统示意图

13. 智能照明系统怎么控制自然采光和人工照明？
14. 建筑供配电系统主要监测内容有哪些？
15. 火灾发生时由建筑设备监控系统控制防排烟风机吗？

第 **4** 章

火灾自动报警及消防联动控制系统

在智能建筑中，根据《智能建筑设计标准》（GB 50314—2015）相关规定，公共安全系统是指为维护公共安全，运用现代科学技术，具有以应对危害社会安全的各类突发事件而构建的综合技术防范或安全保障体系综合功能的系统，包括火灾自动报警系统、安全技术防范系统和应急响应系统。本章主要介绍火灾自动报警及消防联动控制系统（Automatic Fire Alarm and Linkage Control System，FAS）。火灾自动报警控制系统是感测部分，用以完成对火灾的发现和报警；灭火和联动控制系统是执行部分，在接到火警信号后执行疏导和灭火任务。

4.1　火灾自动报警系统概述

火灾自动报警系统是智能楼宇消防工程的重要组成部分，它工作可靠、技术先进，是控制火灾蔓延、减少灾害、及时有效扑灭火灾的关键。

4.1.1　火灾自动报警系统构成

火灾自动报警系统的形式包括区域报警系统、集中报警系统和控制中心报警系统三种。仅需要报警，不需要联动自动消防设备的保护场所一般采用区域报警系统；不仅需要报警，同时需要联动自动消防设备，且只设置一台具有集中控制功能的火灾报警控制器和消防联动控制器的保护的场所，应采用集中报警系统，并应设置一个消防控制室；设置两个及以上消防控制室的保护场所（如园区），或已设置两个及以上集中报警系统的保护场所，应采用控制中心报警系统。

1. 区域报警系统

区域报警系统组成如图 4-1 所示。系统主要由火灾探测器、手动火灾报警按钮、区域火灾自动报警控制器等构成。火灾自动报警控制器还能记忆与显示火灾与事故发生的时间及地点。

火灾探测器安装于火灾可能发生的场所，将现场火灾信息（烟、光、温度）转换成电气信号，为火灾自动报警控制器提供火警信号。手动报警按钮是安装在建筑的大空间及公共区域内，是人工发现火灾时报警的重要手段。火灾声光报警器用于告知火灾现场的人员及时撤离，疏散到安全的区域。

2. 集中报警系统

集中报警系统（图 4-2）由火灾探测器、手动火灾报警按钮、火灾声光警报器、消防应急广播、消防专用电话、消防图形显示装置、火灾报警控制器、消防联动控制装置等组成。集中报警系统应设置一个消防控制室，系统中主要控制器、消防图形显示装置等均应设置在消防控制室内。

3. 控制中心报警系统

控制中心报警系统是由两个及以上集中报警系统或两个及以上消防控制室组成。设置了两个及以上消防控制室时，应确定一个主消防控制室；主消防控制室应能显示所有火灾报警信号和联动控制状态信号，并应能控制重要的消防设备；各分消防控制室内消防设备之间可互相传输、显示状态信息，但不应互相控制；系统共用的消防水泵等消防设备宜由最高级别的消防控制室统一控制；建筑群可由就近的分消防控制室控制，主消防控制室通过跨区联动的方式控制；防排烟风机等消防设备可根据建筑消防控制室的管控范围划分情况，由相应的消防控制室控制。

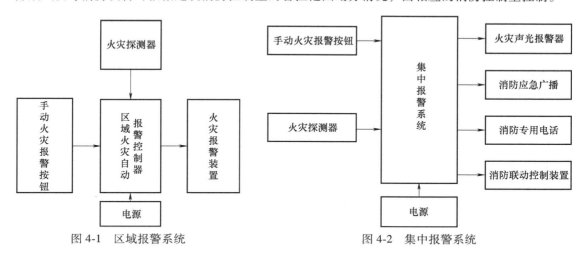

图 4-1 区域报警系统   图 4-2 集中报警系统

对于不同形式、不同结构、不同功能的建筑物来说，系统的结构会视具体情况采用不同的模式。应根据建筑物的使用性质、火灾危险性、疏散和扑救难度等按消防有关规范进行设计。

4.1.2 火灾自动报警系统工作原理

火灾自动报警系统工作原理如图 4-3 所示。安装在保护区的探测器不断地向所监视的现场发出巡测信号，监视现场的烟雾浓度、温度等火灾参数，并不断反馈给报警控制器。当反馈信号送到火灾自动报警系统，反馈值与系统给定值即现场正常状态（无火灾）时的烟雾浓度、温度（或温度上升速率）及火光照度等参数的规定值一并送入火灾报警控制器进行运算、比较。当确认发生火灾时，火灾自动报警系统发出声、光报警，显示火灾区域或楼层房号的地址编码，打印报警时间、地址等。

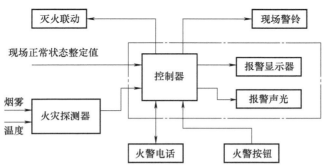

图 4-3 火灾自动报警系统工作原理

火灾自动报警系统应该设置有火灾声光警报器，并在确认火灾后起动建筑内的所有火灾声光报警器。集中报警系统和控制中心报警系统应设有消防应急广播。消防应急广播系统的联动控制信号应由消防联动控制器发出，当确认火灾后，应同时向全楼进行广播。火灾时，各应急疏散指示灯亮，指明疏散方向。只有确认是火灾时，火灾报警控制器才发出系统控制信号，驱动灭火设备，实现快速、准确地灭火。

4.2　火灾探测器

火灾探测器是火灾自动报警和消防联动控制系统最基本和最关键的部件之一，对被保护区域进行不间断的监视和探测，把火灾初期阶段能引起火灾的参数（烟、热及光等信息）尽早、及时和准确地检测出来并报警。除易燃易爆物质遇火立即爆炸起火外，一般物质的火灾发展过程通常都要经过阴燃、发展和熄灭三个阶段，因此，要根据被保护区域内初期火灾的形成和发展特点去选择有相应特点和功能的火灾探测器。应按探测器的特性来对环境条件、房间高度及可能引起误报的原因等因素进行考虑。

4.2.1　火灾探测器的构造

火灾探测器通常由敏感元件、电路、固定部件和外壳四部分组成。

1. 敏感元件

敏感元件的作用是感知火灾形成过程中的物理或化学参量，如烟雾、温度、辐射光和气体浓度等，并将其转换成电信号。它是探测器的核心部分。

2. 电路

电路的作用是将敏感元件转换所得的电信号进行放大和处理，其电路框图如图 4-4 所示。

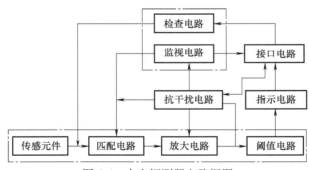

图 4-4　火灾探测器电路框图

（1）转换电路　其作用是将敏感元件输出的电信号进行放大和处理，使之成为火灾报警系统传输所需的模拟载频信号或数码信号。通常由匹配电路、放大电路和阈值电路（有的消防报警系统产品其探测器的阈值比较电路被取消，其功能由报警控制器取代）等部分组成。

（2）保护电路　用于监视探测器和传输线路故障的电路，它由监视电路和检查电路两部分组成。

（3）抗干扰电路　用于提高火灾探测器信号感知的可靠性，防止或减少误报。如采用滤波、延时、补偿和积分电路等。

（4）指示电路　显示探测器是否动作，给出动作信号，一般在探测器上都设置动作信号灯。

（5）接口电路　用于实现火灾探测器之间、火灾探测器和火灾报警器之间的信号连接。

3. 固定部件和外壳

固定部件和外壳是探测器的机械保护结构。其作用是将传感元件、印制电路板、接插件、确认灯和紧固件等部件有机地连成一体，保证一定的机械强度，达到规定的电气性能，以防止其所处环境如光源、灰尘、气流、高频电磁波等干扰和机械力的破坏。

4.2.2　火灾探测器的种类

火灾探测器的种类很多，按探测器的结构形式可分为点型和线型；按探测的火灾参数可分为感烟、感温、感光（火焰）、可燃气体和复合式等几大类；按使用环境可分为陆用型（主要用于陆地、无腐蚀性气体、温度范围为$-10 \sim +50℃$、相对湿度在85%以下的场合中）、船用型（其特点是耐温和耐湿，也可用于其他高温、高湿的场所）、耐酸型、耐碱型、防爆型等；按探测到火灾信号后的动作是否延时向火灾报警控制器送出火警信号可分为延时型和非延时型；按输出信号的形式可分为模拟型探测器和开关型探测器；按安装方式可分为露出型和埋入型。其中以探测的火灾参数分类最为多见，也为通常工程设计所采用。

1. 感烟火灾探测器

感烟探测器是用于探测物质燃烧初期在周围空间所形成的烟雾粒子浓度，并自动向火灾报警控制器发出火灾报警信号的一种火灾探测器。它响应速度快，能及早发现火情，是使用量最大的一种火灾探测器。

感烟探测器从作用原理上分类，可分为离子型、光电型两种类型。

（1）离子感烟火灾探测器　离子感烟火灾探测器是对某一点周围空间烟雾响应的火灾探测器。它是应用烟雾粒子改变电离室电离电流原理的感烟火灾探测器。

根据探测器内电离室的结构形式，又可分为双源和单源感烟式探测器。

1）电离电流形成原理。感烟电离室是离子感烟探测器的核心传感器件，其电离电流形成示意图如图4-5所示。

在图4-5中，P_1和P_2是一相对的电极。在电极之间放有α放射源镅-241，由于它持续不断地放射出α粒子，α粒子以高速运动撞击空气分子，从而使极板间空气分子电离为正离子和负离子（电子），这样电极之间原来不导电的空气具有了导电性。

如果在极板P_1和P_2间加上电压U，极板间原来做杂乱无章运动的正负离子，就会在电场作用下做有规则的运动。正离子向负极运动，负离子向正极运动，从而形成了电离电流I。施加的电压U越高，则电离电流越大。当电离电流增加到一定值时，外加电压再增高，电离电流也不会增加，此电流称为饱和电流I_s，如图4-6所示。

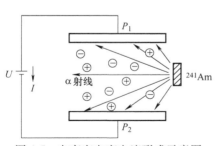

图4-5　电离室电离电流形成示意图

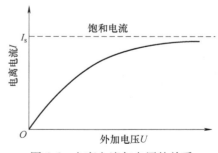

图4-6　电离电流与电压的关系

2）离子感烟探测器感烟原理。当烟雾粒子进入电离室后，被电离的部分正离子与负离子被吸附到烟雾粒子上，使正、负离子相互中和的概率增加，而且离子附着在体积比自身体积大许多倍的烟雾粒子上，会使离子运动速度急剧减慢；另一方面，由于烟粒子的作用，α射线被阻挡，电离能力降低，电离室内产生的正负离子数就少。最后导致的结果就是电离电流减小。显然，烟雾浓度大小可以以电离电流的变化量大小进行表示，从而实现对火灾过程中烟雾浓度这个参数的探测。

（2）光电感烟火灾探测器　光电感烟火灾探测器简称光电感烟探测器，它是利用火灾时产生的烟雾粒子对光线产生遮挡、散射或吸收的原理并通过光电效应而制成的火灾探测器。光电感烟探测器可分为遮光型和散射型两种。

1）遮光型光电感烟探测器。遮光型光电感烟探测器具体又可分为点型和线型两种类型。

① 点型遮光感烟探测器。点型遮光感烟探测器主要由光束发射器、光电接收器、暗室和电路等组成。其原理示意图如图4-7所示。

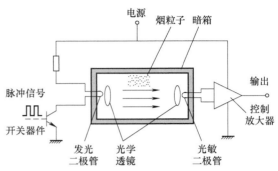

图4-7　点型遮光感烟探测器原理示意图

当火灾发生，有烟雾进入暗室时，烟粒子将光源发出的光遮挡（吸收），到达光敏元件的光能将减弱，其减弱程度与进入暗室的烟雾浓度有关。当烟雾达到一定浓度，光敏元件接受的光强度下降到预定值时，通过光敏元件启动开关电路并经以后电路鉴别确认，探测器即动作，向火灾报警控制器送出报警信号。

光电感烟探测器的电路原理框图如图4-8所示。它通常由稳压电路、脉冲发光电路、发光元件、光敏元件、信号放大电路、开关电路、抗干扰电路及输出电路等组成。

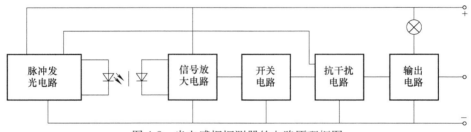

图4-8　光电感烟探测器的电路原理框图

② 线型遮光感烟探测器。线型感烟探测器是一种能探测到被保护范围中某一线路周围烟雾的火灾探测器。探测器由光束发射器和光电接收器两部分组成。它们分别安装在被保护区域的两端，中间用光束连接（软连接），其间不能有任何可能遮断光束的障碍物存在，否则探测器将不能正常工作。常用的有红外光束型感烟探测器、紫外光束型感烟探测器和激光型感烟探测器三种，故而又称线型感烟探测器为光电式分离型感烟探测器。其工作原理如图4-9所示。

线型感烟火灾探测器适用于初始火灾有烟雾形成的高大空间、大范围场所。

2）散射型光电感烟探测器。散射型光电感烟探测器是应用烟雾粒子对光的散射作用并通过光电效应而制作的一种火灾探测器。它和遮光型光电感烟探测器的主要区别在暗室结构上，而电路组成、抗干扰方法等基本相同。由于是利用烟雾对光线的散射作用，因此暗室的

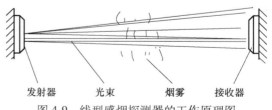

图4-9　线型感烟探测器的工作原理图

结构就要求光源 E（红外发光二极管）发出的红外光线在无烟时，不能直接射到光敏元件 R（光敏二极管）上。实现散射型的暗室各有不同，其中一种是在光源与光敏元件之间加入隔板（黑框），如图4-10所示。

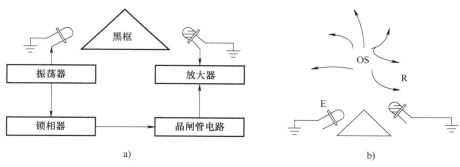

图4-10 散射型光电感烟探测器结构示意图

a) 结构图 b) 工作原理图

无烟雾时，红外光无散射作用，也无光线射在光敏二极管上，二极管不导通，无信号输出，探测器不动作。当烟雾粒子进入暗室时，由于烟粒子对光的散（乱）射作用，光敏二极管会接收到一定数量的散射光，接收散射光的数量与烟雾浓度有关，当烟的浓度达到一定程度时，光敏二极管导通，电路开始工作。由抗干扰电路确认有两次（或两次以上）超过规定水平的信号时，探测器动作，向报警器发出报警信号。光源仍由脉冲发光电路驱动，每隔 $3 \sim 4s$ 发光一次，每次发光时间约 $100\mu s$，以提高探测器抗干扰能力。

光电式感烟探测器在一定程度上可克服离子感烟探测器的缺点，除了可在建筑物内部使用，更适用于电气火灾危险较大的场所。使用中应注意，当附近有过强的红外光源时，可导致探测器工作不稳定。

在可能产生黑烟、有大量积聚粉尘、可能产生蒸气和油雾、有高频电磁干扰、过强的红外光源等情形的场所不宜选用光电感烟探测器。

（3）吸气式感烟火灾探测器 吸气式感烟火灾探测器是通过空气采样管把保护区的空气吸入探测器进行分析从而进行火灾的早期预警的探测器。

系统包括探测器和采样网管。探测器由吸气泵、过滤器、激光探测腔、控制电路、显示电路等组成。吸气泵通过 PVC 管或钢管所组成的采样管网，从被保护区内连续采集空气样品放入探测器。空气样品经过过滤器组件滤去灰尘颗粒后进入探测腔，探测腔有一个稳定的激光光源。烟雾粒子使激光发生散射，散射光使高灵敏的光接收器产生信号。经过系统分析，完成光电转换。烟雾浓度值及其报警等级由显示器显示出来，并根据使用者事先确定的报警设置灵敏度级别发出火灾警报。

与传统点型感烟火灾探测器在火灾产生后才能触发报警相比，吸气式感烟火灾探测系统的探测灵敏度较高，适合有空气流速较大的大空间等场合，也可用作特殊重要场合的早期预警。

2. 感温火灾探测器

感温火灾探测器简称感温探测器，它是对警戒范围内某一点或某一线段周围的温度参数敏感响应的火灾探测器。根据监测温度参数的不同，感温探测器有定温、差温和差定温三种。探测器由于采用的敏感元件不同，又可派生出各种感温探测器。

（1）点型感温火灾探测器 点型感温火灾探测器是对警戒范围中某一点周围的温度响应的火灾探测器。

感温探测器的结构较简单，关键部件是它的热敏元件。常用的热敏元件有双金属片、易熔合金、低熔点塑料、水银、酒精、热敏绝缘材料、半导体热敏电阻、膜盒机构等。感温探测器是以对温度的响应方式分类，每类中又以敏感元件不同而分为若干种。

1）定温探测器。点型定温探测器是对警戒范围中某一点周围温度达到或超过规定值时响应的火灾探测器，当探测到的温度达到或超过其动作温度值时，探测器动作向报警控制器送出报警信号。定温探测器的动作温度应按其所在的环境温度进行选择。

2）差温探测器。差温探测器是对警戒范围中某一点周围的温度上升速率超过规定值时响应的火灾探测器。根据工作原理不同，可分为电子差温火灾探测器、膜盒差温探测器等。

3）差定温探测器。差定温探测器兼有差温和定温两种功能，既能响应预定温度报警，又能响应预定温升速率报警的火灾探测器，因而扩大了使用范围。

（2）线型感温火灾探测器　线型感温火灾探测器是对警戒范围中某一线路周围的温度升高敏感响应的火灾探测器，其工作原理和点型感温火灾探测器基本相同。

线型感温火灾探测器也有差温、定温和差定温三种类型。定温型大多为缆式，缆式的敏感元件用热敏绝缘材料制成。当缆式线型定温探测器处于警戒状态时，两导线间处于高阻态。当火灾发生，只要该线路上某处的温度升高达到或超过预定温度时，热敏绝缘材料阻抗急剧降低，使两芯线间呈低阻态，或者热敏绝缘材料被熔化，使两芯线短路，这都会使报警器发出报警信号。缆线的长度一般为 100～500m。

线型感温火灾探测器通常用于在电缆托架、电缆隧道、电缆夹层、电缆沟、电缆竖井等一些特定场合。

3. 感光火灾探测器

感光火灾探测器又称火焰探测器，它是一种能对物质燃烧火焰的光谱特性、光照强度和火焰的闪烁频率敏感响应的火灾探测器。它能响应火焰辐射出的红外、紫外和可见光。工程中主要用红外火焰型和紫外火焰型两种。

（1）红外感光火灾探测器　红外感光火灾探测器是一种对火焰辐射的红外光敏感响应的火灾探测器。

红外线波长较长，烟粒对其吸收和衰减能力较弱，即使有大量烟雾存在的火场，在距火焰一定距离内，仍可使红外线敏感元件感应，发出报警信号。因此这种探测器误报少，响应时间快，抗干扰能力强，工作可靠。

（2）紫外感光火灾探测器　紫外感光火灾探测器是一种对紫外光辐射敏感响应的火灾探测器。

紫外感光火灾探测器由于使用了紫外光敏管为敏感元件，而紫外光敏管同时也具有光电管和充气闸流管的特性，所以它使紫外感光火灾探测器具有响应速度快，灵敏度高的特点，可以对易燃物火灾进行有效报警。

由于紫外光主要是由高温火焰发出的，温度较低的火焰产生的紫外光很少，而且紫外光的波长也较短，对烟雾穿透能力弱，所以它特别适用于有机化合物燃烧的场合，例如油井、输油站、飞机库、可燃气罐、液化气罐、易燃易爆品仓库等，特别适用于火灾初期不产生烟雾的场所（如生产储存酒精、石油等场所）。火焰温度越高，火焰强度越大，紫外光辐射强度也越高。

4. 可燃气体火灾探测器

可燃气体包括天然气、煤气、烷、醇、醛、炔等。可燃气体火灾探测器是一种能对空气中可燃气体浓度进行检测并发出报警信号的火灾探测器。它测量空气中可燃气体爆炸下限以内的含量，当空气中可燃气体浓度达到或超过报警设定值时自动发出报警信号，以提醒人们及早采取安全措施，避免事故发生。可燃气体探测器除具有预报火灾、防火防爆功能外，还可以起监测环境污染作用。和紫外感光火灾探测器一样，可燃气体火灾探测器主要在易燃易爆场合中安装使用。

5. 复合式火灾探测器

除以上介绍的火灾探测器外，复合式火灾探测器也逐步引起重视和应用。现实生活中火灾发生的情况多种多样，往往会由于火灾类型不同以及火灾探测器探测性能的局限，造成延误报警甚至漏报火情。目前，人们除了大量应用普通点型火灾探测器以外，还希望能够寻求一种更有效地探测多种类型火情的复合式点型探测器，即一个火灾探测器同时能响应两种或两种以上火灾参数。

6. 智能型火灾探测器

随着智能芯片的发展，火灾探测器内置微处理器，支持电编码，可通过编码器现场修改。探测器实时采集现场烟雾浓度信息，通过内置 CPU 进行自我判断处理，能保存多条历史数据，跟踪现场情况。探测器既能实时采集现场烟雾浓度数据，并将数据传送至火灾自动控制器，也能接收并执行火灾自动控制器的控制命令，通常具有温度、湿度、灰尘积累漂移补偿等功能，设备安装、维护也比较方便。

7. 双波段图像型火灾探测器

针对大空间建筑火灾中普遍存在火灾误报、漏报和报警延误的技术问题，双波段图像型火灾探测器通过对火灾的热、色、形、光谱及运动特性的研究，在色度模型、稳定性模型、增长趋势模型的基础上，发展了纹理模型、闪烁模型，提出了基于色彩影像和红外影像的双波段火灾识别模型。它采用了图像处理、计算机视觉、人工智能等多项高新技术，可实现大空间建筑早期火灾的探视和空间定位。

8. 光截面图像感烟火灾探测器

光截面图像感烟火灾探测技术利用主动红外光源作为目标，结合红外面阵接收器形成多光束红外光截面，通过成像的方式和利用图像处理的方法，测量烟雾穿过红外光截面对光的散射、反射及吸收情况，利用模式识别、持续趋势、双向预测算法实现对早期火灾的识别与判断。

4.2.3　火灾探测器的选择

1. 火灾探测器的选择原则

探测器种类的选择应根据探测区域内的环境条件、火灾特点、房间高度、安装场所的气流状况等，选用其所适宜类型的探测器或几种探测器的组合。

（1）火灾形成规律　通常情况下，火灾形成有如下规律：

前期：火灾尚未形成，只出现一定量的烟，基本上未造成物质损失。

早期：火灾开始形成，烟量大增、温度上升，已开始出现火，造成较小的损失。

中期：火灾已经形成，温度很高，燃烧加速，造成了较大的物质损失。

晚期：火灾已经扩散。

火灾受可燃物质的类别、着火的性质、可燃物质的分布、着火场所的条件、火载荷重、新鲜空气的供给程度以及环境温度等因素的影响，所以要根据火灾特点、环境条件及安装场所确定探测器的类型。

（2）火灾探测器的选择　根据以上对火灾特点的分析，火灾探测器的选择主要依据预期火灾特点、建筑物场景状况及火灾探测器的参数。具体应按如下要求：

1）感烟探测器作为前期、早期报警是非常有效的。凡是要求火灾损失小的重要地点，对火灾初期有阴燃火阶段，即产生大量的烟和小量的热，很少或没有火焰辐射的火灾，如棉、麻织物的引燃等，都适于选用。

不适于选用的场所有：正常情况下有烟的场所，经常有粉尘及水蒸气等固体、液体微粒出现的场所，发火迅速、生烟极少及爆炸性场合。

离子感烟与光电感烟探测器的适用场合基本相同，但应注意它们不同的特点。离子感烟探测器对人眼看不到的微小颗粒同样敏感，例如人能嗅到的油漆味、考焦味等都能引起探测器动作，甚至一些分子量大的气体分子，也会使探测器发生动作，在风速过大的场合（例如大于 6m/s）将引起探测器不稳定，且其敏感元件的寿命比光电感烟探测器的短。

2）感温探测器作为火灾形成早期（早期、中期）报警非常有效。由于其工作稳定，不受非火灾性烟雾汽尘等干扰，因此，凡无法应用感烟探测器、允许产生一定的物质损失、非爆炸性的场合都可采用。感温探测器特别适用于经常存在大量粉尘、烟雾水蒸气的场所及相对湿度经常高于95%的房间，但不宜用于有可能产生阴燃火的场所。

① 定温型探测器允许环境温度有较大的变化，性能比较稳定，但火灾造成的损失较大。在0℃以下的场所不宜选用。

② 差温型适用于火灾早期报警，火灾造成损失较小，但火灾温度升高过慢则无反应而漏报。

③ 差定温型探测器具有差温型的优点而又比差温型更可靠，所以最好选用差定温型探测器。

3）对于火灾发展迅速，有强烈的火焰辐射而仅有少量烟和热产生的火灾，如轻金属及它们的化合物的火灾，应选用感光探测器，但不宜在火焰出现前有浓烟扩散的场所及探测器的镜头易被污染、遮挡以及受电焊、X射线等影响的场所使用。

4）对使用、生产或聚集可燃气体或可燃液体的场所，应选择可燃气体探测器。

5）各种探测器可配合使用。如感烟与感温探测器的组合，宜用于大中型计算机房、洁净厂房以及防火卷帘设施的部位等；对于蔓延迅速、有大量的烟和热产生、有火焰辐射的火灾，如油品燃烧等，可选感温探测器、感烟探测器、火焰探测器或其组合；装有联动装置，自动灭火系统以及用单一探测器不能有效确认火灾的场合，宜采用感烟探测器、感温探测器、火焰探测器（同类型或不同类型）的组合。

6）对火灾形成特征不可预料的场所，可根据模拟实验的结果选择探测器。

7）对无遮拦大空间保护区域，宜选用线型火灾探测器。

总之，离子感烟探测器具有稳定性好、误报率低、寿命长、结构紧凑等优点，因而得到广泛应用。其他类型的探测器，只在某些特殊场合作为补充才用到。例如：在厨房、发电机房、地下车库及具有气体自动灭火装置时，需要提高灭火报警可靠性而且与感烟火灾探测器联合使用的场所才考虑使用感温探测器。

2. 点型火灾探测器的选择

对不同高度的房间，可按表4-1选择点型火灾探测器。

表4-1 对不同高度的房间点型火灾探测器的选择

房间高度 h/m	点型感烟火灾探测器	点型感温火灾探测器			火焰探测器
		A1、A2	B	C、D、E、F、G	
$12 < h \leq 20$	不适合	不适合	不适合	不适合	适合
$8 < h \leq 12$	适合	不适合	不适合	不适合	适合
$6 < h \leq 8$	适合	适合	不适合	不适合	适合
$4 < h \leq 6$	适合	适合	适合	不适合	适合
$h \leq 4$	适合	适合	适合	适合	适合

注：表中A1、A2、B、C、D、E、F、G为点型感温探测器的类型，分类方法参见表4-2。

表4-2 点型感温探测器分类

探测器类型	典型应用温度1 /℃	典型应用温度2 /℃	典型应用温度3 /℃	动作温度上限值 /℃
A1	25	50	54	65
A2	25	50	54	70

（续）

探测器类型	典型应用温度 1 /℃	典型应用温度 2 /℃	典型应用温度 3 /℃	动作温度上限值 /℃
B	40	65	69	85
C	55	80	84	100
D	70	95	99	115
E	85	110	114	130
F	100	125	129	145
G	115	140	144	160

不同场所点型感烟火灾探测器的选择按如下原则：

1）下列场所宜选择点型感烟火灾探测器。

① 饭店、旅馆、教学楼、办公楼的厅堂、卧室、办公室、商场、列车载客车厢等。

② 计算机房、通信机房、电影或电视放映室等。

③ 楼梯、走道、电梯机房、车库等。

④ 书库、档案库等。

2）符合下列条件之一的场所，不宜选择点型离子感烟火灾探测器。

① 相对湿度经常大于95%。

② 气流速度大于5m/s。

③ 有大量粉尘、水雾滞留。

④ 可能产生腐蚀性气体。

⑤ 在正常情况下有烟滞留。

⑥ 产生醇类、醚类、酮类等有机物质。

3）符合下列条件之一的场所，不宜选择点型光电感烟火灾探测器。

① 有大量粉尘、水雾滞留。

② 可能产生蒸气和油雾。

③ 高海拔地区。

④ 在正常情况下有烟滞留。

4）符合下列条件之一的场所，宜选择点型感温火灾探测器，且应根据使用场所的典型应用温度和最高应用温度选择适当类别的感温火灾探测器。

① 相对湿度经常大于95%。

② 可能发生无烟火灾。

③ 有大量粉尘。

④ 吸烟室等在正常情况下有烟或蒸汽滞留的场所。

⑤ 厨房、锅炉房、发电机房、烘干车间等不宜安装感烟火灾探测器的场所。

⑥ 其他无人滞留且不适合安装感烟火灾探测器，但发生火灾时需要及时报警的场所。

5）可能产生阴燃火或发生火灾不及时报警将造成重大损失的场所，不宜选择点型感温火灾探测器；温度在0℃以下的场所，不宜选择定温探测器；温度变化较大的场所，不宜选择具有差温特性的探测器。

6）符合下列条件之一的场所，宜选择点型火焰探测器或图像型火焰探测器。

① 火灾时有强烈的火焰辐射。

② 可能发生液体燃烧等无阴燃阶段的火灾。

③ 需要对火焰做出快速反应。

7）符合下列条件之一的场所，不宜选择点型火焰探测器和图像型火焰探测器。

① 在火焰出现前有浓烟扩散。

② 探测器的镜头易被污染。

③ 探测器的"视线"易被油雾、烟雾、水雾和冰雪遮挡。

④ 探测区域内的可燃物是金属和无机物。

⑤ 探测器易受阳光、白炽灯等光源直接或间接照射。

8）探测区域内正常情况下有高温物体的场所，不宜选择单波段红外火焰探测器。

9）正常情况有明火作业，探测器易受 X 射线、弧光和闪电等影响的场所不宜选择紫外火焰探测器。

10）下列场所宜选择可燃气体探测器。

① 使用可燃气体的场所。

② 燃气站和燃气表房，以及存储液化石油气罐的场所。

③ 其他散发可燃气体和可燃蒸气的场所。

11）在火灾初期产生一氧化碳的下列场所可选择点型一氧化碳火灾探测器。

① 烟不容易对流或顶棚下方有热屏障的场所。

② 在棚顶上无法安装其他点型火灾探测器的场所。

③ 需要多信号复合报警的场所。

12）污物较多且必须安装感烟火灾探测器的场所，应选择间断吸气的点型采样吸气式感烟火灾探测器或具有过滤网和管路自清洗功能的管路采样吸气式感烟火灾探测器。

3. 线型火灾探测器的选择

线型火灾探测器的选择按如下原则：

1）无遮挡的大空间或有特殊要求的房间，宜选择线型光束感烟火灾探测器。

2）符合下列条件之一的场所，不宜选择线型光束感烟火灾探测器。

① 有大量粉尘、水雾滞留。

② 可能产生蒸汽和油雾。

③ 在正常情况下有烟滞留。

④ 固定探测器的建筑结构由于振动等原因会产生较大位移的场所。

3）下列场所或部位，宜选择缆式线型感温火灾探测器。

① 电缆隧道、电缆竖井、电缆夹层、电缆桥架。

② 不易安装点型探测器的夹层、闷顶。

③ 各种带式输送装置。

④ 其他环境恶劣不适合点型探测器安装的场所。

4）下列场所或部位，宜选择线型光纤火灾探测器。

① 除液化石油气外的石油储罐。

② 需要设置线型感温火灾探测器的易燃易爆场所。

③ 需要监测环境温度的地下空间等场所宜设置具有实时温度监测功能的线型光纤感温火灾探则器。

④ 公路隧道、敷设动力电缆的铁路隧道和城市地铁隧道等。

5）线型定温火灾探测器的选择，应保证其不动作温度符合设置场所的最高环境温度的要求。

4. 吸气式感烟火灾探测器的选择

1）下列场所宜选择吸气式感烟火灾探测器。

① 具有高速气流的场所。

② 点型感烟、感温火灾探测器不适宜的大空间、舞台上方、建筑高度超过 12m 或有特殊要求的场所。

③ 低温场所。

④ 需要进行隐蔽探测的场所。

⑤ 需要进行火灾早期探测的重要场所。

⑥ 人员不宜进入的场所。

2）灰尘比较大的场所，不应选择没有过滤网和管路自清洗功能的管路采样式吸气感烟火灾探测器。

5. 图像型火灾探测器选择

1）图像型火灾探测器适用于不易安装点式探测器或高度大于 12m 的下列场所：

① 候车（船）厅、航站楼、展览厅。

② 体育馆、影剧院、会堂等的观众厅、会议厅、共享舞台等公众聚集场所。

③ 中庭、大堂、等候厅等高大的厅堂场所。

④ 历史性建筑内高度高于 12m 的部位。

2）光截面探测器选择和设置应符合下列要求：

① 应根据探测区域的大小选择光截面探测器。

② 每只探测器可对应多只发射器，但不应超过 8 只。

③ 光截面发射器应设置在光截面发射器的视场范围内且光路不应被遮挡。

④ 光截面探测器安装位置至顶棚的垂直距离不应小于 0.5m。

⑤ 当探测区域高度大于 12m 时，光截面探测器宜分层布置，且每两层之间高度不应大于 12m。

⑥ 光截面探测器距侧墙水平距离不应小于 0.3m，且不大于 5m。

⑦ 相邻两只光截面发射器的水平距离不应大于 10m。

3）双波段探测器选择和设置应符合下列要求：

① 应根据实际探测距离选择双波段探测器。

② 根据双波段探测器的保护角度，确定双波段探测器的布置方法和安装高度。

③ 探测距离较远的双波段探测器的正下方若存在探测盲区，应利用其他探测器消除探测盲区。

④ 双波段探测器安装位置至顶棚的垂直距离不应小于 0.5m。

⑤ 双波段探测器距侧墙水平距离不应小于 0.3m。

4.2.4　火灾探测器的设置

1. 探测器数量的确定

在实际工程中房间大小及探测区大小不一，房间高度、顶棚坡度也各异，那么怎样确定探测器的数量呢？规范规定：探测区域内每个房间应至少设置一只火灾探测器。一个探测区域内所设置探测器的数量应为

$$N \geqslant \frac{S}{KA}$$

式中，N 为一个探测区域内应设置的探测器的数量（只），N 取整数；S 为一个探测区域的地

面面积（m^2）；A 为一个探测器的保护面积（m^2），指一只探测器能有效探测的地面面积；K 为安全修正系数，容纳人数超过 10000 人的公共场所宜取 0.7~0.8，容纳人数为 2000~10000 人的公共场所宜取 0.8~0.9，容纳人数为 500~2000 人的公共场所宜取 0.9~1.0，其他场所可取 1.0。

探测器设置数量的具体计算步骤：

1）根据探测器监视的地面面积 S、房间高度 h、屋顶坡度 θ 及火灾探测器的种类查表 4-3，得出使用一个不同种类探测器的保护面积 A 和保护半径值 R，再考虑修正系数 K，计算出所需探测器数量，取整数。

表 4-3 感烟火灾探测器和 A1、A2、B 型感温火灾探测器的保护面积和保护半径

探测器的种类	地面面积 S/m^2	房间高度 h/m	探测器的保护面积 A 和保护半径 R					
			房顶坡度 θ					
			$\theta \leqslant 15°$		$15° < \theta \leqslant 30°$		$\theta > 30°$	
			A/m^2	R/m	A/m^2	R/m	A/m^2	R/m
感烟探测器	$S \leqslant 80$	$h \leqslant 12$	80	6.7	80	7.2	80	8.0
	$S > 80$	$6 < h \leqslant 12$	80	6.7	100	8.0	120	9.9
		$h \leqslant 6$	60	5.8	80	7.2	100	9.0
感温探测器	$S \leqslant 30$	$h \leqslant 8$	30	4.4	30	4.9	30	5.5
	$S > 30$	$h \leqslant 8$	20	3.6	30	4.9	40	6.3

注：建筑高度不超过 14m 的封闭探测空间，且火灾初期会产生大量的烟时，可设置点型感烟火灾探测器。

2）根据探测器的保护面积 A 和保护半径 R，由图 4-11 中二极限曲线选取探测器安装的间距（不应大于 a、b），然后具体布置探测器。

另外，探测器的安装间距也可由以下公式确定：

$$a^2 + b^2 = (2R)^2$$

$$ab = A$$

式中，a、b 为探测器的前后、左右极限间距（m）；A 为单个探测器的保护面积（m^2）；

R 为单个探测器的保护半径（m）；

3）检验探测器到最远点的水平距离是否超过探测器保护半径，若超过，应重新安排探测器或增加探测器数值。

2. 探测器设置

点型感温和感烟火灾探测器设置按如下原则：

1）探测区域内的每个房间至少应设置一只火灾探测器。

2）在有梁的顶棚上设置点型感烟火灾探测器、感温火灾探测器时，应按量突出顶棚高度的不同情况，按《火灾自动报警系统设计规范》（GB 50116—2013）要求设置。

3）在宽度小于 3m 的内走道顶棚上设置探测器时，宜居中布置。感温火灾探测器的安装间距不应超过 10m；感烟火灾探测器的安装间距不应超过 15m；探测器至端墙的距离应不大于探测器安装间距的一半。

4）探测器至墙壁、梁边的水平距离应不小于 0.5m。

5）探测器周围 0.5m 内，不应有遮挡物。房间被书架、设备或隔断等分离，其顶部至顶棚或梁的距离小于房间净高的 5% 时，每个被隔开的部分至少应安装一只探测器。

6）探测器至空调送风口的水平距离应不小于 1.5m，并宜接近回风口安装。探测器至多孔送

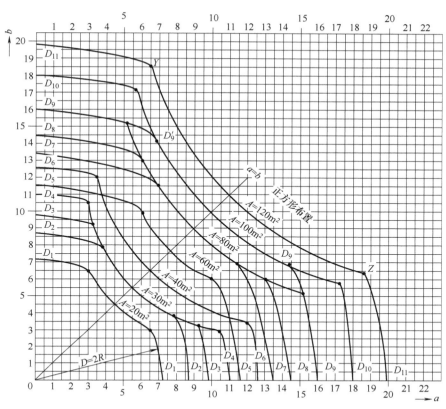

图 4-11　探测器的安装间距 a、b 的极限曲线

图中，A 为探测器的保护面积（m^2）；a、b 为探测器的安装间距（m）；$D_1 \sim D_{11}$（含 D_9'）为在不同保护面积 A 和保护半径 R 下确定探测器安装间距 a、b 的极限曲线；Y、Z 为极限曲线的端点（在 Y 和 Z 两点间的曲线范围内，保护面积可以得到充分利用）。

风顶棚孔口的水平距离应不小于 0.5m。

7）探测器与灯具的水平净距应不小于 0.2m，感温探测器与高温光源灯具（如碘钨灯，容量大于 100W 的白炽灯等）的净距应不小于 0.5m。

8）当屋顶有热屏障时，点型感烟火灾探测器下表面至顶棚或屋顶的距离应符合表 4-4 的规定。

9）锯齿形屋顶和坡度大于 15°的人字形屋顶，应在每个屋脊处设置一排探测器，探测器下表面至屋顶最高处的距离应符合表 4-4 的规定。

表 4-4　感烟探测器下表面距顶棚（或屋顶）的距离　　　　（单位：mm）

探测器安装高度 h/m	屋顶或顶棚坡度 θ					
	$\theta \leqslant 15°$		$15° < \theta \leqslant 30°$		$\theta > 30°$	
	最小	最大	最小	最大	最小	最大
$h \leqslant 6$	30	200	200	300	300	500
$6 < h \leqslant 8$	70	250	250	400	400	600
$8 < h \leqslant 10$	100	300	300	500	500	700
$10 < h \leqslant 12$	150	350	350	600	600	800

10）探测器宜水平安装，当必须倾斜安装时，倾斜角不应大于45°。

11）在电梯井、升降机井设置探测器时，其位置宜在井道上方的机房顶棚上。

12）楼梯间或斜坡道，可按垂直距离每10~15m高处安装一只探测器。为便于维护管理方便，应在房间面对楼梯平台上设置。

4.3 火灾报警控制器

火灾报警控制器是一种为火灾探测器供电、接收、转换、处理和传递火灾报警信号，进行声光报警，并对自动消防等装置发出控制信号的报警装置。火灾报警控制器是火灾自动报警控制系统的核心部分，可以独立构成自动监测报警系统，也可以与灭火装置构成完整的火灾自动监控消防系统。

4.3.1 火灾报警控制器的功能

火灾报警控制器将报警与控制融为一体，其功能可归纳如下：

1. 火灾声光报警

当火灾探测器、手动报警按钮或其他火灾报警信号单元发出火灾报警信号时，控制器能迅速、准确地接收、处理此报警信号，进行火灾声光报警。一方面由报警控制器本身的报警装置发出报警，指示具体火警部位和时间，另一方面控制现场的声、光报警装置发出报警。

现代消防系统使用的报警显示常常分为预告报警的声光显示及紧急报警的声光显示。

1）预告报警是在探测器已经动作，即探测器已经探测到火灾信息，但火灾处于燃烧的初期，如果此时能用人工方法及时去扑灭火灾，而不必动用消防系统的灭火设备，对于"减少损失，有效灭火"来说，是十分有益的。

2）紧急报警则是表示火灾已经被确认，火灾已经发生，需要动用消防系统的灭火设备快速扑灭火灾。

实现两者的区别，最简单的方法就是在被保护现场安置两种灵敏度的探测器，其中高灵敏度探测器作为预告报警用；低灵敏度探测器则用作紧急报警。

2. 联动输出控制功能

火灾报警控制器应具有一对以上的输出控制接点，在发出火警信号的同时，经适当延时，还能发出灭火控制信号，启动联动灭火设备。

3. 故障声光报警

火灾报警控制器为确保其安全可靠长期不间断运行，还对本机某些重要线路和元部件进行自动监测，一旦出现线路断线、短路及电源欠电压、失电压等故障，及时发出有别于火灾的故障声光报警。

4. 声报警消声及再声响功能

当火灾报警控制器出现火灾报警或故障报警后，可首先手动消除声报警，但光的信号继续保留。消声后，当再次出现其他区域火灾或其他设备故障时，设备能自动恢复并报警。

5. 火灾报警优先功能

当火灾与故障同时发生或者先故障而后火灾（故障与火灾不应发生在同一探测部位）时，故障声光报警能让位于火灾声光报警。

区域报警控制器与集中报警控制器配合使用时，区域报警控制器应向集中报警控制器优先发出火灾报警信号，集中报警控制器立刻进行火灾自动巡回检测。当火灾消失并经人工复位后，如果区域内故障仍未排除，则区域报警控制器还能再发出故障声光报警，表明系统中某报警回路的故障仍然存在，应及时排除。

6. 信息显示与查询功能

控制器信息显示按火灾报警、监管报警及其他状态顺序由高至低排列信息显示等级，高等级的状态信息应优先显示，低等级状态信息显示不应影响高等级状态信息显示，显示的信息应与对应的状态一致且易于辨识。当控制器处于某一高等级状态显示时，应能通过手动操作查询其他低等级状态信息，各状态信息不应交替显示。

7. 联网功能

智能建筑中的消防自动报警与联动控制系统既能独立地完成火灾信息的采集、处理、判断和确认，实现自动报警与联动控制，又能通过网络通信方式与建筑物内的安保中心及城市消防中心实现信息共享和联动控制。

4.3.2 火灾报警控制器的类型

火灾报警控制器可按其技术性能和使用要求进行分类，常用的分类方法大致如下：

1. 按容量分类

（1）单路火灾报警控制器 单路火灾报警控制器仅处理一个回路的探测器工作信号，一般仅用在某些特殊的联动控制系统。

（2）多路火灾报警控制器 多路火灾报警控制器能同时处理多个回路的探测器工作信号，并显示具体报警部位。相对而言，它的性价比较高，也是目前最常见的使用类型。

2. 用途分类

（1）区域火灾报警控制器 区域火灾报警控制器直接连接火灾探测器，处理各种报警信息，是组成自动报警系统最常用的设备之一。

（2）集中型火灾报警控制器 集中型火灾报警控制器连接探测器，有区域报警显示和较强的联动控制功能，常使用在较大型系统中。

（3）通用火灾报警控制器 通用火灾报警控制器兼有区域、集中两级火灾报警控制器的双重特点。通过设置或修改某些参数（可以是硬件或者软件方面），其既可在区域级使用，连接火灾探测器；又可在集中级使用，连接区域火灾报警控制器。

3. 按主机电路设计分类

（1）普通型火灾报警控制器 普通型火灾报警控制器电路设计采用通用逻辑组合形式，具有成本低廉、使用简单等特点，易于以标准单元的插板组合方式进行功能扩展，其功能一般较简单。

（2）微机型火灾报警控制器 微机型火灾报警控制器电路设计采用微机结构，对硬件及软件程序均有相应要求，具有功能扩展方便、技术要求复杂、硬件可靠性高等特点。目前绝大多数火灾报警控制器均采用此形式。

4. 按信号处理方式分类

（1）有阈值火灾报警控制器 使用有阈值的火灾探测器，处理的探测信号为阶跃开关量信号，对火灾探测器发出的报警信号不能进一步处理，火灾报警取决于探测器。

（2）无阈值模拟量火灾报警控制器 基本使用无阈值的火灾探测器，处理的探测信号为连续的模拟量信号。其报警主动权掌握在控制器方面，可以具有智能结构，是现代火灾报警控制器的发展方向。

5. 按系统连线方式分类

（1）多线制火灾报警控制器 探测器与控制器的连接采用一一对应方式。每个探测器至少有一根线与控制器连接，因此其连线较多，仅适用于小型火灾自动报警系统。

（2）总线制火灾报警控制器　控制器与探测器采用总线（少线）方式连接。所有探测器均并联或串联在总线上（一般总线数量为 2~4 根），具有安装、调试、使用方便，工程造价较低的特点，适用于大型火灾自动报警系统。

6. 按结构形式分类

（1）壁挂式火灾报警控制器　壁挂式火灾报警控制器连接探测器回路数相应少一些，控制功能较简单。一般区域火灾报警控制器常采用这种结构。

（2）台式火灾报警控制器　与壁挂式相比，连台式火灾报警控制器接探测器回路数较多，联动控制较复杂，操作使用方便，一般常见于集中火灾报警控制器。

（3）柜式火灾报警控制器　柜式火灾报警控制器与台式火灾报警控制器基本相同，内部电路结构大多设计成插板组合式，易于功能扩展。

7. 按使用环境分类

（1）陆用型火灾报警控制器　即最通用的火灾报警控制器。要求环境温度 -10~+50℃，相对湿度 ≤92%（40℃），风速 <5m/s，气压 85~106kPa。

（2）船用型火灾报警控制器　船用型火灾报警控制器工作环境温度、湿度等要求均高于陆用型的。

8. 按防爆性能分类

（1）非防爆型火灾报警控制器　无防爆性能，目前民用建筑中使用的绝大部分火灾报警控制器都属于这一类。

（2）防爆型火灾报警控制器　防爆型火灾报警控制器适用于易燃易爆场合。

4.3.3　火灾自动报警系统的主要形式

目前，总线制火灾自动报警系统获得广泛应用。在火灾自动报警系统与消防联动控制设备的组合方式上，总线制火灾自动报警系统的设计有两种常用的形式。

1. 消防报警系统与消防联动系统分体式

该系统主要特点是探测报警回路与联动控制回路分开。

（1）火灾报警控制器的主要特点

1）通过通信接口与联动控制器进行通信，实现对消防设备的自动、手动控制。

2）通过另一组通信接口与计算机连机，实现对智能楼宇的平面图、着火部位等的显示。

3）接收报警信号，可有 8 对（可扩展）输入总线，每对输入总线可带探测器和节点型信号127 个。

4）有输出总线，每对输出总线可带 31 台重复显示屏。

5）操作编程键盘能进行现场编程，进行自检和调看火警、断线的具体部位以及火警发生的时间和进行时钟的调整。

（2）短路隔离器　它用于二总线火灾报警控制器的输入总线回路中。一般每隔 10~20 只探测器或每一分支回路的前端安装短路隔离器，当发生短路时，隔离器可以将发生短路的这一部分与总线隔离，保证其余部分正常工作。

带编码的短路隔离器，内有二进制地址编码开关和继电器，可以现场编号。当发生短路时，能显示自身的地址和声、光故障报警信号，使继电器动作，与总线断开。此时，受控于该隔离器的全部探测器和节点型信号在控制器的地址显示面板上同样发出声光故障信号。排除短路故障后，控制器必须复位，短路隔离器才能恢复正常工作。

（3）系统输入模块　它在二总线火灾报警控制器上作为输入地址的各类信号（如探测器、水流指示器、消火栓等），必须配备输入模块上二进制地址编码开关的拨号，可明显地在控制器或重复显示屏等具有地址显示的地方表示其工作状态。

该系统的优点还表现在同一房间的多只探测器可用同一个地址编码，不影响火情的探测，方便控制器信号处理。

2. 消防报警系统与消防联动系统一体式

这种系统的设计思想是将报警控制器和联动控制器合二为一，报警控制器既能接收各种火警信号，又能发出声光报警信号和启动消防设备。其特点是整个报警系统的布线极大简化，设计与施工较为方便，便于降低工程造价，但由于报警系统与联动控制系统共用控制器总线回路，余度较小，系统整体可靠性略低。

3. 消防报警系统控制器的规模设计要求

考虑到系统运行的稳定性，每台火灾报警控制器所连接的火灾探测器、手动火灾报警按钮和模块等设备总数和地址总数均不应超过 3200 点，其中每一总线回路连接设备的总数不宜超过 200 点，且应留有不少于额定容量 10% 的余量；每台消防联动控制器地址总数或火灾报警控制器（联动型）所控制的各类模块总数不应超过 1600 点，每一联动总线回路连接设备的总数不宜超过 100 点，且应留有不少于额定容量 10% 的余量。控制器要求不但能自动联动控制，还能手动直接控制重要消防设备。

4.4　灭火控制

智能建筑设有消火栓、自动喷水灭火系统和固定式喷洒灭火剂灭火系统。要进行灭火控制，就必须掌握灭火剂的灭火原理、特点及适用场所，使灭火剂与灭火设备相配合，消防系统的灭火能力才能得以充分发挥。

常用灭火剂有水、二氧化碳（CO_2）、七氟丙烷，以及泡沫、干粉等。

灭火剂灭火的方法一般有三种：①冷却法；②窒息法；③化学抑制法。

4.4.1　水灭火系统

水是人类使用最久、最得力的灭火介质。在大面积火灾情况下，人们总是优先考虑用水去灭火。

水与火的接触中，吸收燃烧物的热量，而使燃烧物冷却下来，起到降温灭火的作用。水在吸收大量热的同时被汽化，并产生大量水蒸气阻止了外界空气再次侵入燃烧区，可使着火现场的氧（助燃剂）得以稀释，导致火灾由于缺氧而熄灭。在救火现场，由喷水枪喷出的高压水柱具有强烈的冲击作用，同样是水灭火的一个重要作用。

电气火灾、可燃粉尘聚集处发生的火灾、贮有大量浓硫酸或浓硝酸场所发生的火灾等，不能用水去灭火。一些与水能生成化学反应并产生可燃气体且容易引起爆炸的物质（如碱金属、电石、熔化的钢水及铁水等），由它们引起的火灾，也不能用水去扑灭，应采用相应气体灭火系统。

自动水灭火系统是最基本、最常用的消防设施。根据系统构成及灭火过程，基本分为两类，即室内消火栓灭火系统及室内自动喷洒水灭火系统。

1. 室内消火栓灭火系统

室内消火栓灭火系统由高位水箱（蓄水池）、消防水泵（加压泵）、管网、室内消火栓设备、水泵接合器以及阀门等组成。

室内消火栓设备由水枪、水带和消火栓（消防用水出水阀）组成。图 4-12 为室内消火栓灭火系统示意图。

消防水箱应设置在屋顶，宜与其他用水的水箱合用，让水箱中的水经常处于流动状态，以防止消防用水长期静止贮存而水质变坏发臭。设置两个消防水箱时，用联络管在水箱底部将它们

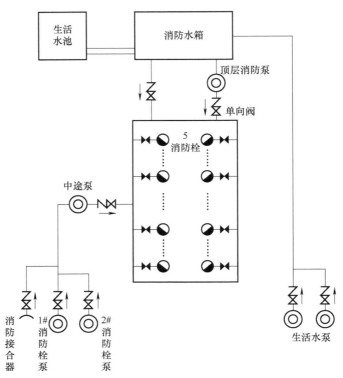

图 4-12　室内消火栓灭火系统示意图

连接起来，并在联络管上安设阀门，此阀门应处在常开状态。高位水箱应充满足够的消防用水，一般规定贮水量应能提供火灾初期消防水泵投入前 10min 的消防用水。10min 后的灭火用水要来自消防水泵从低位蓄水池所抽的水或市区供水管网向室内消防管网所注的水。

水箱下部的单向阀门是为防止消防水泵起动后消防管网的水进入消防水箱而设。

2. 室内自动喷洒水灭火系统

在高层建筑及建筑群体中，除了设置重要的消火栓灭火系统以外，还要求设置自动喷洒水灭火系统。自动喷洒水灭火系统具有系统安全可靠，灭火效率高，结构简单，使用、维护方便，成本低且使用期长等特点，在火灾的初期，灭火效果尤为明显。因此自动喷洒水灭火系统在智能建筑和高层建筑中得到广泛的应用，是目前国内外广泛采用的一种固定式消防灭火设备。

根据使用环境及技术要求，室内喷洒水灭火系统可分为湿式、干式、预作用式、雨淋式、水喷雾式及水幕式等多种类型。

（1）湿式喷洒水灭火系统　在自动喷水灭火系统中，湿式系统即充水式闭式自动喷水灭火系统是应用最广泛的一种。它随时监视火灾，是最安全可靠的灭火装置，适用于温度不低于 4℃（低于 4℃ 受冻）和不高于 70℃（高于 70℃ 失控，易误动作造成火灾）的场所。

湿式喷水灭火系统是由闭式洒水喷头、湿式报警阀、延迟器、水力警铃、压力开关（安在干管上）、水流指示器、管道系统、供水设施、报警装置及控制盘等组成，如图 4-13 所示，图中的主要部件见表 4-5。

湿式自动喷洒水灭火系统动作程序如图 4-14 所示。当发生火灾时，温度上升，喷头打开喷水，管网压力下降，报警阀后压力下降使阀门打开，接通管网和水源以供水灭火。管网中设置的水流指示器感应到水流动时，发出电信号。管网中压力开关因管网压力下降到一定值时，也发出电信号，起动水泵供水，消防控制室同时接到信号。

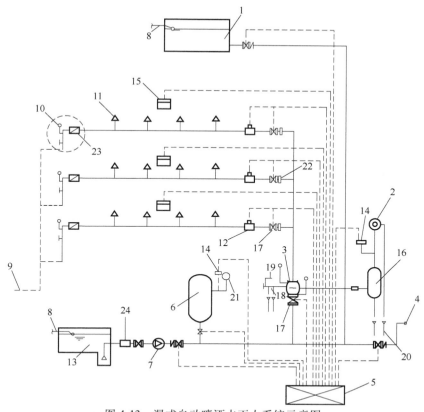

图 4-13 湿式自动喷洒水灭火系统示意图

表 4-5 湿式自动喷洒水灭火系统（图 4-13）**主要部件表**

编号	名 称	用 途	编号	名 称	用 途
1	高位水箱	储存初期火灾用水	13	水池	储存 1h 火灾用水
2	水力警铃	发出音响报警信号	14	压力开关	自动报警或自动控制
3	湿式报警阀	系统控制阀，输出报警水流	15	感烟探测器	感知火灾，自动报警
4	消防水泵接合器	消防车供水口	16	延迟器	克服水压液动引起的误报警
5	控制箱	接收电信号并发出指令	17	消防安全指示阀	显示阀门开闭状态
6	压力罐	自动起闭消防水泵	18	放水阀	试警铃阀
7	消防水泵	专用消防增压泵	19	放水阀	检修系统时，放空用
8	进水管	水源管	20	排水漏斗（或管）	排走系统的出水
9	排水管	末端试水装置排水	21	压力表	指示系统压力
10	末端试水装置	试验系统功能	22	节流孔板	减压
11	闭式喷头	感知火灾，出水灭火	23	水表	计量末端试验装置出水量
12	水流指示器	输出电信号，指示火灾区域	24	过滤器	过滤水中杂质

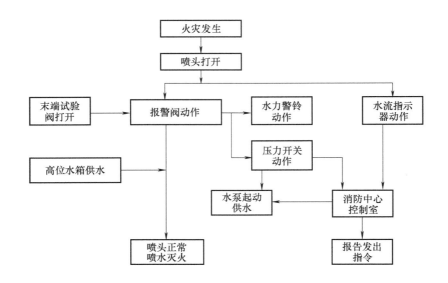

图 4-14　湿式自动喷洒水灭火系统动作程序图

　　系统中水流指示器（水流开关）的作用是把水的流动转换成电信号报警的部件，其电接点即可直接起动消防水泵，也可接通电警铃报警。

　　在多层或大型建筑的自动喷水灭火系统中，在每一层或每分区的干管或支管的始端须安装一个水流指示器。为了便于检修分区管网，水流指示器前宜装设安全信号阀。

　　封闭式喷头可以分为易熔合金式、双金属片式和玻璃球式三种。应用最多的是玻璃球式喷头，如图 4-15 所示。喷头布置在房间顶棚下边，与支管相连。在正常情况下，喷头处于封闭状态。火灾时，打开喷水是由感温部件（充液玻璃球）控制，当装有热敏液体的玻璃球达到动作温度（57℃、68℃、79℃、93℃、141℃、182℃）时，因球内液体膨胀，内部压力增大，使玻璃球炸裂，密封垫脱开，喷出压力水；喷水后，由于压力降低压力开关动作，将水压信号变为电信号向喷淋泵控制装置发出起动喷淋泵信号，保证喷头有水喷出；同时，流动的消防水使主管道分支处的水流指示器电接点动作，接通延时电路（延时 20~30s），通过继电器触点，发出声光信号给控制室，以识别火灾区域。所以闭式喷头具有探测火情、起动水流指示器、扑灭早期火灾的重要作用。

　　压力开关的原理是当湿式报警阀阀瓣开启后，其触点动作，发出电信号至报警控制箱，从而起动消防泵。报警管路上若装有延迟器，则压力开关应装在延迟器之后。

　　湿式报警阀是湿式喷水灭火系统中的重要部件，它安装在供水立管上，是一种直立式单向阀，连接供水设备和配水管网，必须十分灵敏。当管网中即使有一个喷头喷水，破坏了阀门上下的静止平衡压力，就必须立即开启，任何

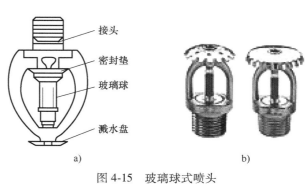

图 4-15　玻璃球式喷头
a）结构　b）外形

迟延都会耽误报警的发生。当系统开启时，报警阀打开，接通水源和配水管；同时部分水流通过阀座上的环形槽，经信号管道送至水力警铃，发出音响报警信号。

湿式报警阀平时阀芯前后水压相等，水通过导向杆中的水压平衡小孔保持阀板前后水压平衡，由于阀芯的自重和阀芯前后所受水的总压力不同，阀芯处于关闭状态（阀芯上面的总压力大于阀芯下面的总压力）。发生火灾时，闭式喷头喷水，由于水压平衡小孔来不及补水，报警阀上面的水压下降，此时阀下水压大于阀上水压，于是阀板开启，向洒水管网及洒水喷头供水，同时水沿着报警阀的环形槽进入延迟器、压力继电器及水力警铃等设施，发出火警信号并起动消防水泵等设施。

控制阀的上端连接报警阀，下端连接进水立管，是检修管网及灭火后更换喷头时关闭水源的部件。它应一直保持常开状态，以确保系统使用。

放水阀的作用是进行检修或更换喷头时放空阀后管网余水。

警铃管阀门是检修报警设备，应处于常开状态。

水力警铃用于火灾时报警，宜安装在报警阀附近，其连接管的长度不宜超过 6m，高度不宜超过 2m，以保证驱动水力警铃的水流有一定的水压。

延迟器是一个罐式容器，安装在报警阀与水力警铃之间，用以防止由于水源压力突然发生变化而引起报警阀短暂开启，或对因报警阀局部渗漏而进入警铃管道的水流起一个暂时容纳作用，从而避免虚假报警。在火灾真正发生时，喷头和报警阀相继打开，水流源源不断地大量流入延迟器，30s 左右充满整个容器，然后冲入水力警铃。

试警铃阀用于人工试验检查，打开试警铃阀泄水，报警阀能自动打开，水流应迅速充满延迟器，并使压力开关及水力警铃立即动作报警。

喷水管网的末端应设置末端试水装置，宜与水流指示器一一对应，可用于对系统进行定期检查。

压力罐要与稳压泵配合，用来稳定管网内水的压力。通过装设在压力罐上的电接点压力表的上、下限接点，使稳压泵自动在高压力时停止和低压力时起动，以确保水的压力在设计规定的压力范围内，保证消防用水正常供应。

（2）干式喷洒水灭火系统　干式自动喷水灭火系统适用于室内温度低于 4℃ 或高于 70℃ 的建筑物和场所，它是除湿式系统以外使用历史最长的一种闭式自动喷水灭火系统，主要由闭式喷头、管网、干式报警阀、充气设备、报警装置和供水设备等组成。平时报警阀后管网充以有压气体，水源至报警阀的管段内充以有压水。空气压缩机把压缩空气通过单向阀压入干式阀至整个管网之中，把水阻止在管网以外（即干式阀以下）。

系统工作原理是当火灾发生时，闭式喷头周围的温度升高，在达到其动作温度时，闭式喷头的玻璃球爆裂，喷水口开放。但首先喷射出来的是空气，随着管网中压力下降，水即顶开干式阀门流入管网，并由闭式喷头喷水灭火。

（3）预作用喷灭火系统　该系统中设有一套火灾自动报警装置，即系统中使用感烟探测器，火灾报警更为及时。当发生火灾时，火灾自动报警系统首先报警，并通过外联触点打开排气阀，迅速排出管网内领先充好的压缩空气，使消防水进入管网。当火灾现场温度升高至闭式喷头动作温度时，喷头打开，系统开始喷水灭火。因此在系统喷水灭火之前的预作用，不但使系统能更及时地火灾报警，同时也克服了干式喷水灭火系统在喷头打开后，必须先放走管网内压缩空气才能喷水灭火而耽误的灭火时间，也避免了湿式喷水灭火系统存在消防水渗漏而污染室内装修的弊病。

预作用喷水灭火系统由火灾探测系统、闭式喷头、预作用阀及充以有压或无压气体的管道组成。喷头打开之前，管道内气体排出，并充以消防水。

预作用喷水灭火系统集中了湿式与干式灭火系统的优点，同时可做到及时报警，因此在智能楼宇中得到广泛的应用。

（4）雨淋喷水灭火系统　该系统采用开式喷头，开式喷头无温感释放元件，按结构有双臂下垂型、单臂下垂型、双臂直立型和单臂直立型四种。当雨淋阀动作后，保护区上所有开式喷头便一起自动喷水，大面积均匀灭火，效果十分显著。但这种系统对电气控制要求较高，不允许有误动作或不动作现象。此系统适用于需要大面积喷水灭火并需快速制止火灾蔓延的危险场所，如剧院舞台、大型演播厅等。

雨淋喷水灭火系统由高位水箱、喷洒水泵、供水设备、雨淋阀、管网、开式喷头及报警器、控制箱等组成。该系统在结构上与湿式喷水灭火系统类似，只是该系统采用了雨淋阀而不是湿式报警阀。如前所述，在湿式喷水灭火系统中，湿式报警阀在喷头喷水后便自动打开，而雨淋阀则是由火灾探测器起动、打开，使喷淋泵向灭火管网供水。因此雨淋阀的控制要求自动化程度较高，且安全、准确、可靠。

雨淋喷水灭火系统中设置的火灾探测器，除能打开雨淋阀外，还能将火灾信号及时输送至报警控制柜（箱），发出声、光报警，并显示灭火地址，因此，雨淋喷水灭火系统还能及早地实现火灾报警。

（5）水幕系统　该系统的开式喷头沿线状布置，将水喷洒成水帘幕状，发生火灾时主要起阻火、冷却、隔离作用，是不以灭火为主要直接目的的一种系统。该系统适用于需防火隔离的开口部位，如舞台与观众之间的隔离水帘、消防防火卷帘的冷却等。

水幕系统由火灾探测报警装置、雨淋阀（或手动快开阀）、水幕喷头、管道等组成。平时管网内不蓄水，当发生火灾时自动或手动打开控制阀门后，水才进入管网，从水幕喷头喷水。

当发生火灾时，探测器或人发现后，电动或手动开启控制阀（可以是雨淋阀、电磁阀、手动阀门），管网中有水后，通过水幕喷头喷水，进行阻火、隔火、冷却防火隔断物等。

（6）水喷雾灭火系统　水喷雾灭火系统属于固定式灭火设施，根据需要可设计成移动式。移动式喷头可作为固定装置的辅助喷头。固定式灭火系统的起动方式，可设计成自动控制和手动控制，但自动控制必须同时设置手动操作装置。手动操作装置应设在火灾时容易接近便于操作的地方。

水喷雾灭火系统由开式喷头、高压给水加压设备、雨淋阀、感温探测器、报警控制盘等组成。

水的雾化质量好坏与喷头的性能及加工精度有关，该系统用喷雾喷头把水粉碎成细小的水雾滴之后喷射到正在燃烧的物质表面，通过表面冷却、窒息以及乳化、稀释的同时作用实现灭火。

水喷雾具有多种灭火机理，使其具有适用范围广的优点，可以提高扑灭固体火灾的灭火效率，同时水雾不会造成液体火飞溅，电气绝缘性好，因此在扑灭可燃液体火灾、电气火灾中得到了广泛应用。

4.4.2　气体灭火系统

气体灭火系统适用于不能采用水或泡沫灭火而又比较重要的场所，如变配电室、通信机房、计算机房等重要设备间。根据使用的不同气体灭火剂，可分为二氧化碳、七氟丙烷等气体灭火系统。

1. 二氧化碳灭火系统

二氧化碳灭火的基本原理是依靠二氧化碳对火灾的窒息、冷却和降温作用。二氧化碳挤入着火空间时，空气中的含氧量明显减少，火灾由于助燃剂（氧气）的减少而最后"窒息"熄灭。同时，二氧化碳由液态变成气态时，将吸收着火现场大量的热量，从而使燃烧区温度大大降低，同样起到灭火作用。

由于二氧化碳灭火具有不沾污物品、无水渍损失、不导电及无毒等优点，因此被广泛应用在扑救各种易燃液体火灾、电气火灾，以及重要设备、机房、电子计算机房、图书馆、珍宝库、科研楼及档案楼等发生的火灾。

二氧化碳气体在常温、常压下是一种无色、无味、不导电的气体，不具腐蚀性。二氧化碳密度比空气大，从容器放出后将沉积在地面。二氧化碳对人体有危害，具有一定毒性，当空气中二氧化碳含量在15%以上时，会使人窒息死亡。固定式二氧化碳灭火系统应安装在无人场所或不经常有人活动的场所，特别注意要经常维护管理，防止二氧化碳的泄漏。

按系统应用场合，二氧化碳灭火系统通常可分为全充满二氧化碳灭火系统及局部二氧化碳灭火系统。

（1）全充满二氧化碳灭火系统 所谓全充满系统也称全淹没系统，由固定在某一特定地点的二氧化碳钢瓶、容器阀、管道、喷嘴、控制系统及辅助装置等组成。此系统在火灾发生后的规定时间内，使被保护封闭空间的二氧化碳浓度达到灭火浓度，并使其均匀充满整个被保护区的空间，将燃烧物体完全淹没在二氧化碳中。

全充满系统在设计、安装与使用上都比较成熟，因此是一种应用较为广泛的二氧化碳灭火系统。

（2）局部二氧化碳灭火系统 局部灭火系统的构成与全淹没式灭火系统基本相同，只是灭火对象不同。局部灭火系统主要针对某一局部位置或某一具体设备、装置等。其喷嘴位置要根据不同设备来进行不同的排列，每种设备各自有不同的具体排列方式，无统一规定。原则上，应该使喷射方向与距离设置得当，以确保灭火的快速性。

（3）二氧化碳灭火系统自动控制 二氧化碳灭火系统的自动控制包括火灾报警显示、灭火介质的自动释放灭火，以及切断被保护区的送、排风机，关闭门窗等的联动控制。

火灾报警由安置在保护区域的火灾报警控制器实现，灭火介质的释放同样由火灾探测器控制电磁阀自动实现。系统中设置两路火灾探测器（感烟、感温），两路信号形成"与"的关系，当报警控制器只接收到一个独立火警信号时，系统处于预警状态，当两个独立火灾信号同时发出时，报警控制器处于火警状态，确认火灾发生，自动执行灭火程序。再经大约30s的延时，自动释放灭火介质。

下面以图4-16所示二氧化碳灭火系统为例，说明灭火系统中的自动控制过程。

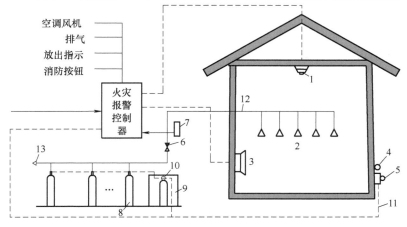

图 4-16 二氧化碳灭火系统例图

1—火灾探测器 2—喷头 3—警报器 4—放气指示灯 5—手动起动按钮 6—选择阀 7—压力开关
8—二氧化碳钢瓶 9—起动气瓶 10—电磁阀 11—控制电缆 12—二氧化碳管线 13—安全阀

111

发生火灾时，被保护区域的火灾探测器探测到火灾信号（或由消防按钮发出火灾信号）后驱动火灾报警控制器发出火灾声、光报警，同时又发出主令控制信号，起动容器上的电磁阀开启二氧化碳钢瓶，自动释放灭火介质，并快速灭火。与此同时，火灾报警控制器还发出联动控制信号，停止空调风机、关闭防火门等，并延时一定时间，待人员撤离后，再发送信号关闭房间，并发出火灾声响报警。待二氧化碳喷出后，报警控制器发出指令，使置于门框上方的放气指示灯点亮，提醒室外人员不得进入。火灾扑灭后，报警控制器发出排气指示，说明灭火过程结束。

装有二氧化碳灭火系统的保护场所（如变电所或配电室），一般都在门口加装选择开关，可就地选择自动或手动操作方式。当有工作人员进入里面工作时，为防止意外事故，即避免有人在里面工作时喷出二氧化碳影响健康，必须在入室之前把开关转到手动位置，离开时关门之后复归自动位置。同时也为避免无关人员乱动选择开关，宜用钥匙型转换开关。

2. 七氟丙烷气体灭火系统

七氟丙烷是一种无色无味，可低压液化贮存的以化学灭火方式为主的气体灭火剂，其毒性比卤代烷灭火剂小，具有不导电，无二次污染，灭火效能高，对电器、电子设备无腐蚀及污损的特点，特别适用于有人员工作的场所，如计算机房、通信中心、图书馆、配电房等重要场所的保护。

（1）七氟丙烷灭火系统分类　七氟丙烷灭火系统按使用和组成方式可分成有管网七氟丙烷灭火系统和无管网柜式七氟丙烷灭火装置。

1）有管网七氟丙烷灭火系统由七氟丙烷贮存瓶、容器阀、氮气瓶组、电磁驱动装置、选择阀、单向阀、集流管、连接管、信号反馈装置、喷头等部件组成。需要设置专用的气瓶间。

2）无管网柜式七氟丙烷灭火装置由七氟丙烷贮存瓶、容器阀、电磁驱动装置、连接管、信号反馈装置、喷头等部件组成。不需要设置专用的气瓶间。

（2）七氟丙烷气体灭火系统控制方式　七氟丙烷气体灭火系统有如下三种控制方式：

1）自动控制方式。控制器上控制方式选择开关，置于"自动"位置时，灭火装置处于自动控制状态。当只有一种探测器发出火灾信号时，控制器即发出异常声光信号，通知有异常情况发生，而并不起动灭火装置；当两种探测器同时发出火灾信号时，探测器会发出火灾声光报警，通知火灾发生，请有关人员撤离现场，并向控制中心发出火灾信号，控制器发出联动指令，关闭风机、防火阀等联动设备，经过30s延时后，发出灭火指令，起动电磁驱动装置，释放灭火剂实施灭火，门口放气指示灯会显示放气勿入。

为防止因探测器误动作引起灭火剂释放，或火灾较小值班人员能自行扑灭等在报警过程中发现不需起动灭火装置的情况，可按下手动控制盒内或控制器上的紧急停止按钮，阻止控制器灭火指令的发出，不起动灭火装置，以免造成不必要的浪费和混乱。

2）电气手动控制方式。将控制器上的控制方式选择开磁置于"手动"位置时，灭火装置处于电气手动控制状态。在该控制方式下，当探测器发出火灾信号时，控制器发出火灾声光报警，但并不起动灭火装置。工作人员可通过按下紧急起动按钮，起动灭火装置，实施灭火。

每个保护区门口和控制主机面板上都有一个紧急起动按钮，如果确定某个保护区有火情，可以在门口按紧急起动按钮，也可以在控制器面板上按紧急起动按钮进行放气灭火。

3）机械应急手动控制方式。当控制系统失效时，可通过机械应急手动起动灭火装置，实施灭火。

（3）灭火系统工作流程　七氟丙烷灭火系统工作流程图如图4-17所示。

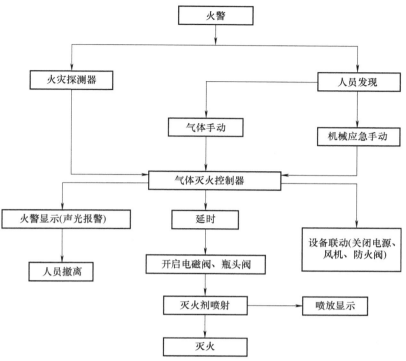

图 4-17　七氟丙烷灭火系统工作流程图

4.5　消防联动控制系统

消防联动控制系统是火灾自动报警系统中的一个重要组成部分，通常由消防联动控制器、模块（包括输入模块、输出模块、输入输出模块和中继模块）、气体灭火控制器、消防电气控制装置（包括各类消防泵、防排烟风机、双电源等控制设备）、消防设备应急电源、消防应急广播设备、消防电话、传输设备、消防控制室图形显示装置、消防电动装置、消火栓按钮等全部或部分设备组成。

4.5.1　消防联动控制系统设计总体要求

1）消防联动控制器应能按设定的控制逻辑向各相关的受控设备发出联动控制信号，并接受相关设备的联动反馈信号。

通常在火灾报警后经逻辑确认（或人工确认），联动控制器应在 3s 内按设定的控制逻辑准确发出联动控制信号给相应的消防设备，当消防设备动作后将动作信号反馈给消防控制室并显示。

2）消防联动控制器的电压控制输出采用直流 24V。

3）各受控设备接口的特性参数应与消防联动控制器发出的联动控制信号相匹配，保证系统兼容性和可靠性。

4）消防水泵、防烟和排烟风机的控制设备，除应采用联动控制方式外，还应在消防控制室设置手动直接控制装置。

4.5.2　消火栓系统的联动控制设计

1）联动控制方式应将消火栓系统出水干管上设置的低压压力开关、高位消防水箱出水管上设置的流量开关或报警阀压力开关等的动作信号作为触发信号，直接控制起动消火栓泵。联动控制不应受消防联动控制器处于自动或手动状态影响。当设置消火栓按钮时，消火栓按钮的动作信号应作为报警信号及起动消火栓泵的联动触发信号，由消防联动控制器联动控制消火栓泵的起动。

2）手动控制方式应将消火栓泵控制箱（柜）的启动、停止按钮用专用线路直接连接至设置在消防控制室内的消防联动控制器的手动控制盘，并应直接手动控制消火栓泵的起动、停止。

3）消火栓泵的动作信号应反馈至消防联动控制器。

4.5.3　自动喷水灭火系统的联动控制设计

湿式系统的联动控制设计应符合下列规定：

1）联动控制方式时，应由湿式报警阀压力开关的动作信号作为触发信号，直接控制起动喷淋消防泵，联动控制不应受消防联动控制器处于自动或手动状态影响。

2）手动控制方式时，应将喷淋消防泵控制箱（柜）的起动、停止按钮用专用线路直接连接至设置在消防控制室内的消防联动控制器的手动控制盘，直接手动控制喷淋消防泵的起动、停止。

3）水流指示器、信号阀、压力开关、喷淋消防泵的起动和停止的动作信号应反馈至消防联动控制器。

4.5.4　气体灭火系统、泡沫灭火系统的联动控制设计

1）气体灭火系统、泡沫灭火系统应分别由专用的气体灭火控制器、泡沫灭火控制器控制。

2）气体灭火控制器、泡沫灭火控制器直接连接火灾探测器时，气体灭火系统、泡沫灭火系统的自动控制方式应符合下列规定：

① 应由同一防护区域内两只独立的火灾探测器的报警信号、一只火灾探测器与一只手动火灾报警按钮的报警信号或防护区外的紧急起动信号，作为系统的联动触发信号，探测器的组合宜采用感烟火灾探测器和感温火灾探测器。

② 气体灭火控制器、泡沫灭火控制器在接收到满足联动逻辑关系的首个联动触发信号后，应起动设置在该防护区内的火灾声光警报器，且联动触发信号应为任一防护区域内设置的感烟火灾探测器、其他类型火灾探测器或手动火灾报警按钮的首次报警信号；在接收到第二个联动触发信号后，应发出联动控制信号，且联动触发信号应为同一防护区域内与首次报警的火灾探测器或手动火灾报警按钮相邻的感温火灾探测器、火焰探测器或手动火灾报警按钮的报警信号。

3）气体灭火控制器、泡沫灭火控制器不直接连接火灾探测器时，气体灭火系统、泡沫灭火系统的联动触发信号应由火灾报警控制器或消防联动控制器发出，其联动触发信号和联动控制要求与气体灭火控制器、泡沫灭火控制器直接连接火灾探测器时一致。

4）气体灭火系统、泡沫灭火系统的手动控制方式应符合下列规定：

① 在防护区疏散出口的门外应设置气体灭火装置、泡沫灭火装置的手动起动和停止按钮，手动起动按钮按下时气体灭火控制器、泡沫灭火控制器应执行联动操作；手动停止按钮按下时，气体灭火控制器、泡沫灭火控制器应停止正在执行的联动操作。

② 气体灭火控制器、泡沫灭火控制器上应设置对应于不同防护区的手动起动和停止按钮，手动起动按钮按下时，气体灭火控制器、泡沫灭火控制器应执行联动操作；手动停止按钮按下时，气体灭火控制器、泡沫灭火控制器应停止正在执行的联动操作。

另外，现场工作人员确认火灾探测器报警信号后，也可通过机械应急操作开关打开选择阀和瓶头阀喷放灭火剂实施灭火。

4.5.5　防排烟系统的联动控制设计

1) 防烟系统的联动控制方式应符合下列规定:

① 应由加压送风口所在防火分区内的两只独立的火灾探测器或一只火灾探测器与一只手动火灾报警按钮的报警信号,作为送风门打开和加压送风机起动的联动触发信号,并应由消防联动控制器联动控制相关层前室等需要加压送风场所的加压送风口打开和加压送风机起动。

通常加压风机的吸气口设有电动风阀,此阀与加压风机联动,加压风机起动,电动风阀打开;加压风机停止,电动风阀关闭。

② 应由同一防烟分区内且位于电动挡烟垂壁附近的两只独立的感烟火灾探测器的报警信号,作为电动挡烟垂壁降落的联动触发信号,并应由消防联动控制器联动控制电动挡烟垂壁的降落。

2) 排烟系统的联动控制方式应符合下列规定:

① 应由同一防烟分区内的两只独立的火灾探测器的报警信号,作为排烟口、排烟窗或排烟阀打开的联动触发信号,并应由消防联动控制器联动控制排烟口、排烟窗或排烟阀的打开,同时停止该防烟分区的空气调节系统。

② 应由排烟口、排烟窗或排烟阀开启的动作信号,作为排烟风机起动的联动触发信号,并应由消防联动控制器联动控制排烟风机的起动。串接排烟口的反馈信号应并接,作为起动排烟机的联动触发信号。

3) 防烟系统、排烟系统的手动控制方式。应能在消防控制室内的消防联动控制器上手动控制送风口、电动挡烟垂壁、排烟口、排烟窗、排烟阀的打开或关闭及防烟风机、排烟风机等设备的起动或停止。防烟、排烟风机的起动、停止按钮应采用专用线路直接连接至设置在消防控制室内的消防联动控制器的手动控制盘,并应直接手动控制防烟、排烟风机的起动、停止。

4) 送风口、排烟口、排烟窗或排烟阀打开和关闭的动作信号,防烟、排烟风机起动和停止及电动防火阀关闭的动作信号,均应反馈至消防联动控制器。

5) 排烟风机入口处的总管上设置的280℃排烟防火阀在关闭后应直接联动控制风机停止,排烟防火阀及风机的动作信号应反馈至消防联动控制器。

4.5.6　防火门及防火卷帘系统的联动控制设计

1) 防火门系统的联动控制设计,应符合下列规定:

① 应由常开防火门所在防火分区内的两只独立的火灾探测器或一只火灾探测器与一只手动火灾报警按钮的报警信号,作为常开防火门关闭的联动触发信号,联动触发信号应由火灾报警控制器或消防联动控制器发出,并应由消防联动控制器或防火门监控器联动控制防火门关闭。

② 疏散通道上各防火门的打开、关闭及故障状态信号应反馈至防火门监控器。

2) 防火卷帘的升降应由防火卷帘控制器控制。

3) 疏散通道上设置的防火卷帘的联动控制设计,应符合下列规定:

① 联动控制方式时,防火分区内任两只独立的感烟火灾探测器或任一只专门用于联动防火卷帘的感烟火灾探测器的报警信号应联动控制防火卷帘下降至距楼板面 1.8m 处;任一只专门用于联动防火卷帘的感温火灾探测器的报警信号应联动控制防火卷帘下降到楼板面;在卷帘的任一侧距卷帘纵深 0.5~5m 内应设置不少于 2 只专门用于联动防火卷帘的感温火灾探测器。

② 手动控制方式时,防火卷帘两侧设置的手动控制按钮控制防火卷帘的升降。

设置在疏散通道上的防火卷帘,主要用于防烟、人员疏散和防火分隔,因此需要两步降落方式。防火分区内的任两只感烟探测器或任一只专门用于联动防火卷帘的感烟火灾探测器的报警信号联动控制防火卷帘下降至距楼板面 1.8m 处,是为了保障防火卷帘能及时动作,以起到防烟作用，避免烟雾经此扩散，既起到防烟作用又可保证人员疏散。感温火灾探测器动作表示火已蔓延到该处，此时人员已不可能从此逃生，因此，防火卷帘下降到底，起到防火分隔作用。地下车库车辆通道上的防火卷帘也应按疏散通道上的防火卷帘的设置要求设置。在卷帘的任一侧离卷帘纵深 0.5~5m 内设置不少于 2 只专门用于联动防火卷帘的感温火灾探测器，是为了保障防火卷帘在火势蔓延到防护卷帘前及时动作，也是为了防止单只探测器由于偶发故障而不能动作。

4）非疏散通道上设置的防火卷帘的联动控制设计，应符合下列规定：

① 联动控制方式，应由防火卷帘所在防火分区内任两只独立的火灾探测器的报警信号，作为防火卷帘下降的联动触发信号，并应联动控制防火卷帘直接下降到楼板面。

② 手动控制方式，应由防火卷帘两侧设置的手动控制按钮控制防火卷帘的升降，并应能在消防控制室内的消防联动控制器上手动控制防火卷帘的降落。

5）防火卷帘下降至距楼板面 1.8m 处、下降到楼板面的动作信号和防火卷帘控制器直接连接的感烟、感温火灾探测器的报警信号，应反馈至消防联动控制器。

4.5.7 电梯的联动控制设计

1）消防联动控制器应具有发出联动控制信号强制所有电梯停于首层或电梯转换层的功能。

2）电梯运行状态信息和停于首层或转换层的反馈信号，应传送给消防控制室显示，轿厢内应设置能直接与消防控制室通话的专用电话。

4.5.8 火灾警报和消防应急广播系统的联动控制设计

1）火灾自动报警系统应设置火灾声光警报器，并应在确认火灾后启动建筑内的所有火灾声光警报器。

2）未设置消防联动控制器的火灾自动报警系统，火灾声光警报器应由火灾报警控制器控制；设置消防联动控制器的火灾自动报警系统，火灾声光警报器应由火灾报警控制器或消防联动控制器控制。

3）公共场所宜设置具有同一种火灾变调声的火灾声警报器；具有多个报警区域的保护对象，宜选用带有语音提示的火灾声警报器，可直观地提醒人们发生了火灾；学校、工厂等各类日常使用电铃的场所，不应使用警铃作为火灾声警报器。

4）火灾声警报器设置带有语音提示功能时，应同时设置语音同步器。

5）同一建筑内设置多个火灾声警报器时，火灾自动报警系统应能同时起动和停止所有火灾声警报器工作。

6）火灾声警报器单次发出火灾警报时间宜为 8~20s，若同时设有消防应急广播，火灾声警报应与消防应急广播交替循环播放。实践证明，火灾时，先鸣警报装置，高分贝的啸叫会刺激人的神经使人立刻警觉，然后再播放广播通知疏散，如此循环进行效果更好。

7）集中报警系统和控制中心报警系统应设置消防应急广播。

8）消防应急广播系统的联动控制信号应由消防联动控制器发出。当确认火灾后，应同时向全楼进行广播。

9）消防应急广播的单次语音播放时间宜为 10~30s，应与火灾声警报器分时交替工作，可采取 1 次火灾声警报器播放、1 次或 2 次消防应急广播播放的交替工作方式循环播放。

10）在消防控制室应能手动或按预设控制逻辑联动控制选择广播分区、启动或停止应急广播系统，并应能监听消防应急广播。在通过传声器进行应急广播时，应自动对广播内容进行录音。

11）消防控制室内应能显示消防应急广播的分区工作状态。

12）消防应急广播与普通广播或背景音乐广播合用时，应具有强制切入消防应急广播的功能。

4.6 火灾自动报警与控制的工程设计

通常火灾自动报警与控制系统的设计有两种方案：一种是消防报警系统与消防联动系统合二为一，另一种是消防报警系统与消防联动系统各自独立。

火灾自动报警与控制的工程设计一般分为两个阶段，即方案及初步设计阶段和施工图设计阶段。第一个阶段是第二个阶段的准备、计划、选择方案的阶段，第二阶段是第一阶段的实施和具体化阶段。一项优秀设计不仅要精心绘制工程图纸，更要重视方案的设计、比较和选择。

4.6.1 基本设计要求

1. 设计依据

工程设计应按照上级批准的内容进行，应根据建设单位（甲方）的设计要求和工艺设备清单去进行设计。如果建设单位提供不了必要的设计资料，设计者可以协助甲方调研编制，然后经甲方确认，作为甲方提供的设计资料。

设计者应摘录列出与火灾报警消防系统设计有关的文件"规程"和"规范"，及有关设计手册等资料的名称，作为设计依据。

我国消防法规的分类大致有五类：即建筑设计防火规范、系统设计规范、设备制造标准、安全施工验收规范及行政管理法规。设计者只有掌握了这五大类的消防法规，才能在设计中应用自如、准确无误。

2. 设计原则

安全可靠、使用方便、技术先进、经济合理。精心设计，认真施工，把好设计与施工质量关，才能成就优质的百年大业工程。

3. 设计范围

根据设计任务要求和有关设计资料，说明火灾报警及消防项目设计的具体内容及分工（当有其他单位共同设计时）。

4.6.2 方案及初步设计

进行方案及初步设计之前，应详细了解建设单位对火灾报警消防的基本要求，了解建筑类型、结构、功能特点、室内装饰与陈设物品材料等情况，以便确定火灾报警与消防的类型、规模、数量、性能等特点。具体设计步骤如下：

1）确定防火等级。防火等级一般分为重点建筑防火与非重点建筑防火两个等级。重点建筑也就是一类建筑，包括高级住宅，54m及其以上的普通住宅、医院、百货商场、展览楼、财贸金融楼、电信楼、广播楼、省级邮政楼、高级旅馆、高级文化娱乐场所、重要办公楼及科研楼、图书馆、档案楼，建筑高度超过50m的教学楼和普通旅馆、办公楼、科研楼、图书馆、档案楼等。二类建筑即非重点防火建筑，包括建筑高度大于27m但不大于54m的普通住宅，建筑高度不超过50m的教学楼和普通旅馆、歌舞厅、办公楼、科研楼、图书楼、档案楼、省级以下邮政楼等。应该根据建筑物的使用性质、火灾危险性、疏散和扑救难度等来确定建筑物的防火等级。

2）确定供电方式和配电系统。火灾自动报警系统是以年为单位长期连续不间断工作的自动监视火情的系统，因此应采用双路供电方式，并应配有备用电源设备（蓄电池或发电机），以保证消防用电的不间隔断性，如图4-18所示。消防电源应是专用、独立的，应与正常照明及其他用电电源分开设置。火灾时，正常供电负荷电源被断掉（必须切断正常电源），仅保留消防供电电源工作。因此所有与火灾报警及消防有关的设备和器件，都应由消防电源单独供电，而不能与正常照明及其他用电电源混用。

3）划分防火分区（报警区域）、防排烟系统分区、消防联动管理控制系统，确定控制中心、控制屏/台的位置和火灾自动报警装置的设置。

4）确定火灾警报、通信及广播系统。应根据工程特点及经济条件（资金情况）来确定规格和类型。

5）设置分区标志、疏散诱导标志及事故照明等的位置、数量及安装方式。这应该根据防火分区和疏散路线、标志符号、标准规定等来确定。

6）应与土建、暖通、给水排水等专业密切配合，以免设计失当，影响工程设计进度和质量。设计者应在总的防火规范指导下，在与各专业密切合作的前提下，进行火灾报警与控制的工程设计。

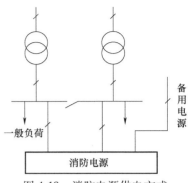

图 4-18　消防电源供电方式

表4-6为工程设计项目与电气专业配合关系表。电气系统设计内容应与工程项目内容紧密配合，并与之相适应，才能有效地保证整个工程设计质量。

表 4-6　工程设计项目与电气专业配合关系表

序号	设 计 项 目	电气专业配合内容
1	建筑物高度	确定电气防火设计范围
2	建筑防火分类	确定电气消防设计内容和供电方式
3	防火分区	确定区域报警范围、选用探测器种类
4	防烟分区	确定防排烟系统控制方案
5	建筑物室内用途	确定探测器形式类别和安装位置
6	构造耐火极限	确定各电气设备设置部位
7	室内装修	选择探测器形式类别、安装方法
8	家具	确定保护方式、采用探测器类型
9	屋架	确定屋架探测方法和灭火方式
10	疏散时间	确定紧急疏散标志、事故照明时间
11	疏散路线	确定事故照明位置和疏散通路方向
12	疏散出口	确定标志灯位置，指示出口方向
13	疏散楼梯	确定标志灯位置，指示出口方向
14	排烟风机	确定控制系统与联动装置
15	排烟口	确定排烟风机联动系统
16	排烟阀门	确定排烟风机联动系统
17	防火卷帘门	确定探测器联动方式

(续)

序号	设 计 项 目	电气专业配合内容
18	电动安全门	确定探测器联动方式
19	送回风口	确定探测器位置
20	空调系统	确定有关设备的运行显示及控制
21	消火栓	确定人工报警方式与消防泵联动控制
22	喷淋灭火系统	确定动作显示方式
23	气体灭火系统	确定人工报警方式、安全起动和运行显示方式
24	消防水泵	确定供电方式及控制系统
25	水箱	确定报警及控制方式
26	电梯机房及电梯井	确定供电方式、探测器的安装位置
27	竖井	确定使用性质、采取隔离火源的各种措施，必要时放置探测器
28	垃圾道	设置探测器
29	管道竖井	根据井的结构和性质，采取隔离火源的各种措施，必要时放置探测器
30	水平输送带	穿越不同防火区，采取封闭措施

4.6.3 施工图设计

方案设计完成后，根据项目设计负责人及消防主管部门审查意见，进行调整修改设计方案，之后便可开始施工图的设计。设计过程中要注意与各专业的配合。

1）绘制总平面布置图及消防控制中心、分区示意系统图、消防联动控制系统图。对于一栋高层建筑来说，不可能在一张图上把各楼层平面图都画出来。当各楼层结构、用途不同时，应分别画出各楼层平面图。当然，如果几个楼层结构、用途都相同时，便可以由同一张平面图代表，在图上注明该图适应哪些层。

2）绘制各层消防电气设备平面图。

3）绘制探测器布置系统图。图中应包括地上地下各层探测器布置数量、类型及连线数，连接非编码探测器模块、控制模块，手动报警按钮的数量及连线数，在各层电缆井口处从有层分线箱。系统图应与平面图对应符合。

4）绘制区域与集中报警系统图。该图也可与探测器布置系统图联合画出。如果不设区域报警器时，则应画出各层显示器及其连接线数。

5）绘制火灾广播系统图。该图应单独画出，图中包括广播控制器（柜）、各层扬声器数量、连线数、分线箱等。

6）绘制火灾事故照明平面布置图。应分楼层画出位置和数量。

7）绘制疏散诱导标志照明系统图。该图应分层画出标志灯、事故照明灯数量、连接线数。

8）绘制电动防火卷帘门控制系统图。图中包括各层卷帘门数量及连线数、控制电路等。

9）绘制联动电磁锁控制系统图。电磁锁是电磁铁机构，防火阀、排烟阀、排烟口、防火门等消防设备中都有该控制机构。图中应画出各层器件数量及连线数。应经过各层分线箱接线。

10）绘制消防电梯控制系统图。图中包括控制电路、电梯数及连线数。

11）绘制消防水泵控制系统图。图中包括水泵启、停控制电路、数量及连线数。

12）绘制防排烟控制系统图。图中包括排烟风机控制电路、数量及连接线。

13）绘制消防灭火设备控制图。图中包括灭火设备类型、数量、连线、控制电路等。

14）绘制消防电源供电系统图、接线图。所有上面各项报警消防设备的电源，都取自专用消防电源，所以各图均应注明引入电源取自消防电源，而不能与普通电源混用。

除以上各图外，必要时还应画出安装详图，或参考建筑电气安装工程图集中的做法。

思　考　题

1. 火灾自动报警系统有哪几种形式？

2. 简述集中报警系统组成与适用场合。

3. 简述火灾自动报警系统的工作原理。

4. 火灾探测器有哪些类型？各自的使用（检测）对象是什么？

5. 线型与点型感烟火灾探测器有哪些区别？各适用于什么场合？

6. 简述吸气式感烟火灾探测器工作原理与适用场合。

7. 何谓定温、差温、差定温感温探测器？

8. 选择火灾探测器的原则是什么？

9. 火灾报警控制器的功能是什么？

10. 通过对几种类型的喷洒水灭火系统的分析比较，说明它们的特点及应用场合。

11. 简述湿式喷洒水灭火系统的灭火过程，并画出系统结构示意图。

12. 简述二氧化碳灭火系统的灭火原理及控制过程。

13. 画出七氟丙烷灭火系统的灭火控制流程图。

14. 防排烟系统的联动控制设计应注意哪些事项？

15. 消火栓系统的联动控制设计应注意哪些事项？

16. 火灾警报和消防应急广播系统的联动控制设计应注意哪些事项？

17. 消防设计的内容有哪些？

18. 火灾报警与联动控制系统平面图、系统图应表示哪些内容？

第 **5** 章

安全技术防范系统

5.1 概述

"安全防范"是公安保卫系统的专门术语，是指以维护社会公共安全为目的，防入侵、破坏、防火、防暴和安全检查等措施。本章将在第 4 章的基础上，介绍公共安全系统的另一个系统——安全技术防范系统。

安全技术防范系统是指以建筑物自身物理防护为基础，按照防护对象的防护等级、安全防范管理等要求，运用电子信息技术、信息网络技术和安全防范技术所构成的系统，包括安全防范综合管理（平台）和入侵报警、视频安防监控、出入口控制、电子巡查、访客对讲、停车库（场）管理系统，或由这些系统为子系统组合或集成的电子系统或网络。其中，视频安防监控系统和入侵报警系统是最主要的组成部分。在弱电工程中，安全技术防范系统被称为安防自动化系统（Security Automation System，SAS）。

5.1.1 安全技术防范系统组成

智能建筑安全技术防范系统组成如图 5-1 所示。

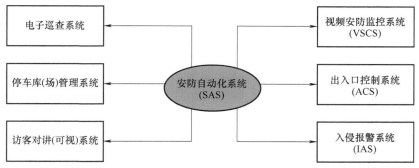

图 5-1 智能建筑安全技术防范系统组成

1. 入侵报警系统

入侵报警系统（Intruder Alarm System，IAS），是利用传感器技术和电子信息技术探测并指示非法进入或试图非法进入设防区域的行为、处理报警信息、发出报警信息的电子系统或网络。

2. 视频安防监控系统

视频安防监控系统（Video Surveillance & Control System，VSCS），是利用视频技术探测、监视设防区域并实时显示、记录现场图像的电子系统或网络。

3. 出入口控制系统

出入口控制系统（Access Control System，ACS），是利用自定义符识别或/和模式识别技术对出入口目标进行识别，并控制出入口执行机构启闭的电子系统或网络。

4. 电子巡查系统

电子巡查系统（Guard Tour System），是对保安巡查人员的巡查路线、方式及过程进行管理和控制的电子系统。

5. 停车库（场）管理系统

停车库（场）管理系统（Parking Lots Management System），是对进、出停车库（场）的车辆进行自动登录、监控和管理的电子系统或网络。

6. 访客对讲（可视）系统

访客对讲（可视）系统也可称为楼宇保安对讲（可视）系统，适用于高层及多层公寓（包括公寓式办公楼）、别墅住宅的访客管理，是保障住宅安全的必备设施。

5.1.2 安全技术防范系统的发展

近年来，尤其是随着现代化科学技术的飞速发展，高新技术的普及与应用，犯罪分子的犯罪手段也更智能化、复杂化，隐蔽性也更强，从而促使安全技术防范系统不论在器材上还是在系统功能上都飞速地发展。主要体现在以下三个方面：

1. 前端设备集成化和智能化

随着集成电路与计算机技术发展，多传感器融合、智能计算的引入，安全防范设备不断地推陈出新。现在无论是视频监控摄像机、入侵报警探测器，还是出入口控制和可视对讲设备等，都呈现出产品多样化、功能集成化、信号处理智能化的特征。例如，防盗报警装置易产生误报一直困扰着使用者，而使用多重探测和内置微处理芯片技术，对各种传感器信号进行一定的判别、比较和记忆分析，可大大降低误报率。在视频监控系统中，智能计算技术的引入，监控主机与计算机相连，形成综合型监控系统，自动进行行为探测、车辆车牌识别、移动探测，具备入侵报警、消防联动、门禁控制等综合联动功能。

2. 系统组成数字化和网络化

在信息技术、智能化、网络化的信息浪潮冲击下，物业管理方便、智能化程度高、高品质的全数字监控系统应运而生，取代了传统模拟监控系统，它代表着监控系统的发展方向，数字化和网络化是安全防范技术必然的发展趋势，将具有更深、更广的应用范围。

3. 服务平台化与标准化

随着物联网、云计算等技术在安防领域的应用，安全防范技术工程服务模式呈平台化趋势。在安全防范各子系统应用中，主流安防厂商通常以安防智能化服务模块的方式提供给客户，对软件平台及其配套硬件设备进行整合的需求与日俱增，整合方案的目标是兼容性、稳定性、安全性，其标准也越来越趋于统一。

5.2 入侵报警系统

入侵报警系统可以自动探测发生在布防监测区域内的侵入行为，产生报警信号，并辅助提示值班人员发生报警的区域部位，显示可能采取的对策。

入侵报警系统是预防抢劫、盗窃等意外事件的重要设施。一旦发生突发事件，就能通过声光报警信号在安保控制中心准确显示出事地点，便于迅速采取应急措施。

5.2.1 入侵报警系统组网方式

入侵报警系统通常由前端设备（包括探测器和紧急报警装置）、传输设备、处理（控制与管理）设备和显示（记录）设备四个部分构成。

根据信号传输方式的不同，入侵报警系统组网方式可为分线制、总线制、无线制和公共网络四种。

1. 分线制

分线制是探测器、紧急报警装置通过多芯电缆与报警控制主机之间采用一对一专线相连的组网方式，如图 5-2 所示。

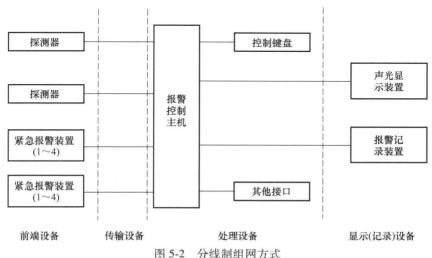

图 5-2　分线制组网方式

2. 总线制

总线制是探测器、紧急报警装置通过其相应的编址模块与报警控制主机之间采用报警总线（专线）相连的组网方式，如图 5-3 所示。

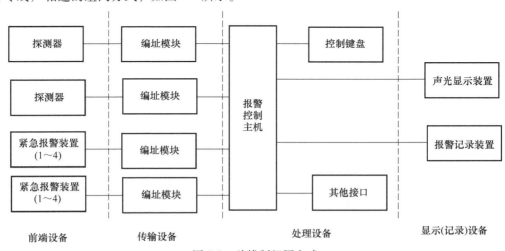

图 5-3　总线制组网方式

3. 无线制

无线制是探测器、紧急报警装置通过其相应的无线设备与报警控制主机通信的组网方式，

123

其中一个防区内的紧急报警装置不得大于 4 个, 如图 5-4 所示。

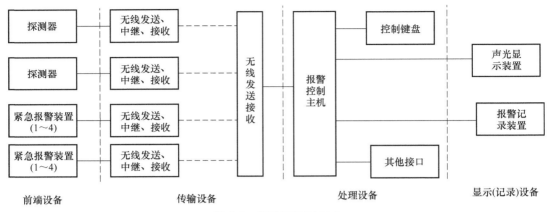

图 5-4　无线制组网方式

4. 公共网络

探测器、紧急报警装置通过现场报警控制设备（或网络传输接入设备）与报警控制主机之间采用公共网络相连的组网方式。公共网络可以是有线网络，也可以是有线、无线混合网络，如图 5-5 所示。

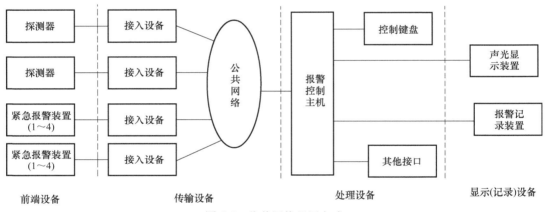

图 5-5　公共网络组网方式

入侵报警系统以上四种组网方式可以单独使用，也可以组合使用；可单级使用，也可多级使用。

5. 2. 2　入侵报警探测器

入侵报警探测器简称入侵探测器，它是用来探测入侵者的移动或其他动作的电子及机械部件组成的装置。是入侵报警系统的触觉部分，相当于人的眼睛、鼻子、耳朵、皮肤等，感知现场的温度、湿度、照度、压强、电流等各种物理量的变化，并将其按照一定的规律转换成适于传输的电信号。

入侵探测器具有多种类别。按使用场合，可分为室内型、室外型入侵探测器；按探测技术原理区分，可分雷达、微波、红外、声控、振动等类型；按探测器工作方式区分，可分主动式和被动式两类；按探测信号输出方式，可分为常开式和常闭式两种。

常用的入侵报警探测器及基本工作原理如下：

1. 开关

开关是探测器最基本、最简单有效的装置，常用的有手动开关、微动开关和门磁开关等，如图 5-6 所示。手动开关安装在桌面上下，其他一般装在门窗上。开关可分为常开和常闭两种，常开式常处于开路，当有情况（如门、窗被推开）时开关就闭合，使电路导通而报警，这种方式优点是平时开关不耗电，缺点是如果电线被剪断或接触不良将使其失效。常闭式则相反，平常开关为闭合，异常时打开，使电路断路而报警。该方法优点是，在线路被剪断或线路有故障时会启动报警，但当罪犯在断开回路之前用导线将其短路，就会使其失效。

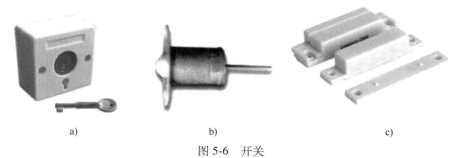

a)　　　　　　　　　　b)　　　　　　　　　　c)

图 5-6　开关

a）手动开关　b）微动开关　c）门磁开关

2. 光束遮断式探测器

光束遮断式探测器又称为主动红外探测器，原理是用肉眼看不到红外线光束张成的一道保护开关，探测光束是否被遮断。目前用得最多的是红外线对射式，它由一个红外线发射器和一个接收器以相对方式布置组成（图 5-7）。当非法入侵者横跨门窗或其他防护区域时，挡住了不可见的红外光束，从而引发报警。为防止非法入侵者可能利用另一个红外光束来瞒过探测器，探测器的红外线先调制到指定的频率再发送出去，而接收器也必须配有频率与相位鉴别电路来判别光束的真伪或防止日光等光源的干扰。该探测器一般较多用于周界防护探测，是用来警戒院落周边最基本的探测器。

3. 被动式红外探测器

被动式红外探测器（Passive Infrared Detector，PIR），又称热感式红外探测器，其特点是不需要附加红外辐射光源，本身不向外界发射任何能量，而是探测器直接探测来自移动目标的红外辐射，因此才有被动式之称，如图 5-8 所示。任何物体（包括生物和矿物体），因表面温度不同都会发出强弱不同的红外线，各种不同物体辐射的红外线波长也不同，人体辐射的红外线

图 5-7　主动红外探测器

波长是在 $10\mu m$ 左右，而被动式红外探测器件的探测波范围 $8 \sim 14\mu m$，因此能较好地探测到活动的人体跨入禁区段，从而发出警戒报警信号。被动式红外探测器按结构、警戒范围及探测距离的不同可分为单波束型和多波束型两种。单波束型采用反射聚焦式光学系统，其警戒视角较窄，一般小于 $5°$，但作用距离较远（可达百米）。多波束型采用透镜聚集式光学系统，用于大视角警戒，可达 $90°$，但作用距离一般只有几米到十几米，一般用于对重要出入口入侵警戒及区域防护。

4. 微波探测器

在探测技术中，光电型探测器控制区域小，红外型探测器易受外界温度、气候等条件影响，而微波探测器（图 5-9）能克服上述入侵报警探测器的缺点。微波探测器的特点是立体探测、范围探测，辐射角范围可以覆盖 60°~70°，甚至可以更大，受气候条件、环境变化的影响较小。同时，由于微波有着穿透非金属物质的特点，所以微波探测器能安装在隐蔽之处，或外加修饰物，不容易被人察觉，能起到良好的防范作用。

图 5-8　被动式红外探测器　　　　　　　　图 5-9　微波探测器

微波探测器的工作原理是利用目标的多普勒效应。多普勒效应是指当发射源和被测目标之间有相对径向运动时，接收到的信号频率将发生变化。人体在不同的运动速度下产生的多普勒频率是音频段的低频。所以，只要检出这个多普勒频率就能获得人体运动的信息，达到检测运动目标的目的，完成报警传感功能。

5. 玻璃破碎探测器

玻璃破碎探测器（图 5-10）使用压电式拾音器，装在面对玻璃面的位置，用于对高频的玻璃破碎声音进行有效检测。其对玻璃破碎时产生的特殊频率信号敏感，但对风吹动窗户、行驶车辆产生的振动无反应。玻璃破碎探测器中的压电陶瓷片在外力作用下产生扭曲、变形时将会在其表面产生电荷，用于检测（10~15）kHz 的玻璃破碎声音，而对 10kHz 以下的声音信号（如说话、走路声）有较强的抑制作用。

图 5-10　玻璃破碎探测器

目前多采用双探测技术，以降低误报率，如声控-震动型，是将声控与振动探测两种技术组合在一起，只有同时探测到玻璃破碎时发出的高频声音信号和敲击玻璃引起的振动，才输出报警信号。

6. 振动探测器

振动探测器是在探测范围内机械振动（冲击）能引起的产生报警信号的装置，一般由振动传感器、适调放大器和触发器组成。振动探测器必须要有机械位移才能产生信号，适合于如文件柜、保险箱等特殊物件的保护，也适宜于与其他系统结合使用，以防止盗贼破墙而入。某些情况下，振动探测器可为有人员在保护区内活动的特殊物件提供保护。

7. 视频移动探测器

视频移动探测器又称为景象探测器，多采用电荷耦合器件 CCD 作为遥测传感器，是通过检测被检测区域的图像变化来报警的一种装置。由于是通过检测移动目标闯入摄像机的监视视野而引起的视频图像的变化，所以又称为视频运动探测器或动目标探测报警器。视频报警器利用类比对数字转换器，把图像的像素转换成数字信号存在存储器中，然后与以后每一幅图像相比较，如果有很大的差异，说明有物体的移动。

目前，视频移动探测功能通常已通过视频监控系统的前端摄像机来完成。

8. 超声波探测器

超声波探测器是利用人耳听不到的超声波段（频率高于20000Hz）的机械振动波来作为探测源的报警器，又称为超声波报警器，也是用来探测移动物体的空间型探测器。

9. 双技术探测器

双技术探测器，又称为双鉴探测器（图5-11），是将两种探测技术结合在一起，通过复合探测来触发报警，即只有当两种探测器同时或者相继在短暂时间内都探测到目标时，才可发出报警信号，从而进一步提高报警可靠性。目前使用较多的有微波-被动红外双鉴探测器和超声波-被动红外双鉴探测器。

图5-11　双鉴探测器

10. 泄露电缆传感器

泄露电缆传感器一般用来组成周界防护。该传感器由平行埋在地下的两根泄露同轴电缆组成：一根泄露同轴电缆与发射机相连，向外发射能量，另一根泄露同轴电缆与接收机相连，用来接收能量。发射机发射的高频电磁能（频率为30MHz～300MHz）经发射电缆向外辐射，部分能量耦合到接收电缆。收发电缆之间的空间形成一个椭圆形的电磁场的探测区域。当非法入侵者进入探测区域时，改变了电磁场，使接收电缆接收的电磁场信号发生了变化，发出报警信息，起到了周界防护作用。

11. 电子围栏探测器

电子围栏探测器一般用来组成周界防护。根据采用的原理不同可分为拉力式和高压脉冲式探测器。拉力式有直接利用机械开关的断开与否来判断的，也有利用称重原理做成的开关，其特点是围栏的检测线上没有电压，根据拉力的大小判断是否达到报警设置值，产生报警信号。高压脉冲式是在围栏的高压线上加载周期性的高压脉冲电压（一般8000～10000V，1次／s），利用电子技术检测接收端是否定期接收到高压的脉冲信号，若超过规定周期没有接收到脉冲信号，则发出报警信息，起到周界防护作用。

随着新技术的引入，目前已不断开发出许多更高性能的新探测器产品（如振动光纤探测器等），这里不一一描述，探测器选择是否恰当，布置是否合理，将直接影响报警系统的质量。在设计入侵报警系统时，要对现场进行仔细分析，根据需要首先确定探测器选型，进而完成整体规划。

常用入侵探测器的选型要求参见表5-1。

5.2.3　报警接收与处理主机

1. 报警控制器

报警控制器是入侵报警接受与处理主机（图5-12），负责对下层探测设备的管理，同时向报警控制中心传送管理区域内报警情况。一个报警控制器一般含有设（撤）防控制装置和显示装置，能够方便看出所管辖区域内的探测器状态。

报警控制器将某区域内的所有防盗防侵入传感器组合在一起，形成一个防盗管区，一旦发生报警，则在报警控制器上可以一目了然地看出报警区域所在。报警控制器目前以多回路分区防护为主流，自带防区通常为8～16回路居多，也有以总线形式引入可扩展到上百路分区的报警控制器，视系统规模可分为小型报警控制器和联网型报警控制器。

通常一个报警控制器、探测器加上声光报警设备就可以构成一个简单的报警系统，但对于整个智能楼宇来说，必须设置安保控制中心来对整个入侵报警系统进行管理和系统集成。

一般来说，报警控制器应具有以下功能：

表 5-1　常用入侵探测器的选型要求

名称	适应场所与安装方式		主要特点	安装设计要点	适宜工作环境和条件	不适宜工作环境和条件	附加功能
超声波多普勒探测器	室内空间型	吸顶	没有死角且成本低	水平安装，距地宜小于3.6m	警戒空间要有较好密封性	简易或密封性不好的室内; 有活动物和可能活动的; 环境嘈杂，附近有金属打击声、汽笛声、电铃等高频声响	智能鉴别技术
		壁挂		距地2.2m左右，透镜的法线方向宜与入侵方向呈180°			
微波多普勒探测器	室内空间型	壁挂式	不受声、光、热的影响	距地1.5～2.2m，严禁对着房间内的外墙、外窗。透镜的法线方向宜与入侵方向呈180°	可在环境噪声较强，光变化、热变化较大的条件下工作	有活动物和可能活动的; 微波高频电磁场环境; 防护区域内有过大、过厚的物体	平面天线技术; 智能鉴别技术
被动红外入侵探测器	室内空间型	吸顶	被动式（多台交叉使用互不干扰），功耗低，可靠性较好	水平安装，距地宜小于3.6m	日常环境噪声，温度在15～25℃时探测效果最佳	背景有热冷变化，如冷热气流、强光照射等; 背景温度接近人体温度; 强电磁场合等	自动温度补偿技术; 抗小动物干扰技术; 抗强光干扰技术; 智能鉴别技术
		壁挂		距地2.2m左右，透镜的法线方向宜与入侵方向呈90°			
		楼道		距地2.2m左右，视场面对楼道			
		幕帘		在顶棚与立墙的拐角处，透镜的法线方向宜与窗户平行	窗户内窗台合较大或与窗户平行的墙面无遮挡; 其他与上同	窗户内窗台合较小或与窗户紧贴窗帘窗符安装的墙有遮挡或紧靠墙面安装; 其他与上同	
微波和被动红外复合入侵探测器	室内空间型	吸顶	误报警少（与被动红外探测器相比），可靠性较好	水平安装，距地宜小于4.5m	日常环境噪声，温度在15～25℃时，探测效果最佳	背景温度接近人体温度; 小动物频繁出没场合等	双-单转换型; 自动温度补偿技术; 抗小动物干扰技术; 防遮挡技术; 智能鉴别技术
		壁挂		距地2.2m左右，透镜的法线方向宜与入侵方向呈135°			
		楼道		距地2.2m左右，视场面对楼道			
被动式玻璃破碎探测器	室内空间型: 有吸顶、壁挂等		被动式; 仅对玻璃破碎等高频声响敏感	所要保护的玻璃应在探测器保护范围之内，并应尽量靠近所要保护探测玻璃附近的端壁或屋顶上，具体按说明书的安装要求进行	常环境噪声	环境嘈杂，附近有金属打击声、汽笛声、电铃等高频声响	智能鉴别技术

名称	使用场所	特点	安装要求	适用环境	不适用环境	其他
振动入侵探测器	室内、室外	被动式	墙壁、顶棚、玻璃；室外地面表层物下面，最好与防护栏网或桩柱连接实现刚性连接	远离振源	地质板结的冻土或土质松软的泥土地，时常引起振动或环境过于嘈杂的场合	智能鉴别技术
主动红外人侵探测器	室内、室外（室内机不能用于室外）	红外脉冲、便于隐蔽	红外光路不能有阻挡物；严禁阳光直射接收机及透镜内；防止人侵者从光路下方或上方侵入	室内同界控制；室外"静态"干燥气候	室外恶劣气候，有浓雾、毛毛雨的场所，特别是经常出没的地域或灌木丛、杂草、树叶树枝多的地方	
遮挡式微波入侵探测器	室内、室外周界控制	受气候影响	高度应一致，一般为设备直作用高度的一半	无高频电磁场存在场所；收发机间无遮挡物	高频电磁场存在的场所；收发机间有可能遮挡物	报警控制设备宜有智能鉴别技术
振动电缆入侵探测器	室内、室外均可	可与室内外各种实体周界配合使用	在围栏、房屋墙体、围墙内侧或外侧高度的2/3处。网状围栏上安装应满足产品安装要求	非嘈杂振动环境	嘈杂振动环境	报警控制设备宜有智能鉴别技术
泄漏电缆入侵探测器	室内、室外均可	可随地形埋设；可埋入墙体	埋入地面上要尽量避开金属堆积物	两探测电缆间无活动物体；无高频电磁场存在场所	高频电磁场存在场所；两探测电缆间有易活动物体（如灌木丛等）	报警控制设备宜有智能鉴别技术
磁开关入侵探测器	各种门、窗、抽屉等	体积小、可靠性好	舌簧管置于门窗等的固定框上，磁铁置于门窗等的活动部位上，两者宜安装在产生位移最小的位置，其间距应满足产品安装要求	非强磁场存在情况	强磁场存在情况	在特制门窗使用时宜选用特制门窗专用门磁开关
紧急报警装置	用于可能发生直接威胁生命安全的场所（如金融营业场所、收银室、值班室等）	利用人工启动，如手动报警开关、脚踢报警开关等发出报警信号	要隐蔽安装，一般安装在紧急情况下人员易可靠触发的部位	日常工作环境		防误触发措施，触发报警后能自锁，复位需采用人工再操作方式

（1）布防与撤防功能　正常工作时，工作人员频繁进入探测器所在区域，探测器的报警信号不能起报警作用，这时报警控制器需要撤防。下班过后，因人员减少需要布防，使报警系统投入正常工作。布防条件下探测器有报警信号时，报警控制器就要发出警报。

图 5-12　防盗报警主机

（2）布防后的延时功能　如果布防时，操作人员正好在探测区域之内，这就需要报警控制器能延时一段时间，待操作人员离开后再生效，这就是布防后的延时功能。

（3）防破坏功能　如果有人对线路和设备进行破坏，报警控制器应发生报警。常见的破坏如线路短路、断路或设备外壳被非法打开等，报警控制器在连接探测器的线路上加以一定的电流，如果断线，则线路上的电流为零，如果短路，则电流太大超过正常值，上述任何一种情况发生，都会引起报警器报警，从而达到防破坏的目的。

（4）联网功能　作为智能楼宇自动控制系统设备，必须具有联网通信功能，以便把本区域的报警信息送到防灾入侵报警控制中心，由控制中心完成数据分析处理，以提高系统的可靠性等指标。特别是重点报警部位应与视频安防监控系统联动，自动切换到该报警部位的图像画面，自动录像，并自动打开夜间照明，进行联动。

2. 报警中继器

报警中继器（图 5-13），也称为区域控制器，负责对下层报警设备的管理，同时向报警控制中心传送管理区域内报警情况。一个报警中继器一般可管理多个报警控制器。

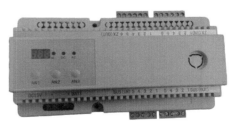

a)　　　　　　　　　　　　　　　　b)

图 5-13　报警中继器
a）报警中继器（周界使用）　b）报警中继器（室内使用）

一般来说，报警中继器应具有以下功能：

（1）防破坏功能　如果有人对线路和设备进行破坏，报警中继器应发生报警。常见的破坏如线路短路、断路或设备外壳被非法打开等，都会引起中继器报警，从而达到防破坏的目的。

（2）联网功能　能够把报警控制器上来的信号转发给报警控制中心，把控制中心下发的信号转发给所管理的报警控制器。

3. 报警控制中心

报警控制中心一般由两部分组成，一是负责接收报警信号的接警管理主机（图 5-14），二是报警管理软件，负责对系统内所有报警信号进行记录、管理等。

一般来说，接警管理主机应具有以下功能：

（1）防破坏功能　如果有人对线路和设备进行破坏，接警管理主机应发生报警。常见的破坏如线路短路、断路或设备外壳被非法打开等，都会引起接警管理主机报警，从而达到防破坏目的。

图 5-14　接警管理主机

（2）联网功能　能够把报警系统上传的信号转发给管理软件，把控制中心下发的信号转发给所管理的报警控制器和中继器。

（3）电子地图显示功能　能局部放大报警部位，并发出声、光报警提示等。

（4）记录功能　能够在接警管理软件关闭或安装管理软件的服务器故障时，记录报警系统的报警和设备信息，并在接警管理软件恢复时，把所记录的信息自动发送到接警管理软件中进行管理。

5.3　视频安防监控系统

安防技术的发展，实际上主要是看其核心的视频监控技术的发展。而安防视频监控技术的发展，已从第一代的全模拟系统，到第二代的部分数字化与全数字化系统，再到第三代的全数字高清化系统的发展演变，向第四代智能化的网络视频监控系统的方向发展，如图 5-15 所示。随着图像压缩标准、用于图像压缩的 DSP 处理器性能、视频处理的产品快速发展，尤其是 IT 技术及其企业不断进入到安防行业后，安防视频监控技术及其产品的日新月异，并伴同 IT 相关技术迅猛发展。

图 5-15　视频安防监控技术发展

目前，视频监控系统是全数字化网络，具有集成化、高清化、智能化特点。

1. 集成化

视频监控数字化的进步推动了网络化的飞速发展，让视频监控系统的结构由集中式向集散式、多层分级的结构发展，使整个网络系统硬件和软件资源及任务和负载都得以共享，同时为系统集成与整合奠定了基础。

集成化有两方面含义，一是芯片集成；二是系统集成。芯片集成从开始的 IC（Integrated Circuit）功能级芯片，到 ASIC（Application Specific Integrated Circuit）专业级芯片，发展到 SOC（System-on-a-chip）系统级芯片，再到现在的 SOC 的延伸 SIP（System in Package）产品级芯片。也就是说，它从单一功能级发展到一个系统的产品级芯片了。显然，系统的产品体积大大减小，促进了产品的小型化。同时，由于元器件大大减少，因此提高了产品的可靠性与稳定性。

系统集成包括前端硬件一体化和软件系统集成化两方面。视频监控系统前端一体化意味着多种技术的整合、嵌入式构架、适用性和适应性更强及不同探测设备的整合输出。硬件之间的接入模式直接决定了其是否具有可扩充性和信息传输是否能快速反应，如网络摄像机由于其本身集成了音（视）频压缩处理器、网卡、解码器的功能，使得其前端可扩充性加强。视频监控软件系统集成化，可使视频监控系统与弱电系统中其他各子系统间实现无缝连接，从而实现在统一的操作平台上进行管理和控制，使用户操作起来更加方便。

2. 高清化

在安防行业，传统监控系统可达到标准清晰度，进行数字编码后，一般可以达到 4CIF

（Common Intermediate Format）或 D1 的分辨率，约为 44 万像素，其清晰度在 300~500TVL（TV Line，电视线）之间。采用高清网络摄像机的 IP 监控，如果要达到 800TVL 的清晰度，其分辨率至少要达到 1280×720 的标准，约 90 万像素。清晰度更高的是，宽高比为 16∶9 的网络摄像机，对应分辨率为 1920×1080；宽高比为 4∶3 的网络摄像机，对应分辨率为 1600×1200。安防行业更多的是借用电视领域的高清划分标准，俗称为高清和标清。

高清即高分辨率。高清视频监控就是为了解决人们在正常监控过程中细节看不清的问题。实质上，高清是现代视频监控系统由网络化向智能化发展的需要，"高清"一词是为了提高智能视频分析的准确性从高清电视中引用而来。高清的定义最早来源于数字电视领域，高清电视又称为 HDTV（High Definition Television），是由美国电影电视工程师协会确定的高清晰度电视标准格式。电视的清晰度是以水平扫描线数作为计量的。

高清的划分方式如下：

1080i 格式：标准数字电视显示模式，1125 条垂直扫描线，1080 条可见垂直扫描线，显示模式为 16∶9，分辨率为 1920×1080，隔行 60Hz，行频为 33.75kHz。

720p 格式：标准数字电视显示模式，750 条垂直扫描线，720 条可见垂直扫描线，显示模式为 16∶9，分辨率为 1280×720，逐行 60Hz，行频为 45kHz。

1080p 格式：是标准数字电视显示模式，1125 条垂直扫描线，1080 条可见垂直扫描线，显示模式为 16∶9，分辨率为 1920×1080，逐行扫描，专业格式。

高清电视，就是指支持 1080i、720p 和 1080p 的电视标准。这一原本用于广电行业的高清视频标准目前也已被视频监控行业作为公认的技术标准而普遍沿用。

3. 智能化

智能化视频监控的真正含义是，系统能够自动理解（分析）图像并进行处理。系统从视读走向机读，正是安防系统需要实现的目标。系统由目视解释转变为自动解释，是视频监控技术的飞跃，是安防技术发展的必然。智能化视频监控系统能够识别不同的物体，发现监控画面中的异常情况，并能够以最快和最佳的方式发出警报和提供有用信息，从而能够更加有效地协助安全人员处理危机，并最大限度地降低误报和漏报现象。

5.3.1 视频监控系统组成与功能

视频监控系统主要由前端设备（摄像）、传输系统、终端设备（显示与记录）与控制设备四个主要部分所组成（图 5-16），并具有对图像信号的分配、切换、存储、处理、还原等功能。

1. 前端设备

前端设备的主要任务是为了获取监控区域的图像和声音信息。主要设备是各种摄像机及其配套设备。在网络视频监控系统中，前端采集到图

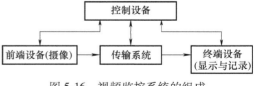

图 5-16　视频监控系统的组成

像信号，接入视频服务器，网络视频服务器对信号进行模数转换、数字化压缩处理，并发布到网络。

2. 传输系统

传输系统的主要任务是将前端图像信息不失真地传送到终端设备，并将控制中心的各种指令送到前端设备。根据监控系统的传输距离、信息容量和功能要求的不同，主要有无线传输和有线传输两种方式。模拟监控系统大多采用有线传输方式，通常利用同轴电缆、光纤和双绞线来传送图像信号。

网络视频监控系统是基于 IP 网络的远程实时监控系统，监控点多，监控范围广，组网传输

方式与模拟监控系统不同。典型组网传输方式有局域网（LAN）组网方式、无源光网络（PON）组网方式、数模结合专网组网方式以及无线组网方式等。

3. 终端与控制设备

终端与控制设备通常无法分割，由其共同组成电视监控系统的中枢。主要任务是将前端设备送来的各种信息进行处理和显示，并根据需要，向前端设备发出各种指令，如由中心控制室发出的控制命令等。终端设备主要有显示、记录设备和控制切换设备等，如监视器、录像、录音与存储设备、视频分配器、时序切换装置、时间信号发生器、同步信号发生器以及其他一些配套控制设备等。

网络视频监控系统终端设备集中在系统主控中心和分控中心，组成系统监控平台。该平台是整个视频监控控制中心，负责所有视频采集设备与显示设备的接入与管理，同时实现各监控点数字图像码流的汇集、分发、存储与控制等，平台设备包括中心管理服务器、前端接入服务器、分发服务器、存储服务器以及存储介质等。

5.3.2 视频监控系统前端设备

在视频监控系统中，摄像机（图 5-17）是用来进行定点或流动的监视和图像取证。因而要求摄像机各个部件的体积小、重量轻、易于安装，系统操作简便、调整机构少等特点，必要时便于隐蔽和伪装等。实际工程应用时，摄像机还需配套相应的镜头、防护罩、安装支架以及电动云台等。

图 5-17 摄像机

1. 摄像机

（1）图像传感器 图像传感器摄像机的重要元件是一种光电感应电子电路（芯片），目前安防领域摄像机图像传感器主要采用 CCD 和 CMOS 两种感光器件，如图 5-18 所示。

a) b)

图 5-18 图像传感器

a）CCD b）CMOS

1）CCD 图像传感器。CCD（Charge Coupled Device，电荷耦合器件）图像传感器是一种半导体器件，能把光信号变成电荷，再通过模数转换器芯片转换成数字信号。CCD 由许多感光元组成，其植入的微小光敏物质称作像素（pixel），通常以百万像素为单位，像素越大，成像越清晰。CCD 的靶面尺寸大小表示了 CCD 芯片的尺寸大小，目前市场上 CCD 的芯片尺寸主要有 1in、2/3in、1/2in、1/3in、1/4in，其中 1/3in、1/4in（1in = 2.54cm）居多，芯片尺寸越大，图像质量越好，价格越贵。不同尺寸 CCD 图像传感器应用对照见表 5-2。

表 5-2　不同尺寸 CCD 图像传感器应用对照表

规格/in	长/mm	宽/mm	对角线长/mm	应 用
1	12.7	9.6	16	工业检测
2/3	8.8	6.6	11	工业检测
1/2	6.4	4.8	8	交通监控，工业检测
1/3	4.8	3.6	6	普通摄像机
1/4	3.2	2.4	4	低端监控或者一体机

2）CMOS 图像传感器。CMOS（Complementary Metal Oxide Semiconductor，互补金属氧化物半导体）是电压控制的一种放大器件，是组成 CMOS 数字集成电路的基本单元。CMOS 图像传感器是一种典型的固体成像传感器，与 CCD 有着共同的历史渊源。在 CMOS 图像传感器芯片上还可以集成其他数字信号处理电路，如 A/D 转换器、自动曝光量控制、非均匀补偿、白平衡处理、黑电平控制、伽玛校正等，为了进行快速计算甚至可以将具有可编程功能的 DSP 器件与 CMOS 器件集成在一起，从而组成单片数字相机及图像处理系统。

（2）摄像机主要技术指标　摄像部分的主体是摄像机，其功能是观察、收集信息。摄像机的性能及其安装方式是决定系统质量的重要因素，主要有核心感光芯片（CCD 或 CMOS）和信号处理与接口电路组成，主要性能及技术参数要求如下：

1）色彩。摄像机有黑白和彩色两种，早期模拟黑白摄像机的水平清晰度比彩色摄像机高，且黑白摄像机比彩色摄像机灵敏，更适用于光线不足的地方和夜间灯光较暗的场所。黑白摄像机的价格比彩色便宜。但彩色的图像容易分辨衣物与场景的颜色，便于及时获取、区分现场的实时信息，逐渐已成为主流。

2）清晰度。有水平清晰度和垂直清晰度两种。垂直方向的清晰度受到电视制式的限制，有一个最高的限度，由于我国模拟电视信号均为 PAL 制式，PAL 制垂直清晰度为 400 行。所以摄像机的清晰度一般是用水平清晰度表示，水平清晰度表示人眼对电视图像水平细节清晰度的量度，用电视线（TVL）表示。目前数字视频摄像机均达到高清清晰度标准。

3）照度。单位被照面积上接受到的光通量称为照度。1lx 是 1lm 的光束均匀射在 1m² 面积上时的照度。摄像机的灵敏度以最低照度来表示，这是摄像机以特定的测试卡为摄取目标，在镜头光圈为 F1.4 时，调节光源照度，用示波器测其输出端的视频信号幅度为额定值的 10%，此时测得的测试卡照度为该摄像机的最低照度。所以实际上被摄体的照度在最低照度的 10 倍以上才能获得较清晰的图像。

4）同步。要求摄像机具有电源同步、外同步信号接口。对电源同步而言，使所有的摄像机由监控中心的交流同相电源供电，使摄像机同步信号与市电的相位锁定，以达到摄像机同步信号相位一致的同步方式。

5）电源。摄像机电源一般有交流 220V，交流 24V，直流 12V，可根据现场情况选择摄像机电源，通常推荐采用安全低电压。

6）自动增益控制（AGC）。在低亮度的情况下，自动增益功能可以提高图像信号的强度以获得清晰的图像。目前市场上 CCD 摄像机的最低照度都是在这种条件下的参数。

7）自动白平衡。当彩色摄像机的白平衡正常时，才能真实地还原被摄物体的色彩。彩色摄像机的自动白平衡就是实现其自动调整。

8）电子亮度控制。有些 CCD 摄像机可以根据射入光线的亮度利用电子快门来调节 CCD 图像传感器的曝光时间，从而在光线变化较大时可以不用自动光圈镜头。

9）光补偿。在只能逆光安装的情况下，采用普通摄像机时，被摄物体的图像会发黑，应选用具有逆光补偿的摄像机才能获得较为清晰的图像。

（3）摄像机的分类 摄像机按外形、安装方式、组成结构、性能等可分为枪式摄像机、半球形摄像机、球形摄像机、一体化摄像机、红外摄像机、网络摄像机等。

1）枪式摄像机。枪式摄像机简称枪机，工程应用时需搭配相应型号镜头，如图 5-19 所示。

枪机只能完成一个固定角度和距离的监视，不具备调焦和旋转功能，安装方式吊装、壁装均可，室外安装需加配防护罩。

2）半球形摄像机。半球形摄像机因外形像个半球而命名，如图 5-20 所示。半球型摄像机自带防护罩，一般室内吸顶安装，用于固定视野的监控，如楼梯间、通道、电梯轿厢等。

图 5-19　枪式摄像机　　　　　　　　图 5-20　半球形摄像机

受形状限制，半球形摄像机焦距一般小于 20mm，如果是变焦镜头，变焦方位也不大，而且镜头不易更换。为适应夜间环境，可采用红外夜视半球形摄像机，如图 5-21 所示。

3）球形摄像机。球形摄像机简称球机，如图 5-22 所示，外形美观，通常有旋转与变焦功能，可壁式吊装或吸顶安装。

图 5-21　红外夜视半球形摄像机　　　　　　图 5-22　球形摄像机

球机按云台转速可分为高速球（0°~360°/s）、中速球（0°~60°/s）和低速球（0°~30°/s）。高速球形摄像机包含一体化摄像机与云台，通常具有快速跟踪、360°水平旋转、无监视盲区等特点，可实现远程控制，全方位摄像采集。

4）一体化摄像机。一体化摄像机（图 5-23）内置镜头，可自动聚焦，安装调试方便。

一体化摄像机可装配云台，实现旋转控制。与传统摄像机相比，一体化摄像机具有体积小巧美观、安装使用方便、接口标准、性价比高等优点。

5）红外摄像机。红外摄像机是将摄像机、防护罩、红外灯、供电散热电源灯综合在一体的摄像单元，如图 5-24 所示，除具有传统摄像功能外，还具有夜视功能。

图 5-23 一体化摄像机   图 5-24 红外摄像机

红外摄像机分为主动红外摄像机和被动红外摄像机两种。主动红外摄像机工作原理是在夜视状态下，通过红外灯发出人们肉眼看不到的红外线照亮被摄物体，红外线经物体反射后进入镜头成像。被动红外摄像机也称红外热像仪，可应用于大雾、炫光、强尘、零光照等环境，典型应用有森林防火、管道裂缝检测、高压电路检测，周界防范等。

6）网络摄像机。网络摄像机（Internet Protocol Camera，IPC）也称 IP 摄像机，如图 5-25 所示。

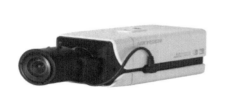

a)   b)

图 5-25 网络摄像机
a）枪式 b）快球

网络摄像机结合传统摄像机和网络视频的技术，能直接接入网络，除具备一般摄像机的图像捕捉功能外，还能让用户通过网络实现视频的远程观看、存储，分析采集的图像信息并采取相应措施。网络摄像机由镜头、图像传感器（CCD 或 CMOS）、声音传感器、A/D 转换器、控制器、网络服务器、外部报警/控制接口等组成。其工作原理是：在嵌入式实时操作系统基础上构建 Web 服务器，通过内置芯片对采集的模拟视频进行数字化压缩，打包成帧并通过内部总线传输到 Web 服务器。服务器给网络摄像机提供了网络功能，允许用户通过网络访问网络摄像机。

网络摄像机有如下技术特点：

① 视频压缩。视频压缩是网络摄像机最基本的技术要求，目前，网络摄像机的视频处理芯片以专用集成电路（ASIC）为主，视频压缩可采用多种标准，以 H.264 为主。

② 高度集成。网络摄像机不仅具备模拟摄像机图像采集功能，还是一个前端处理系统，其具备丰富的异构总线接入功能，如网络电话（VOIP）、报警器、RS-232/RS-485 串行设备的接入等。此外，还可以将移动侦测、视频丢失、镜头遮盖、存储异常等报警信号通过网络发送给后端。内嵌的 SD 卡可作为网络故障时图像暂存设备，网络正常时再上传视频，以保证监控视频的连续性、完整性。

③ 以太网供电（Power Over Ethernet，POE）。POE 是近年来发展较快、应用较广的网络供电技术，它在不改动现有以太网布线基础架构情况下，除了为基于 IP 的终端传输信号，还能为终端提供交流电。这样，网络摄像机无须其他电源供电。目前，多数网络交换机支持 POE 功能。

④ 无线接入。无线接入网络解决方案有利于降低工程复杂度，减少成本。例如，移动视频监控时，无线接入方案能轻松解决信息传输问题。网络摄像机使用的无线接入标准主要有 IEEE 802.11B 和 IEEE 802.11 G，后者是前者的改进，数据传输率高达 54Mbit/s。

⑤ 安全性。网络摄像机可提供用户安全管理，如用户注册、权限管理等；IP/MAC 地址绑定，只允许绑定 IP/MAC 地址的计算机访问等网络安全技术。

图 5-26 为一枪式网络摄像机接口介绍。

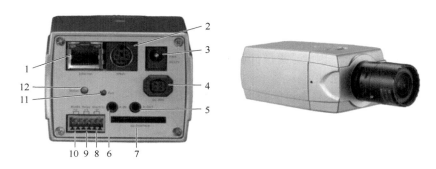

图 5-26　枪式网络摄像机接口

1—网络接口　2—色差输出（YPbPr）　3—电源输入　4—自动光圈镜头
5—音频输入　6—音频输出　7—SD Interface　8—RS-485　9—继电器输出
10—报警输入　11—多功能按键　12—状态指示灯

2. 摄像机配件

摄像机需安装相应配件后才能在工程中应用，这些配件包括镜头、支架、防护罩以及电动云台等。

（1）镜头　摄像机镜头的作用是把被观察目标的光像呈现在摄像机的靶面上，也称光学成像。通常每个镜头都由多组不同曲面曲率的透镜按不同间距组合而成，间距和镜片曲率、透光系数等指标的选择决定了该镜头的焦距。光学镜头应满足成像清晰、透光率强、像面照度分布均匀、图像畸变小、光圈可调等要求。

1）镜头分类。摄像机镜头按其功能和操作方法分为常用镜头和特殊镜头两大类。

常用镜头又分为定焦镜头（自动和手动光圈）和变焦镜头（自动和手动光圈）。特殊镜头是根据特殊工作环境而专门设计的，一般有广角镜头、针孔镜头等。

摄像机镜头按在民用建筑中的应用场合不同又可分为：

① 标准镜头：一般用于走道及小区周界等场所，视角在 30° 左右，在 1/2in CCD 摄像机中，标准焦距定为 12mm。在 1/3in CCD 摄像机中，标准焦距定为 8mm。

② 广角镜头：一般用于电梯轿厢内、大厅等小视距大视角场所，视角在 90° 以上，焦距小于几毫米。

③ 长焦镜头：用于远距离监视，视角在 20° 以内，焦距的范围从几十毫米到上百毫米。

④ 变焦镜头：镜头的焦距范围可变，可从广角变到长焦，用于景深大、视角范围广的区域。

⑤ 针孔镜头：用于隐蔽监控。

图 5-27 是几种不同类型的镜头。

图 5-27 不同类型的镜头

a）普通镜头 b）自动光圈镜头 c）变焦镜头

2）摄像机镜头的选择。摄像机镜头是视频监控系统的最关键设备，它的质量（指标）优劣直接影响摄像机的整机指标。因此，摄像机镜头的选择是否恰当既关系到系统质量，又关系到工程造价。摄像机镜头选择方法如下：

① 摄像机焦距选择。摄取静态目标的摄像机可选用固定焦距镜头；当有视角变化要求的动态目标摄像场合时，可选用变焦距镜头。镜头焦距的选择要根据视场大小和镜头到监视目标的距离而定，焦距的计算公式为

$$F = \frac{AC}{B}$$

式中，F 为焦距（mm）；A 为像场宽；C 为镜头到监视目标的距离；B 为视场高（靶面高，单位 mm）。计算时，A、C 必须采用相同的长度单位。

镜头的焦距和摄像机靶面的大小决定了视角，焦距越小，视野越大；焦距越大，视野越小。若要考虑清晰度，可采用电动变焦距镜头，根据需要随时调整。

② 手动、自动光圈选择。摄像机光圈选择需依据通光量。镜头的通光量是用镜头的焦距和通光孔径的比值（光圈）来衡量的，一般用 Φ 表示。在光线变化不大的场合，光圈调到合适的大小后不必改动，用手动光圈镜头即可。在光线变化大的场合，如在室外，一般均需要自动光圈镜头。

对景深大、视场范围广的监视区域及需要监视变化的动态场景，一般对应采用带全景云台的摄像机，并配置 6 倍以上的电动变焦距带自动光圈镜头。

③ 镜头的安装方式选择。摄像机与镜头都是螺纹口安装，有 C 型安装和 CS 型两种安装标准。C 型安装接口指从镜头安装基准面到焦点的距离为 17.526mm，而 CS 型接口的镜头安装基准面到焦点距离为 12.5mm。正常情况下，C 型摄像机配 C 型镜头，CS 型摄像机配 CS 型镜头。C 型镜头安装到 CS 接口摄像机时需要加装一个 5mm 厚的接圈，C 型摄像机不能配 CS 镜头。

④ 成像尺寸的选择。镜头一般可分为 1in（25.4mm）、2/3in（16.9mm）、1/2in（12.7mm）、1/3in（8.47mm）和 1/4in（6.35mm）等几种规格，它们分别对应着不同的成像尺寸，选用镜头时，应使镜头的成像尺寸与摄像机的靶面尺寸相吻合。

（2）防护罩和支架 摄像机在工程中安装使用时，需配备相应的防护罩和支架，如图 5-28 和图 5-29 所示。

（3）云台 为了扩大监视摄像范围，有时要求摄像机能够以支撑点为中心，在垂直和水平两个方向的一定角度之内自由活动，这个在支撑点上能够固定摄像机并带动它做自由转动的机械结构就称为云台（图 5-30）。根据构成原理的不同，云台可以分为手动式及电动式两类。

图 5-28 摄像机防护罩

a）室外防护罩 b）室内防护罩 c）球形罩

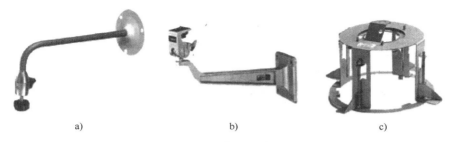

图 5-29 摄像机安装支架

a）壁式安装支架 b）壁/顶面安装支架 c）吸顶安装支架

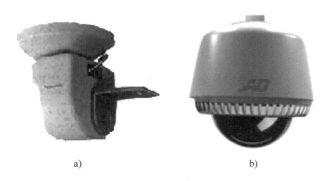

图 5-30 云台

a）室内云台 b）带云台的摄像机

（4）解码器 在以视频矩阵切换与控制为核心的视频监控系统中，为达到对镜头和云台的控制，除近距离和小系统采用多芯电缆做直接控制外，一般由主机通过总线（RS-485 或 RS-232）方式，先通过双绞线送到称为解码器的装置，由解码器先对总线信号进行译码，即确定对哪台摄像单元执行何种控制动作，再经电子电路功率放大，驱动指定云台和镜头做相应动作。

5.3.3 显示与控制设备

视频监控系统显示与控制设备是电视监控系统的中枢。它的主要任务是将前端设备送来的各种信息进行处理和显示，并根据需要，向前端设备发出各种指令，由中心控制室进行集中控制。显示设备主要有监视器、电视墙、拼接屏等，控制设备主要有矩阵、多画面处理器、视频分配器等。数字视频监控系统显示与控制功能集中在软件平台上，通过由监控客户端进行具体操控。

1. 显示设备

（1）监视器　监视器放置在监控中心，用于实时显示或回放监控画面，监视器类型主要由CRT 监视器、LCD 监视器、PDP 监视器、DLP 投影等，如图 5-31 所示。

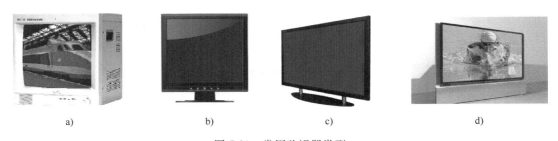

图 5-31　常用监视器类型

a）CRT 监视器　b）LCD 监视器　c）PDP 监视器　c）DLP 投影

1）CRT 监视器。阴极射线管（Cathode Ray Tube，CRT）监视器如图 5-31a 所示。CRT 显像管被广泛应用于电视机、显示器、监视器领域。电视监控领域早期使用的有黑白或彩色专用监视器，一般要求黑白监视器的水平清晰度应大于 600 线，彩色监视器的清晰度应大于 350 线。

2）LCD 监视器。液晶监视器即液晶显示器（Liquid Crystal Display，LCD）如图 5-31b 所示，为平面超薄的显示设备。LCD 以高亮度、高对比度、优雅的外观设计以及环保特性等独有优势正在逐步取代原有 CRT 监视器。与 CRT 监视器比较，液晶监视器具有省电、低辐射、节省空间等特性，逐渐成为视频监控显示的主要选择。

3）PDP 监视器。PDP 监视器也称等离子显示板（Plasma Display Panel，PDP），如图 5-31c 所示，是一种利用气体放电的显示技术，其采用等离子管作为发光元件，屏幕上每一个等离子管对应一个像素。

与 CRT 相比，PDP 监视器的体积更小、重量更轻，而且无 X 射线辐射；与 LCD 相比，PDP 监视器有亮度高、色彩还原性好、灰度丰富、对迅速变化的画面响应速度快等优点。但 PDP 监视器存在性能不稳定、功耗大、散热困难、价格高等问题。

4）DLP 投影。DLP（Digital Light Procession）投影采用数字光处理技术，先把影像信号经过数字处理，然后再把光投影出来，如图 5-31d 所示。

DLP 投影机外形小巧，结构紧凑，图像采用数字化处理方式，图像清晰、画面均匀、色彩锐利、质量稳定，设备工作可靠，易维护，广泛应用于监控中心大屏幕显示。

（2）电视墙　为便于监控人员实时发现被监控目标的异常状况，监控中心需设监控电视墙。电视墙（图 5-32）是由多个监视器单元拼接而成的一种超大屏幕电视墙体，配以钢板钣金喷塑墙体，有些还带有强制排风散热装置。由于电视墙监控只能实时监看，不能回放，因此还需要与硬盘录像机及视频矩阵等配合使用以形成完整的监控系统。

视频监控系统中，常用的摄像机对监视器的比例数为 4 : 1，即 4 台摄像机对应一台监视器进行轮流显示。在有些摄像机台数很多的系统中，用画面分割器把多台

图 5-32　电视墙

摄像机送来的图像信号同时显示在一台监视器上，也就是在一台较大屏幕的监视器上，把屏幕分成几个面积相等的小画面，每个画面显示一个摄像机送来的画面，控制中心电视墙监视器数量以此依据。这样可以大大节省监视器，并且操作人员观看起来也比较方便。

（3）拼接屏　拼接屏是用多块尺寸一致的显示设备按水平或垂直方向拼接成一整块屏幕。拼接屏弥补了单屏在显示面积上的不足，常用于大面积显示墙的场合。如道路监控指挥中心、视频监控中心、大型展示厅等。常用拼接屏有 LCD 拼接屏和 DLP 拼接屏两种。

1）LCD 拼接屏。大型 LCD 屏（图 5-33）由多块 LCD 模块组成，LCD 液晶显示单元常用的尺寸有 46in、47in、55in、60in 等，它可以根据客户需要任意拼接，采用背光源发光，物理分辨率可以轻易达到高清标准，液晶屏功耗小，发热量低，且运行稳定，维护成本低。LCD 大屏单元组成的拼接墙具有低功耗、重量轻、寿命长、无辐射、安装方便快捷、占用空间较小等优点。其最大的缺点在于每两块屏之间或多或少地有一条拼缝，这是由于物理安装原因或屏与屏之间的色彩差异而形成的一种缝隙。这种缝隙会影响用户的视觉体验。

2）DLP 拼接屏。DLP 拼接屏使用投影机作为显示设备，由多个 DLP 显示单元组成拼接屏（图 5-34）。它采用了一整块的投影幕布，其最主要的特点是屏体大尺寸，可以通过软件羽化处理投影机之间的融合带（二幅画面相互重合的部分），使图像颜色过渡更自然，亮度均匀，在视觉上用户将察觉不到整个图像是由多台投影机组成的，一般用于画像质量要求较高，且显示面积较大的场所。DLP 拼接屏的分辨率在视频综合平台等拼控设备的控制下可由各显示单元的分辨率叠加而成，可获得超高的分辨率。除了尺寸大之外，DLP 拼接屏的另一大特点就是拼缝小，虽然各显示单元之间会有屏幕拼缝，但目前单元之间的物理拼缝已经控制在了 0.5mm 之内。

图 5-33　LCD 拼接屏

图 5-34　DLP 拼接屏

DLP 拼接屏与 LCD 拼接屏性能比较可参考表 5-3。

表 5-3　DLP 与 LCD 拼接屏性能对比表

对比内容	DLP 拼接显示系统	LCD 拼接显示系统
产品尺寸/in	50，60，70，80	46，47，55，60
物理分辨率	1024×768、1400×1050、1920×1080	1920×1080（向下兼容）
亮度	850-1100ANSI	700CD/m²
拼接缝	物理拼缝≤0.5mm 光学拼缝≤0.8mm	物理拼缝≥5.3mm

141

（续）

对比内容	DLP 拼接显示系统	LCD 拼接显示系统
视角	170°（水平）/ 120°（垂直）	178°（水平）/ 178°（垂直）
功耗	较高	较低
价格	贵	低
工作寿命	一般	长
占用空间	大	小

2. 控制设备

传统视频监控系统控制设备包括视频矩阵、多画面视频处理器、视频分配器等，在全数字视频监控系统中，保留了传统视频矩阵、多画面处理、视频分配等功能，但相关设备已经虚拟化，改成由平台软件来实现了。

（1）视频矩阵　视频监控系统中，不是一台监视器对应显示一台摄像机的信号，而是几台摄像机信号在一台监视器上轮换显示，视频矩阵切换器（简称矩阵）可以对多路视频输入信号和多路视频输出信号进行切换和控制。其原理是，对 m 路输入视频信号和 n 路显示器，通过内部电子开关，组成 $m \times n$ 切换矩阵，使任一路输入可切换至任一路输出。视频矩阵选择时应考虑视频输入和输出容量，并易扩展。

矩阵输入输出结构与设备外形如图 5-35 所示。

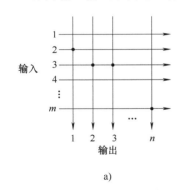
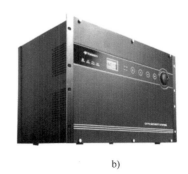
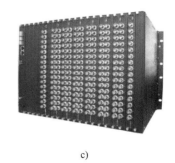

a)　　　　　　　　　b)　　　　　　　　　c)

图 5-35　视频矩阵

a）输入输出结构　b）正面　c）背面

根据接口类型，视频矩阵可分为 AV 矩阵、VGA 矩阵、RGB 矩阵，还有混合矩阵等。

矩阵控制操作使用专用键盘，除主控键盘外，还可根据需要设置分控键盘。控制键盘（图 5-36）是整个电视监控系统的控制界面，可根据操作人员键入的不同命令向相关控制器发出动作指令，以达到控制前端摄像机、云台等的作用。控制键盘可放置在桌面上，也可镶嵌在控制台面上。

图 5-36　控制键盘

（2）多画面视频处理器　多画面视频处理器能把多路视频信号合成一幅图像，达到在一台监视器上同时观看多路摄像机信号。常用的 16 画面分割器，又称为多画面视频处理器，能用一台录像机同时录制多路视频信号，并具有单路回放的功能，即能选择同时录下的多路视频信号时的任意一路在监视器上回放。多画面处理器及连接图如图5-37所示。

数字视频监控系统中，多画面处理功能已由软件实现。

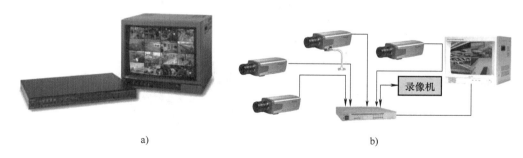

图 5-37　多画面处理器及连接图

a）多画面处理器　b）多画面处理器连接图

（3）视频分配器　视频分配器作用是把一路视频信号可分成多路视频输出，同时保证线路特性阻抗匹配。图5-38为视频分配器及连接图。

图 5-38　视频分配器及连接图

a）四路一分二视频分配器　b）视频分配器连接图

3. 监控客户端

在数字视频监控系统中，显示与控制功能可以通过用户监控客户端来实现，用户监控客户主要有相对固定的PC客户端和以手机、PAD为代表的移动客户端。

（1）PC客户端　PC客户端有C/S客户端和Web浏览器两种形式，客户端软件负责为客户呈现系统所提供的监控服务。主要服务内容有：

1）实时图像的浏览。可以单画面或多画面显示实时视频图像（图5-39）；支持不同画面的显示方式（1、4、6、9、16画面等方式）；还可以支持各种多画面多种规格的图像组合显示方式；能够实现对前端云台镜头的全功能远程控制；具备图像自动轮巡功能，可以用事先设定的触发序列和时间间隔对监控图像进行轮流显示等。

2）录像回放与下载。具有单画面、4画面、单进、单退、快进（1/2/4/8倍数）、剪辑、抓帧、下载等功能，在回放的过程中具有图像的电子放大功能，有常规回放、分段回放、事件回放、即时回放等多种回放方式。

通常支持录像的批量下载，有多种备份方式，选择本地备份则保存在本地文件，选择刻盘备份则保存在刻录的光盘里，选择ftp上传备份则会上传到指定ftp服务器的指定目录里。备份速度与同时开启备份通道数可以根据用户不同的需求自主配置；支持动态加载刻录机。

3）电子地图应用。通常有多张地图显示及多屏显示功能；在导航图上单击可以将当前窗口显示的地图显示中心快速切换到单击所指定的位置；可以在地图上弹出视频窗口，对监控点的实时图像进行浏览。电子地图应用如图5-40所示。

图 5-39　实时图像预览界面图

图 5-40　电子地图应用界面图

4）报警接收。接收到报警后可以自动联动预先定义的关联监控点视频在客户端与大屏上显示；可同时收到多个报警信息时，能够按照警情级别优先显示，同级别报警排队显示；值班人员可以输入处警信息、警情确认人信息并保存；所有报警信息自动保存到数据库，可以统计、查询和打印，可以通过报警事件来检索录像资料。

5）日志查询。日志查询功能包括配置日志、操作日志、报警日志、设备日志以及工作记录查询等，可以对各业务在统一界面进行查询统计。

（2）移动客户端　移动客户端主要以手机、PAD 等终端为载体，一般支持图像分辨率为 QVGA（320×240）、QCIF（176×144）等。

用户通过手机浏览监控点，通常需要安装手机监控客户端软件，如图 5-41 所示。手机客户端软件通常包括远程实时画面预览、视频抓拍、手机 PTZ（Pan/Tilt/Zoom，全方位移动及镜头变倍、变焦控制）云台控制、现场抓图、录像保存回放等功能。有的还支持 GIS 地图应用（图 5-42），可实现辖区组织资源下监控点的地理位置显示、车载或移动设备 GPS 位置实时刷新、车载或移动设备轨迹回放及兴趣点搜索等功能。

图 5-41　手机客户端界面

图 5-42　GIS 地图应用界面

5. 3. 4　视频监控存储

存储系统作为安全防范系统重要组成部分，其稳定性、性价比已成为衡量工程建设质量的重要指标。监控视频存储与民用领域（如视频网站）视频存储不同。前者主要是"写"的过程，将监控视频"写"入磁盘阵列保存或备份，"写"的过程中可能并发一定比例的"读"操作，如网络用户对视频的回放请求；后者主要指广播电视、网络视频等，视频文件存储于服务器，网络用户通过对视频服务器的访问获取视频，主要是视频的直播或点播，是从存储设备中"读"并播放视频的过程。

1. 视频监控存储

在一些中大规模安防项目中，视频监控系统监控点多（摄像头数量多）、视频数据量大、存储时间长、长期不间断工作，视频存储主要特点如下：

1）视频数据以流媒体方式写入存储设备或从存储设备回放，与传统的文件读写不同。

2）多路视频长时间同时写入同一存储设备，要求存储系统能长期稳定工作。

3）实时多路视频写入要求存储系统带宽大且恒定。

4）容量需求巨大，存储扩展性能要求高，可在线更换故障设备或进行扩容。

5）多路并发读写时对存储设备性能要求非常高。

存储领域的每次技术变革都带动了视频存储领域相应的发展。视频监控技术的发展可分为模拟监控、数字监控及网络监控。模拟监控时代的存储设备是 VCR；数字监控时代的代表产品是 DVR，内置或外挂硬盘是主要存储设备；在网络监控时代，网络摄像机、编码器负责视频的编码传输，存储设备主要采用 NVR。

网络视频监控阶段，数据呈爆炸性增长，存储系统与监控系统配合应用，真正实现视频的海量、高速、实时、稳定的存储与检索。目前，视频监控系统使用的存储方式有硬盘存储、直接附加存储（DAS）、网络附加存储（NAS）、存储区域网络（SAN）以及云存储等。

2. 视频服务器

视频监控系统中，对视频图像进行数字化压缩处理和存储转发的设备统称视频服务器，从产品形态来说，最早是基于 PC 的 DVR，后来是嵌入式 DVR，现在主要有用于数字图像压缩编码转发的 DVS 和 NVR 等。

（1）DVS　数字视频服务器（Digital Video Server，DVS），也称网络视频服务器（Network Video Server，NVS），是实现音频/视频编码、网络传输的专用设备，由视频（音频）编码器、网络接口、视频（音频）接口等组成。它本身没有图像采集设备，要与传统摄像机一起工作，以实现与网络摄像机相同的功能。目前，DVS 大多基于 PC 的访问，分为浏览器/服务器结构（B/S）和客户机/服务器结构（C/S）两种：前者通过浏览器访问视频服务器，侧重于视频观看，操作简单，使用方便；后者通过客户端程序访问，侧重于设备管理、录像等，操作复杂但功能强大，适合多个视频服务器的管理。通过 DVS，用户可直接用浏览器观看、控制、管理相关视频。

网络视频服务器外观及接口如图 5-43 所示。

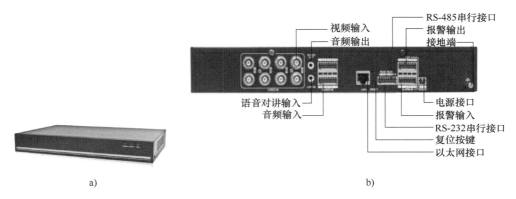

图 5-43　网络视频服务器外观及接口
a）正面　b）背面接口

可以说，DVS 是不带镜头的网络摄像机，其结构与网络摄像机相似，将输入的模拟视频数字化处理后传输至网络，实现远程实时监控。

（2）DVR　数字视频录像机（Digital Video Recorder，DVR）是一套进行图像存储处理的计算机系统，具有对图像/语音进行长时间录像、录音、远程监视和控制的功能，DVR 集合了录像机、画面分割器、云台镜头控制、报警控制、网络传输等功能于一身，用一台设备就能取代模拟监控系统一大堆设备的功能，而且在价格上也逐渐占有优势。此外，DVR 影像录制效果好、画面清晰，并可重复多次录制，能对存放影像进行回放检索。

DVR 系统的硬件主要由 CPU、内存、主板、显卡、视频采集卡、机箱、电源、硬盘、连接线缆等构成。

DVR 从摄像机输入路数上，可分为 1 路、2 路、4 路、6 路、9 路、12 路、16 路、32 路，甚至更多路数。按系统结构可以分为基于 PC 架构的 PC 式 DVR 和嵌入式 DVR，如图 5-44 所示。嵌入式 DVR 为主要类型，图 5-45 为某型号嵌入式 DVR 外观及接口。

图 5-44　数字视频录像机 DVR
a）嵌入式 DVR　b）工控机型 PC-DVR

a)

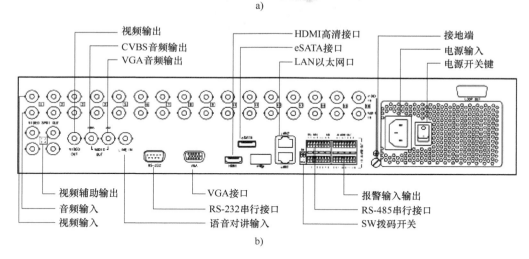

b)

图 5-45　嵌入式 DVR 外观及接口

a）正面　b）背面接口

147

（3）NVR　网络视频录像机（Network Video Recorder，NVR）是数字视频监控主流的一种产品形态。其主要功能是记录网络视频流，并提供录像点播等功能。NVR 作为网络摄像机的后端配套产品，随着网络摄像机的兴起，其价值在才逐渐为人们所关注。

从逻辑上讲，NVR 与网络摄像机位于网络的两端，网络摄像机负责图像的采集与编码，经过压缩后的视频流通过 IP 网络以分组的形式进行传输。在后端，NVR 负责接入网络视频流，并通过自身内置的硬盘或外接的存储设备进行记录。网络摄像机与 NVR 属于一个不可分割的功能体，前者是信息采集模块，采集的对象包括图片、视频、声音以及报警事件等；后者在系统架构中的主要功能则是一种信息记录设备。在具体应用中，NVR 除负责记录网络摄像机采集的各种信息外，还要提供网络摄像机管理、网络访问、录像点播和本地解码输出（图像预览）等功能。

由于单台 NVR 的处理性能、存储容量有限，其单机应用规模不会很大。因此 NVR 在应用中主要定位于中小规模的网络监控解决方案。图 5-46 为某型号嵌入式 NVR 外观及接口。

3. 视频存储系统

按照视频监控系统存储的体系构架分，除 RAID 外，主流的是 DAS、NAS 和 SAN 等模式，其发展的动力源于视频监控系统对转发和存储要求的不断提高，大型复杂的系统也推动了存储架构的发展。

（1）硬盘存储　硬盘存储方式不能算作严格意义上的存储系统。主要原因是硬盘数据没有冗余保护，即使有，也是通过主机端的廉价磁盘冗余阵列卡（Redundant Arrays of Inexpensive Disks，RAID）或软 RAID 实现的，严重影响了整体性能；扩展能力有限，也难以满足长时间存储需求；无法实现数据集中存储，后期维护成本较高。该方式不适合大型视频监控系统，特别是需要长时间监控的应用，多作为其他存储方式的应急或补充。

a)

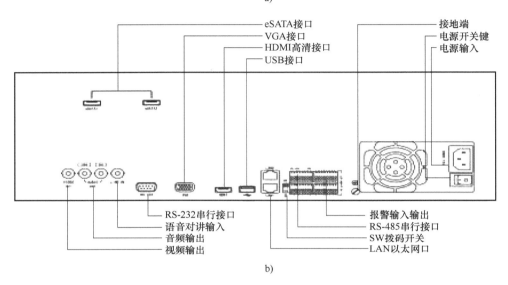

b)

图 5-46　嵌入式 NVR 外观及接口

a）正面　b）背面接口

（2）直接附加存储（DAS）　直接附加存储（Direct Attached Storage，DAS）方式是以服务器为中心的存储结构，存储设备设置在各个节点上，数据分别存放于各节点的存储设备中。用户要访问某存储设备的资源需经过服务器，故服务器负担较重，也成为整个系统的瓶颈。该方式易于扩展平台容量，可对数据提供多种 RAID 级别的保护。但连接在各节点服务器的存储设备相对独立，无法共享。在大型数字视频监控系统中，应用 DAS 存储方式的系统维护工作量相对较大，因此 DAS 存储方式多用于小型数字视频监控系统。

在 DAS 系统结构（图 5-47）中，客户端访问资源的步骤：客户端发送命令给服务器；服务器收到命令，查询缓冲区，如果有，直接经过缓存发送数据给客户端；没有则转向存储设备，存储设备根据命令发送数据给服务器，经网卡传输给客户。

（3）网络附加存储（NAS）　网络附加存储（Network Attached Storage，NAS），是完全脱离服务器的网络文件存储与备份设备。它把存储设备直接连到网络中，用户可通过网络共享 NAS 的数据，解决了 NAS 对服务器的依赖及服务器的瓶颈问题，显著提高了响应速度和传输速率，还能对数据提供多种 RAID 级别的保护。NAS 方式支持多个主机端同时读（写），有很好的共享性能和扩展能力；还可应用于复杂的网络环境。但 NAS 传输数据时，网络开销很大，特别是写入数据时带宽利用率较低。

目前，NAS 多用于小型网络视频监控系统或部分数据的共享存储。客户端访问资源的步骤：

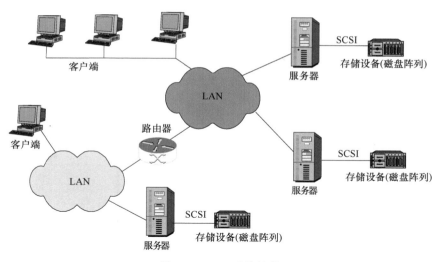

图 5-47 DAS 系统结构

客户端发送命令给 NAS 服务器；NAS 服务器收到命令，查询缓冲区，如果有，则直接经过网卡发送数据给客户端，如果没有，则转向存储设备；存储设备根据命令经网卡传输数据给客户。NAS 系统结构如图 5-48 所示。

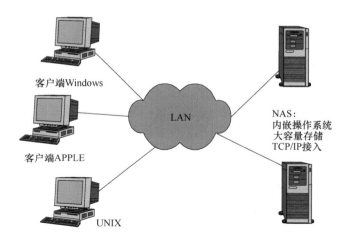

图 5-48 NAS 系统结构

（4）存储区域网络（SAN） 存储区域网络（Storage Area Network，SAN），是一种以网络为中心的存储结构，提供了专用的、高可靠性的存储网络，允许独立地增加存储容量，使得管理及集中控制更加简化。它以数据存储为中心，采用可伸缩的网络拓扑结构，通过具有高传输速率的光通道等直接连接，提供 SAN 内部任意节点间的多路可选择的数据交换，并且将数据存储管理集中在相对独立的存储区域网内，特别适合大型网络数字视频监控系统。SAN 主要设备有存储设备（磁盘阵列）、服务器、连接设备等，优点是所有存储设备可以高度共享、集中管理，同时具有冗余备份功能，单台服务器宕机后系统仍能正常工作。

SAN 系统结构如图 5-49 所示。

（5）云存储系统 云存储是在云计算基础上延伸和发展出来的一种新的存储技术，是指通过集群应用、网格技术、分布式文集系统等功能，应用存储虚拟化技术将网络中大量不同类型的

149

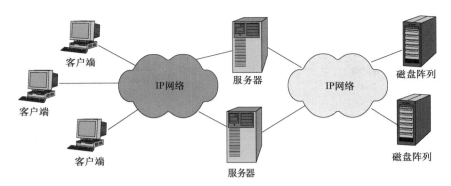

图 5-49　SAN 系统结构

存储设备，通过应用软件集合起来协同工作，共同对外提供数据存储和业务访问功能的一个系统。所以云存储也可以认为是配置了大容量存储设备的云计算系统。

与传统的存储设备不同，云存储是一种服务，通过网络提供给用户，用户可以通过若干方式使用存储。云存储是云计算的存储部分，是虚拟化的、易于扩展的存储资源，用户可以通过云计算使用存储资源。

云存储系统结构模型由四层组成：存储层、基础管理层、应用接口层和访问层。其中存储层是基础，采用 DAS、NAS、SAN 的存储方式或组合；基础管理层是核心，提供数据处理、文件分发、设备协同等功能；应用接口层开发不同应用服务接口，提供应用服务；访问层面向用户，提供访问界面。云存储运营单位不同，提供的访问类型和手段也不同。

5.3.5　视频监控系统组网设计

视频监控系统发展历程已经过第一代模拟监控系统、第二代模数混合视频监控系统和第三代数字网络视频监控系统，其组网方式也有很大变化。第一代模拟监控系统特点是模拟传输、模拟存储，核心设备是矩阵和录像机。第二代模数混合视频监控系统特点是模拟传输、数字存储，核心设备是矩阵与 DVR。第三代数字网络视频监控系统是全数字传输与存储，核心设备是监控平台、NVR 和存储网络。以下分别介绍三个阶段的典型组网方式。

1. 模拟视频监控系统组网

模拟视频监控系统组网按覆盖范围大小可分为矩阵组网方式、"矩阵+光端机"组网方式。

（1）矩阵组网方式　矩阵组网方式（图 5-50）是局部范围（一般传输小于 500m）模拟视频监控系统组网方式，其主要特点如下：

1）主要组成：前端模拟摄像机，控制端矩阵，存储用录像机。

2）处理信号：模拟摄像，模拟传输，模拟存储。

3）同轴电缆是传输模拟视频信号的主要线缆，近距离 30m 内视频设备间互

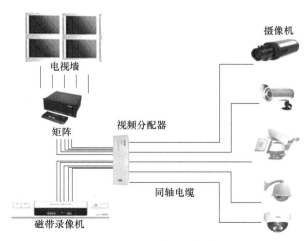

图 5-50　矩阵组网方式

连，推荐采用SYV75-3同轴电缆；300m以内的视频信号传输距离，推荐选用SYV75-5同轴电缆。500m左右，可以采用SYV75-7同轴电缆。

4）辅助设备有多画面处理器、视频分配器等。

（2）"矩阵+光端机"组网方式　"矩阵+光端机"组网方式（图5-51）是矩阵组网方式的扩充，信号传输范围可达几十千米，其主要特点如下：

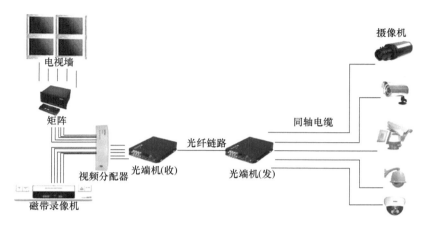

图5-51　"矩阵+光端机"组网方式

1）主要组成：前端模拟摄像机，控制端矩阵，远距离传输用光端机，存储用录像机。

2）处理信号：模拟摄像，模拟传输，模拟存储。

3）同轴电缆作为传输模拟视频信号的主要线缆，远距离的视频信号传输也可采用有源方式传输，如双绞线缆或光缆。

4）辅助设备有多画面处理器、视频分配器等。

2. 模数混合视频监控系统组网

模数混合视频监控系统按系统容量或结构复杂性可分为"以DVR为中心"组网方式、"DVR+矩阵"组网方式、"DVR+矩阵+光端机"组网方式三种。

（1）"以DVR为中心"组网方式　"以DVR为中心"组网方式（图5-52）是小范围视频监控系统的组网方式，其主要特点如下：

1）主要组成：前端模拟摄像机，无电视墙，所有显示和控制都通过硬盘录像机来完成。

2）处理信号：模拟摄像，模拟传输，数字存储。

3）同轴电缆作为传输模拟视频信号的主要线缆，常用SYV75-5型同轴电缆。

4）使用环境：中小企业办公区、4S店、加油站、银行网点等，摄像机数量少且对实时监控要求比较低的场所。

（2）"DVR+矩阵"组网方式　"DVR+矩阵"组网方式（图5-53）是较大范围视频监控系统的组网方式，其主要特点如下：

1）主要组成：前端模拟摄像机，矩阵切换控制，电视墙显示，存储用DVR，兼顾网络传输监控。

2）处理信号：模拟摄像，模拟传输，数字存储。

3）同轴电缆作为传输模拟视频信号的主要线缆，常用SYV75-5型同轴电缆。

4）使用环境：一般用于摄像机监控路数较多（中型和大型）且对实时监控要求比较高的场所，如大型楼宇的安防控制中心等。

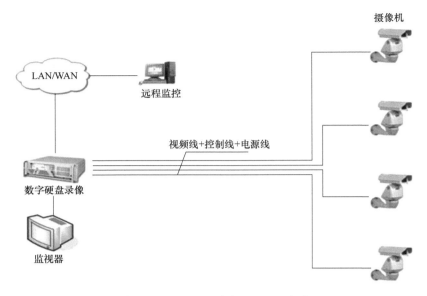

图 5-52 "以 DVR 为中心"组网方式

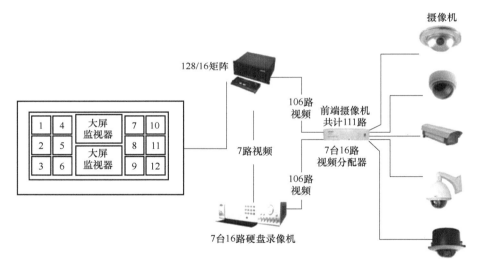

图 5-53 "DVR+矩阵"组网方式

（3）"DVR+矩阵+光端机"组网方式 "DVR+矩阵+光端机"组网方式（图 5-54）是 "DVR+矩阵"组网方式的扩充，信号传输范围可达几十千米，其主要特点如下：

1）主要组成：前端模拟摄像机，矩阵切换控制，存储用 DVR，兼顾网络传输监控。

2）处理信号：模拟摄像，模拟传输，数字存储。

3）同轴电缆作为传输模拟视频信号的主要线缆，常用 SYV75-5 型同轴电缆，光缆传输远程信号。

4）使用环境：园区、工厂、矿山、交通等。

3. 数字网络视频监控系统组网

数字视频监控系统组网方式如图 5-55 所示，其主要特点如下：

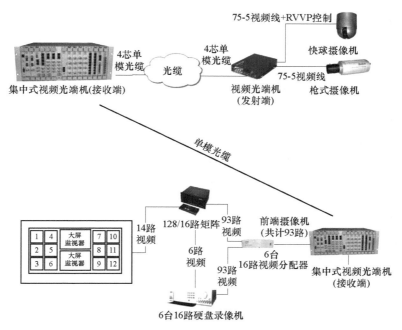

图 5-54 "DVR+矩阵+光端机"组网方式

1）主要组成：IP 网络摄像机，储存服务器，集成平台。

2）处理信号：数字摄像，数字传输，数字存储。

3）传输介质主要有双绞线和光缆，组成专网，计算机网络传输。

4）可按需求增设移动访问端等。

5）使用环境：智能楼宇的安防控制中心等。

153

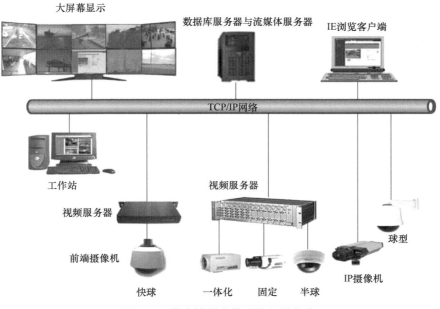

图 5-55 数字视频监控系统组网方式

5.3.6 智能视频监控系统

智能视频（Intelligent Video，IV）源自计算机视觉（Computer Vision，CV）技术。计算机视觉技术是人工智能（Artificial Intelligent，AI）研究的分支之一，它能够在图像及图像描述之间建立映射关系，从而使计算机能够通过数字图像处理和分析来理解视频画面中的内容。智能视频技术借助计算机强大的数据处理功能，对视频画面中的海量数据进行高速分析，过滤掉冗余和无关的信息，仅为监控者提供有用的关键信息。如果把摄像机当作人的眼睛，而智能视频系统或设备则可以看成人的大脑。如果说传统视频监控和数字高清视频监控实现了"看得见"和"看得清"功能，那么，智能视频监控系统将解决"看得懂"的问题。因此，智能视频监控技术将根本上改变视频监控技术的面貌，安防技术也将由此发展到一个全新的阶段。

1. 智能视频分析原理与技术

（1）智能视频分析原理　智能视频分析有多种叫法，比如 VCA（Video Content Analysis）、VA（Video Analysis）、IVA（Intelligent Video Analytics）、IV（Intelligent Video）、IVS（Intelligent Video System）等，是计算机图像视觉技术在安防领域应用的一个分支，是一种基于目标行为的智能监控技术。

智能视频分析的技术原理是接入各种摄像机以及 DVR、DVS 及流媒体服务器等各种视频设备，并且通过智能化图像识别处理技术，对各种安全事件主动预警，通过实时分析，将报警信息传导综合监控平台及客户端。具体来讲，智能视频分析系统通过摄像机实时"发现敌情"并"看到"视野中的监视目标，同时通过自身的智能化识别算法判断出这些被监视目标的行为是否存在安全威胁，对已经出现或将要出现的威胁，及时向综合监控平台或后台管理人员发出声音、视频等类型报警。

（2）智能视频分析技术　智能视频分析技术在国内外已经有十年左右的发展与应用，国际和国内厂商在该领域已有整体解决方案产品，并已广泛应用于公共安全、建筑智能化、智能交通等相关领域。

目前，智能视频分析主要有以下技术：

1）前景检测技术：将图像中变化剧烈的图像区域从图像背景中分离出来。前景检测技术实现方法包括背景帧差法、多高斯背景建模及非参数背景建模等方法，上述各种方法复杂程度不同，场景适应也有较大区别。

2）目标检测技术：从图像序列中将变化区域从背景图像中提取出来，从而检测出运动的目标。目标检测技术包括背景减除、时间差分、光流等处理技术。

3）目标跟踪技术：利用运动目标的历史数据，预测运动目标在本帧可能到达的位置，并在预测位置附近搜索该运动目标。目标跟踪技术包括连续区域跟踪、模板匹配、粒子滤波等技术。

4）目标分类技术：将所跟踪目标进行分类，如将目标分成人和车辆两类等。目标分类计数主要是通过图像特征，包括目标轮廓、目标尺寸、目标纹理等实现目标类别的判别。

5）行为识别技术：通过分析视频、深度传感器等数据，利用特定的算法，对行人的行为进行识别、分析的技术。行为识别包含两个研究方向：个体行为识别与群体行为（事件）识别。近年来，深度摄像技术的发展使得人体运动的深度图像序列变得容易获取，结合高精度的骨架估计算法，能够进一步提取人体骨架运动序列。利用这些运动序列信息，行为识别性能得到了很大提升，对智能视频监控、智能交通管理及智慧城市建设等具有重要意义。

6）事件检测技术：将目标信息与用户设定的报警规则进行逻辑判断，判断是否有报警条件是否满足，并作出相应报警响应。

2. 智能视频监控模式与功能

（1）智能视频分析实现模式　智能视频分析技术用于视频监控方案有前端解决方案和平台解决方案两种。

1）前端解决方案是基于前端智能视频处理器的解决方案。在这种模式下，所有的目标跟踪、行为判断、报警触发都是由前端智能分析设备完成，只将报警信息通过网络传输至监控中心。

2）平台解决方案是基于计算机信息处理的后端智能视频分析解决方案。这种模式下，所有的前端摄像机仅仅具备基本的视频采集功能，而所有的视频分析都必须汇集到后端或者关键节点处由计算机统一处理该方案，对计算机性能和网络带宽要求比较高。

实际工程中，第一种模式应用居多，视频分析设备被放置在 IP 摄像机之后，可以有效地节约视频流占用的带宽，集中在前端算法和硬件相结合的实时视频分析也是发展趋势。

（2）智能视频监控模功能　智能视频功能按实现目的、算法近似等原则，可分为目标识别、事件检测、图像搜索和数据分析四大功能，见表 5-4。

表 5-4　智能视频功能分类

主要应用		内　容
目标识别	人体识别	人脸检测、人脸识别、性别识别、年龄识别、体温检测等
	物体识别	目标细分、车辆识别、烟雾检测、火焰检测等
	目标跟踪	对画面人与物进行图像跟踪等
事件检测	周界防范	区域进出控制、区域滞留监控、绊线触发等
	可疑物体	包括遗留物检测、物体保全、滞留物检测等
	行为识别	包括行为如：徘徊、跌倒、引动、尾随、斗殴等
	故障诊断	包括图像遮挡、非法转向、画面异常等
图像搜索		在视频库中，搜索具有一定特征的人或物
数据分析		车流、客流、车速分析，对一定场景目标穿越统计等

5.4　出入口控制系统

出入口控制系统（Access Control System，ACS）也称门禁系统，是利用自定义符识别（模式识别）技术，对出入口目标进行识别并控制出入口执行机构动作的电子系统或网络。

出入口控制系统是智能楼宇安防系统的一个子系统，它作为一种新型现代化安全管理系统，集自动识别技术和现代安全管理措施为一体，涉及电子、机械、光学、计算机技术、通信技术、生物技术等诸多新技术。出入口控制系统通过在建筑物内的主要出入口、电梯厅、设备控制中心机房、贵重物品的库房等重要部门的通道口安装门磁、电控锁或控制器、读卡器等控制装置，由计算机或管理人员在中心控制室监控，能够对各通道口的位置、通行对象及通行时间、方向等进行实时控制或设定程序控制。

5.4.1　出入口控制系统组成

出入口控制系统通常由门禁控制器、读卡器、电控锁、管理工作站、传输网络和其他相关门禁设备几部分组成，如图 5-56 所示。

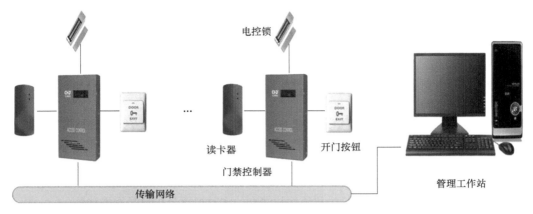

图 5-56　出入口控制系统组成

1. 门禁控制器

门禁控制器是门禁系统的核心部分，其功能相当于计算机的 CPU，它负责整个系统的输入、输出信息的处理和储存、控制等，其通信方式常见有 RS-485、TCP/IP 等。它验证门禁读卡器输入信息的可靠性，并根据出入规则判断其有效性。若有效，则对执行部件发出动作信号，以执行。

2. 读卡器

读卡器是身份信息识读装置，一般设置于出入口外侧（在出、入均需控制的场合，在出入口内、外均需配置），为人机信息交互的装置，常见有门禁读卡器、指纹仪、掌形仪、人脸识别装置等。它采集人员身份信息（门禁卡密码、指纹、掌形、人脸特征等），并将此信息发送至预定的系统设备，如现场控制设备或管理工作站。

3. 电控锁

电控锁是出入口通道设施（门、闸机等）的启闭执行装置，常见有电控门锁、磁力锁、电控闸机等。其作用是常态下呈闭锁状态，在系统给予"开门"指令时转换为开启状态，释放门锁或闸机，在设定时间段后自动恢复闭锁。

电控锁通常在断电时呈开门状态，以符合消防要求，并配备多种安装结构类型供客户选择使用。按单向的木门、玻璃门、金属防火门和双向对开的电动门等不同技术要求可选取不同类别的电控锁。

4. 管理工作站

管理工作站负责门禁系统的监控、管理、查询等工作。管理工作站配置出入口系统管理应用软件，实现用户身份信息采集、授权、存储和下载，记录（查询）出入口出入信息，进行用户身份信息管理，系统设备运行管理，在系统异常（出入信息异常或设备故障）状态发生时予以报警。

5. 传输网络

传输网络实现系统管理工作站与系统中所有出入口门禁控制器之间的通信，传输出入信息、控制系统和系统运行信息，常用现场控制总线网络和以太网络。

若干个出入口控制系统管理工作站可以通过现场总线、局域网或互联网实现扩展和实现联网运行。

6. 其他相关门禁设备

其他相关门禁设备包括电源、开门按钮、门磁等。

电源是负责整个门禁系统的能源，是一个非常重要的组成部分，若无电源供应，整个门禁系统将呈瘫痪状态。

开门按钮，按一下可打开开门设备。开门按钮设置于出入口内侧，一般采用按钮。在出、入均需控制的场合，它由识读装置替代。

门磁一般安装在门框上，用于检测门的开关状态等。

5.4.2 出入口控制系统功能

1. 对通道进出权限的管理

对通道进出权限的管理主要有以下几个方面：

（1）进出通道的权限 对每个通道设置哪些人可以进出，哪些人不能进出。

（2）进出通道的方式 对可以进出该通道的人进行进出方式的授权，进出方式通常有密码、读卡（生物识别）、读卡（生物识别）＋密码组合三种方式。

（3）进出通道的时段 设置人员通过该通道的时间范围。

2. 实时监控功能

系统管理人员可以通过微机实时查看每个门区人员的进出情况，可与视频监控系统联动，同时图像显示，监视每个门区的状态（包括门的开关、各种非正常状态报警等），也可以在紧急状态时打开或关闭所有的门区。

3. 出入记录查询功能

系统可储存所有的进出记录、状态记录，可按不同的查询条件查询，配备相应考勤软件可实现考勤、门禁一卡通。

4. 异常报警功能

在异常情况下可以实现微机报警或报警器报警，如非法侵入、门超时未关等。

5. 其他功能

根据系统的不同，门禁系统还可以实现以下一些特殊功能：

（1）反潜回功能 持卡人必须依照预先设定好的路线进出，否则下一通道刷卡无效。本功能是防止持卡人尾随别人进入。

（2）防尾随功能 持卡人必须关上刚进入的门才能打开下一个门。本功能与反潜回实现的功能一样，只是方式不同。

（3）消防报警监控联动功能 在出现火警时门禁系统可以自动打开所有电子锁让里面的人随时逃生。

（4）灵活管理监控功能 可在网络上任何一个授权的位置对整个系统进行设置监控查询管理，也可以通过 Internet 网上进行异地设置管理监控查询。

（5）逻辑开门功能 简单地说就是同一个门需要几个人同时刷卡（或其他方式）才能打开电控门锁。

（6）电梯控制系统 就是在电梯内部安装读卡器，用户通过刷卡对电梯进行控制，无须按任何按钮。

5.4.3 出入口控制系统分类

1. 按识别方式分类

门禁系统按进出识别方式可分为以下三大类：

（1）密码识别 通过检验输入密码是否正确来识别进出权限。这类产品又分两类：一类是普通型，另一类是乱序键盘型。普通型的优点是操作方便，无须携带卡片，成本低。缺点是密码容易泄露，安全性很差，无进出记录，只能单向控制。乱序键盘型的键盘上的数字不固定，不定期自动变化，以起到保密作用。

（2）卡片识别　通过读卡或读卡加密码方式来识别进出权限。常用智能卡识别，以智能卡授权的密码或身份证信息作为用户身份信息，一人一卡，较之密码开门，安全性显著提高。但需注意门禁卡转借或丢失造成安全隐患。

（3）生物识别　以用户的生物特征信息作为识别的依据，常见有指纹、掌形和人脸。此种方式对出入口控制的安全性显著提高。只需事先由系统采集用户生物特征信息，系统内予以设置与配置，出入口配置相应的指纹仪、掌形仪或人脸识别装置即可。

目前，人脸识别以其方便与快捷，成为新一代出入口控制系统主流。在人工智能技术发展影响下，人们语音特征也被用以身份识别的依据。目前，由于语音识别的唯一性较之人脸识别尚存差异，故常常采用人脸识别和语音识别综合应用，充分发挥人工智能在出入口控制系统的安全性和便捷性。

2. 按与微机通信方式分类

门禁系统按与微机通信方式可分为以下两类：

（1）单机控制型　这类产品是最常见的，适用与小系统或安装位置集中的单位。通常采用RS-485 通信方式。它的优点是投资小，通信线路专用。

（2）网络型　它的通信方式采用的是网络常用的 TCP/IP。这类系统的优点是控制器与管理中心是通过局域网传递数据的，管理中心位置可以随时变更，不需重新布线，很容易实现网络控制或异地控制，适用于大系统或安装位置分散的单位使用。

5.4.4　出入口控制工程系统图

在智能化工程中，重要部位与主要通道口一般均安装门磁开关，电子门锁与读卡器等装置，并由安保控制室对上述区域的出入对象与通行时间进行统一的实时监控。图 5-57 为典型出入口控制工程系统图，该系统由中央管理机、出入控制器、读卡器、执行机构等四大部分组成，系统的性能取决于系统硬件及管理软件。

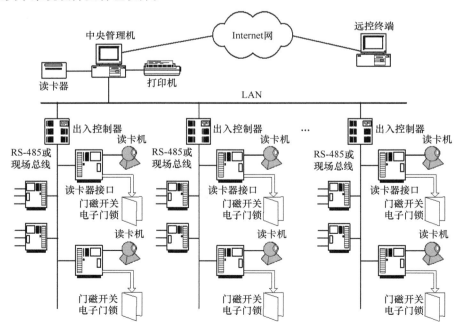

图 5-57　典型出入口控制工程系统图

5.5 电子巡查系统

电子巡查系统（guard tour system），也称电子巡更系统，是对保安巡查人员的巡查路线、方式及过程进行管理和控制的电子系统。

电子巡查系统是安全防范系统的一个重要部分，凡是需要人员定时或不定时巡逻检查的场合，均可采用电子巡查系统以对巡检工作进行科学地管理。在智能楼宇的主要通道和重要场所设置巡更点，保安人员按规定的巡逻路线在规定时间到达巡更点进行巡查，在规定的巡逻路线、指定的时间和地点向安保控制中心发回信号，若巡更人员未能在规定时间与地点启动巡更信号开关时，认为在相关路段发生了不正常情况或异常突发事件，则巡更系统应及时地做出响应，进行报警处理。如产生声光报警动作、自动显示相应区域的布防图、地点等，以便报值班人员分析现场情况，并立即采取应急防范措施。

5.5.1 电子巡查系统分类

电子巡查系统通常按巡查信号传输方式分为在线式电子巡查系统和离线式电子巡查系统两种。

1. 在线式电子巡查系统

在线式电子巡查系统中，识读装置通过有线或无线方式与管理终端实时通信，使采集到的巡查信息能即时传输到管理终端。

2. 离线式电子巡查系统

在离线式电子巡查系统中，巡查人员采集到的巡查信息不能即时传输到管理终端的电子巡查系统，"离线"含义是信息采集不在线上，而在"棒"（采集器）上。

离线式电子巡查系统按信号读取方式可分为接触式和非接触式（感应式）两种。

5.5.2 在线式电子巡查系统

在线式电子巡查系统由计算机、网络收发器、前端控制器、巡更点等设备组成。保安人员到达巡更点并触发巡更点开关，巡更点将信号通过前端控制器及网络收发器送到管理计算机。巡更点主要设备放在主要出入口、主要通道、紧急出入口、主要部门等处。

在线式电子巡查系统分为有线组网方式和无线组网方式两种。

1. 有线组网在线式电子巡查系统

大多数有线组网在线电子巡查系统是从对讲、门禁、防盗报警等系统升级而来，其结构如图 5-58 所示。

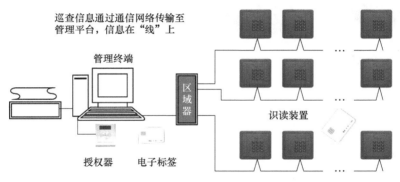

图 5-58 有线组网在线式电子巡查系统图

159

图 5-58 中，系统由管理终端、网络控制器、巡更点（IC 卡读卡机）等设备组成，保安值班人员到达巡更点或刷卡，巡更点将信号通过网络控制器即刻送到管理终端，计算机会自动反映和记录巡更点出发的时间、地点和巡更人员编号（IC 卡号），安保值班室可以随时了解巡更人员的巡更情况。在巡更路线上合理位置设置巡更点，由巡更计算机软件编排巡更班次、时间间隔、线路走向，可以有效地管理巡更员的巡视活动，增强安全防范措施。

2. 无线组网在线式电子巡查系统

无线组网在线式电子巡查系统的优点是无须布线，安装简单，易携带，操作方便，性能可靠，不受温度、湿度、地理范围的影响，系统扩容、线路变更容易且价格低，又不宜被破坏，系统安装维护方便，适用于任何巡逻或值班巡视领域。

无线组网在线式电子巡查系统结构如图 5-59 所示，除实时采集信号无线传输外，工作流程同有线组网方式。

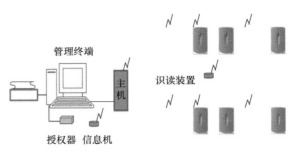

图 5-59　无线组网在线式电子巡查系统图

5.5.3　离线式电子巡查系统

离线式电子巡查系统由管理中心主机、传送单元、巡更器（手持读取器）、信息钮（或编码片）等设备组成（图 5-60）。信息钮安装在巡更点处代替电子巡更点，值班人员巡更时，手持巡更器读取数据。巡更结束后将巡更器插入传送单元，使其存储的所有信息输入到管理中心/主机记录多种巡更信息并可打印巡更记录。离线巡查系统虽不能在巡更时同步显示值班情况，但安装比较方便，推广应用比较快，已成为电子巡查系统的主流形式。

如图 5-61 所示，一套完整的离线式电子巡查系统是由巡更器、系统软件、信息钮系统三大部分组成。

图 5-60　离线式电子巡查系统

a)

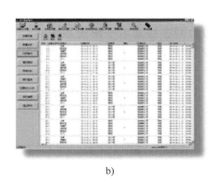

b)

图 5-61　离线式电子巡查系统硬件和软件

a）巡查数据采集器与信息钮　b）巡查系统软件

1. 系统软件

系统软件是整个巡更系统中的核心，整个巡更过程都是通过软件来查询记录、操作和检验巡逻的整个过程，一个完善的系统管理软件为用户提供如下功能：

（1）人员设置 即为用户提供操作人员身份识别。

（2）地点设置 即为不同巡逻地点提供的巡逻计划。计划设置包括为整个巡逻范围提供人员、地点和方案的设置，它通过计算机查询近期记录，组合和优化巡更地点、巡更人、时间、事件等不同选项结果，提出在巡更过程中根据具体情况添加和减少巡更员人数建议等。

（3）密码设置 有便于管理人员操作的密码设置，可更加有效地评估巡更巡检人员的工作状况。

针对不同的产品，有不同的软件配置。软件配置应易安装、易操作，有统计分析、打印、备份等功能，便于管理人员管理。随着巡更巡检系统应用领域的扩大，巡更软件功能也在扩展，以便适应不同的客户群。

2. 巡更器

巡更器有时又称巡更棒，一般以 RFID 识别技术采集、存储或传输信息。巡更人员带着巡更棒按规定时间及线路要求巡视，逐个读入信息钮信息，便可记录巡更员的到达日期、时间、地点及相关信息。若不按正常程序巡视，则记录无效，查对核实后，即视为失职。在控制中心可通过计算机下载所有数据，并整理存档。

3. 信息钮

信息钮一般是无源、纽扣大小、安全封装的存储设备，信息钮中存储了巡更点的地理信息。信息钮通常采用接触式操作，不怕干扰，识读百分之百，无误差。可以镶嵌在墙上、树上或其他支撑物上，安装与维护都非常方便。现在也有用非接触 IC 卡代替信息钮的应用，相应的巡更器就是手持式 IC 卡读卡器。

5.6 楼寓（可视）对讲系统

楼寓（可视）对讲系统（building intercom system），简称对讲系统，又称访客对讲系统，是具有选通、对讲功能，并提供电控开锁的电子系统，主要设备如图 5-62 所示。按功能分类，对讲系统分可分成单对讲型基本功能和可视对讲型多功能两种。一般住宅小区、高层、小高层、多层公寓住宅、别墅、商住办公楼宇等建筑都应建立楼寓访客对讲系统。通过实施访客选通对讲，电控启闭电锁功能。可视装置又能使各住宅的主人立即看到来访者的图像，决定是否接待访客，能起到安全防范的作用，有效地加强物业管理，在当今错综复杂的建筑群体中，防止外来人员的入侵，确保家居安全，起到了非常可靠的防范作用。

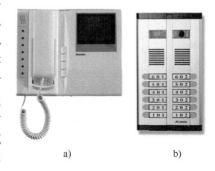

a)   b)

图 5-62 楼寓（可视）对讲系统
a）室内机 b）门口机

5.6.1 楼寓（可视）对讲系统组成

楼寓（可视）对讲系统一般由门口机、室内机、管理机、电控门、电源箱和通信网络等组成。

1. 门口机

门口机一般安装在在住宅楼主要出入口、公寓、别墅出入口处，门口机配有各住宅房号数码按键，如图 5-62b 所示。

2. 室内机

室内机安装在住户室内，响应门口机呼叫、实现与门口机双向对讲（可视对讲型系统还可监看门口机摄取的视像）、控制门口机开启电控门，如图 5-62a 所示。

3. 管理机

管理机管理系统内所有门口机、室内机。记录系统设备运行状态，处理设备故障报警信息，记录系统内呼叫、控制信息以及电控门启闭、故障报警处警等信息。

4. 电控门

电控门由门、电控锁、门状态检测装置、人工开门按钮、闭门器等组成，接收管理机和室内机指令，电动开启或闭合。

5. 电源箱

电源箱是向访客（可视）对讲系统的主机、分机、电控锁等各部分提供电源的装置。当电源断电时，应能自动转入备用电源连续不间断地工作。当主电源恢复正常后，应自动切换为主电源工作。

6. 通信网络

通信网络连接系统各组成部分，实现数据通信，因应用环境、系统规模以及产品技术要求不同而有较大差异。

5.6.2 楼寓（可视）对讲系统组网方式

楼寓（可视）对讲系统按应用环境、联网规模以及通信技术不同可分成直接连接、单元连接、多单元互联、云对讲四种组网方式。

1. 直接连接

直接连接为独户连接模式，如图 5-63 所示，门口机与室内机（管理机）即为直接连接。

2. 单元连接

在该结构中，由于用户集中于建筑物单元中并呈垂直分布，因此门口机与用户室内机之间常采用总线网络连接，如图 5-64 所示。适用于规模不大的社区内，门口机数量多（数十台），分布又较为集中的场合。

图 5-63 直接连接

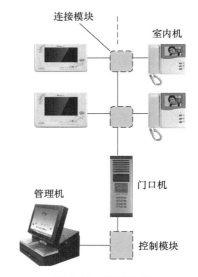

图 5-64 单元连接

3. 多单元互连

多单元互连（图 5-65）是单元连接结构的扩展，单元间通过控制总线或局域网组成网络，也有利用公共网络（如市话局交换设备）实现组网，可节省联网管、线和工程量。多单元互连结构适合较大型的居住社区采用，企事业单位也有应用。

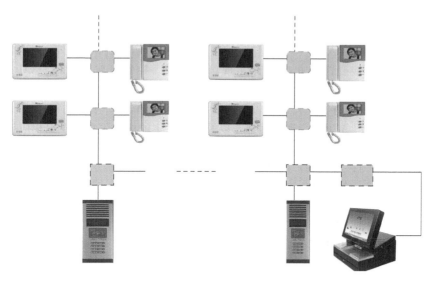

图 5-65 多单元互连

4. 云对讲

云对讲是互联网云技术在传统访客对讲系统中的应用。此种系统中用户的室内机被智能手机、Pad 等移动通信终端的 APP 所替代，门口机、系统管理机均通过有线、无线等方式直接接入互联网，在互联网云平台上交互、管理系统信息，用户可以在任何互联网抵达的地方响应访客呼叫，使用十分便捷。有些产品还将人脸识别、语音识别技术应用于系统之中。随着人工智能水准不断提升，加之系统建设、维护方便，运行成本低廉，功能扩展强大，云对讲将成为访客对讲系统发展的趋势。

一种典型云对讲系统结构如图 5-66 所示。

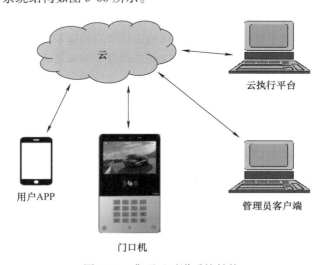

图 5-66 典型云对讲系统结构

（1）系统组成 该系统由门口机、用户 APP、管理员客户端、云执行平台四部分组成。

163

1）门口机 配置于需要控制和管理的出入口的人机互动操作控制设备，连接人工开门装置（如开门按钮）、电控开门机构（如电控门锁）。

2）用户APP 经实名认证后安装于用户移动通信终端。

3）管理员客户端 安装有特定云客户端管理平台系统软件的计算机，配置于属地的管理部门或安保部，通过互联网接入云。其功能有：授权用户APP实名制认证，管理所属区域云门口机及出入口操作信息，接受门口机呼叫，实现可视对讲、控制开锁，与用户APP双向呼叫、对讲。

4）云执行平台 安装有特定云出入口管理系统平台执行软件，主要功能是：管理和存储所有接入云的门口机、用户APP、管理员客户端以及系统发生的所有信息，发出相应执行逻辑。

（2）系统功能 系统实现如下功能：

1）识别。门口机内存所辖用户门禁卡、用户密码和用户人脸信息，能通过比对识别用户密码的真伪，识别门禁卡、人脸的合法性，同时也能通过门口机数字按键正确选呼相应户室的用户APP。

2）呼叫。能通过门口机呼叫键呼叫用户APP，用户APP移动终端能听到应答提示音。呼叫用户时具有寻呼功能，当该住室首席用户APP未响应，延时一定时间后自动改呼该室第二位APP，通常一次最多寻呼三个APP。能通过门口机直接呼叫所属区域管理员，管理员客户端工作站会显示呼叫信息和呼叫地址。

3）通话。呼叫并在被呼叫方（用户或管理员）接听后，能实现双向通话，

4）控制开锁。可通过按动人工开门按钮、授权合法门禁卡读卡、经注册备存人脸信息识别、输入数字密码等方式控制门锁启闭。

5）可视。门口机叫通用户APP后，APP终端屏幕可显示门口机摄取的视频影像，用户APP经操作"查看"后，终端屏幕可显示门口机摄取的视频影像。门口机叫通管理员后，管理员客户端工作站显示器可显示门口机摄取的视频影像。管理员客户端经操作后，可选看所属区域任何一台门口机摄取的视频影像。

6）报警。当发生门口机失电、门口机被拆、门扇常开、门被非法开启时，门口机自动向系统平台发出报警信号。

7）扩展功能。云对讲系统还可提供如下功能，包括：

① 门牌显示：当环境照度低于1 lx时，门口机显示屏自动显示预置的门牌号码。

② 操作信息提示：当门口机按键操控时，应能自动以文字和语音方式提示当前操作。

③ 实时信息公告：门口机显示屏应能以"走马灯"文字方式显示所属区域发布的公告信息。

④ 自动人脸补光：当门口机摄取图像因夜间环境照度过低或背景照度过大造成被摄人脸过暗时，可自动开启门口机补光灯，提高人脸部分的照度，改善人脸影像清晰度，便于辨别人脸特征。

⑤ 图像抓拍和存储：在使用密码、刷卡、刷脸、呼叫用户APP、呼叫管理员时，门口机可自动抓拍一帧图像，并发送至云服务器存储。

5.7 停车库（场）管理系统

停车库（场）管理系统（parking lots management system）是对进、出停车库（场）的车辆进行自动登录、监控和管理的电子系统或网络。随着我国国民经济的迅速发展，机动车数量增长很快，合理的停车场设施与管理系统不仅能解决城市的市容、交通及管理收费问题，而且能保障智能楼宇或智能住宅小区的正常运营，并加强楼宇或小区的安全。停车库（场）管理系统的作

用逐渐显现。

5.7.1　停车库（场）管理系统功能

停车库（场）管理系统的主要功能分为停车与收费，即泊车与管理两大部分。

1. 泊车

要全面达到安全、迅速停车目的，首先必须解决车辆进出与泊车的控制，并在车场内，有车位引导设施，使入场的车辆尽快找到合适的停泊车位，保证停车全过程的安全。最后，必须解决停车场出口的控制，使被允许驶出的车辆能方便迅速地驶离。

2. 管理

为实现停车场的科学管理和获得更好的经济效益，车库管理应同时有利于停车者与管理者。因此必须构建停车出入与交费迅速、简便的环境，使停车者使用方便，并能使管理者实时了解车库管理系统整体组成部分的运转情况，能随时读取、打印各组成部分数据情况并进行整个停车场的经济分析。

5.7.2　停车库（场）管理系统组成

一个停车库（场）管理系统的示意图如图 5-67 所示，基本组成有入口、库（场）区、出口和中央管理等四个部分。

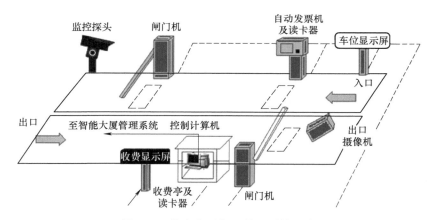

图 5-67　停车库（场）管理系统组成

1. 入口部分

入口部分主要由识读、控制、执行三部分组成，根据需要可扩充自动出卡（出票）设备、识读（引导）指示装置、图像获取设备和对讲等设备，如图 5-68a 所示。

（1）识读部分　完成车辆身份的识别，并与控制部分交互信息。其功能有：

1）判断有无车辆进入。通常车辆入口前端的地面下方安装地感线圈，感知车辆进入通道的信息，通过车检器形成数据信息，送至控制部分。

2）车辆身份识读。车辆身份标识通常以智能卡、电子标签、条形码、磁条票、打孔票和车辆号牌等表示。住宅小区、科技园区、厂区及企事业单位等自用的停车库（场），一般为用户授权发放具有时效期限的固定智能卡、电子标签等，商业时租型停车库（场）通常以自动出卡/出票装置发放临时卡/票。上述各类车辆身份标识的信息介质通过识读装置识读，将此车辆身份信息送入控制设备。

随着信息识别技术的日益成熟，车牌自动识别技术得到推广和普及，车辆号牌成为本系统

165

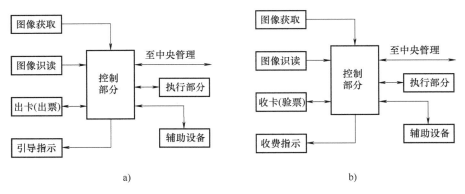

图 5-68　停车库（场）管理系统出入口部分

a）入口部分　b）出口部分

中车辆身份的标志。在车辆入口处安装车牌识别摄像机，读取车牌信息，送达控制设备。为达到预期的识别效果，车牌识别摄像机应具有防强逆光的性能，在配置入口设备中需要增配补光灯，提高车牌的光照度，使获取的车牌图像达到识别需要的清晰度。

（2）控制部分　比对车辆身份信息，根据比对结果生成控制信息送入执行设备。为此，预先必须将允许进入的车辆身份信息存入系统数据库。自用停车库（场）的系统中，用户车辆身份信息是在管理部门注册登记时预先存入系统之中。时租型停车库（场）的管理系统中，车辆身份有效信息是伴随出卡（出票）设备，在发卡出票的过程中实时存入系统数据库的。

（3）执行部分　接收控制部分的指令，驱动挡车器做出放行或阻挡动作。常见挡车器有电动栏杆机（亦称电动道闸，或电动闸机）、折叠门、卷帘门、升降式地档等。为避免因系统故障危及车辆安全，挡车器应当具备防砸车的功能，即挡车器在非闭锁状态时，具有防止执行部件碰触已进入挡车器工作区域车辆的控制逻辑。

（4）辅助设备　入口部分的辅助设备包括车位状态显示装置以及告知、提醒、报警等显示装置，引导车辆有序、规范进入。

2. 出口部分

出口部分的设备与入口部分基本相同，如图 5-68b 所示，但其扩充功能的设备有所不同，无须出卡（出票）设备和入库（场）引导指示装置，但增设了收卡（验票）设备。在时租型停车库（场）的出口部分还需要配置收费指示装置。在车牌自动识别的管理系统中，出口部分还配置一台 PC，车辆验证过程中还能自动调取该车辆入口时抓拍的图像，并与出口获取的图像在同一界面内进行直观比对，提升管理安全性。

在一些现代化程度较高的时租型大型停车库（场）内，已运用自动扫码付费的技术系统，为驾车者在驾车离场前完成扫码付费，有效避免了因收费行为致使出口堵车的现象。

3. 库（场）区部分

库（场）区部分可根据现场实际状况和管理的需求配置车辆引导装置。常采用灯光、标志牌等设施指示。为保持库（场）区的安全、有序，还可配置视频安防监控系统、电子巡查系统、紧急报警等技术系统。

目前在一些大型现代化停车库（场）中，还设有停车位自动引导系统（图 5-69）。常用的自动引导系统采用雷达侦测或图像识别技术，将库（场）内所有停车位空、满状态进行实时侦测（图 5-70），将车位空、满信息录入系统，通过管理系统的比对分析，引导入库（场）车辆就近驶向具有空位的区域停泊。

图 5-69 停车位引导系统

图 5-70 车位检测

4. 中央管理部分

中央管理部分是系统的管理与控制中心，由中央管理单元、数据管理单元（数据库）、中央管理执行设备等组成。中央管理单元和数据库通常集成在一起，中央管理执行设备主要包括车辆身份信息识别设备、授权设备、信息传输网络及灯光显示和打印等设备。

中央管理部分主要完成操作权限、车辆出入信息的管理，车辆身份注册授权和鉴别，车辆出入、停放行为的鉴别以及车辆停放时间和付费计算等功能。

5. 系统联网

停车库（场）管理系统按照停车库（场）出入口数量和管理的需要确定联网模式。

设置于同一区域的出入口的停车库（场），可将入口、出口和管理设备同置于一室（岗亭）内，就近直接连接成网。

对具有多个出入口的停车库（场）或多个停车库（场）进行集中管理时，需要专用或共用的网络予以连接，通信网络形式常见有总线网络或 TCP/IP 局域网。这样，车辆在一个入口进入在另一个出口离库（场）时，同样能够在一个数据库和管理系统中实施控制和管理。

随着物联网、移动互联网和云计算技术的发展，已经有不少场合采用将分散于不同区域、不同城市的停车库（场）管理系统连接于同一个信息平台上，进行更大范围的集中管理。该系统具有停车咨询、引导、预定车位等功能，可充分挖掘城市停车位资源，方便市民车辆停放，缓解城市"停车难"等问题。

思 考 题

1. 智能建筑安全防范系统分为哪几个子系统？

2. 简述视频安防系统的发展趋势。

3. 简述视频安防系统的组成与功能。

4. 摄像机的主要技术参数有哪些？

5. 视频监控系统组网有哪几种方式？各适合什么场合？

6. 比较模拟监控系统与数字监控系统的差别和性能特点。

7. 入侵报警探测器有哪几种类型？其基本工作原理是什么？

8. 什么是双技术探测器？应用时有什么特点？

9. 简述电子巡查系统的组成与功能。

10. 比较在线式电子巡查系统与离线式电子巡查系统的区别。

11. 简述出入口控制系统的组成与功能。

12. 简述停车库（场）管理系统组成与功能。

13. 简述楼寓（可视）对讲系统的组网方式。

14. 简述云对讲系统工作原理与组成。

15. 智能视频分析有哪些主流技术？

第 **6** 章

信息设施系统

6.1 概述

根据《智能建筑设计标准》（GB 50314—2015）的规定：智能建筑的信息设施系统是为满足建筑物的应用与管理对信息通信的需求，将各类具有接收、交换、传输、处理、存储和显示等功能的信息系统整合，形成建筑物公共通信服务综合基础条件的系统。智能建筑信息设施系统的主要作用是支持建筑内语音、数据、图像和多媒体各类信息的传送，保证建筑内外信息互联通畅，为建筑内提供信息服务，支持建筑内部的所有通信业务。

信息设施系统一般包括信息接入系统、布线系统、移动通信室内信号覆盖系统、卫星通信系统、用户电话交换系统、无线对讲系统、信息网络系统、有线电视及卫星电视接收系统、公共广播系统、会议系统、信息导引及发布系统、时钟系统等多个子系统。

6.1.1 常用的术语

1. 信息

信息通信系统中传输的具体对象就是信息，通信的最终目的是传递信息，本章在研究信息设施通信前，我们需要先来明确一下信息的含义。通常，从不同角度产生了以下三种不同的信息概念：

"语义信息"认为信息是人们为适应外部环境，并在外部环境相互进行交换的内容标记。

"技术信息"认为信息就是客观物质属性的反映。

"价值信息"认为信息具有价值性、有效性、传递性以及其他特性的知识。

如今，信息的含义已比上述定义更为广泛。信息是一种经加工为特定形式的数据，这种数据对接收者来说是非常有意义的，它是对当前或将来的行动进行决策的基础。

信息通常具有以下主要特征：

（1）可识别性 信息可以通过我们身体的感官直接识别，也可以通过各种探测或感知手段间接识别，这主要取决于信息源。

（2）可转换性 信息可以转换成如语言、文字、图像和视频等信息形式。

（3）可传递性 信息可以通过人工方式或是特定通信设备方式进行传递，也可以通过有线方式或无线方式进行传递。卫星通信可以把信息传送到具备条件的任何地方。互联网可以将信息传递到任何允许接入的设备上。

（4）可处理性 为某个特定的目的，信息可以进行加工和处理，并且不断扩充和重新生成。

（5）可存储性　信息可以利用专门的存储介质或设备进行暂时或永久的存储，便于日后需要时重新获取再次应用。

2. 数据

通常情况下，数据和信息常常被相互联通使用。

3. 信号

在数据通信与处理中，数据、信息都是以信号来表示的。信号有两种，一种是连续的，称为模拟信号；另一种是离散的，称为数字信号。

6.1.2　传输速率的相关指标

对于网络的传输速率有几种定义，它们之间有联系但又有侧重。

1. 码元传输速率

携带数据信息的信号的单元叫作码元，每秒钟通过信道传输的码元数称为码元传输速率，简称波特率，记作 R_B，单位是波特（Baud）。码元传输速率又称调制速率。

2. 数据传输速率

数据传输速率是指每秒能传输的数据位数，也称为比特传输速率，简称比特率，记作 R_b，单位为位/秒（bit/s），它可以由下式计算：

$$R = (1/T)\log_2 N$$

式中，T 为一个数字脉冲信号的宽度或重复周期（s）；N 为一个码元所取的有效离散值个数，也称调制电平数，一般取 2 的整数次。

当 $N=2$ 时，数据传输速率的公式就可简化为：$R_b = 1/T$。表示数据传输速率等于码元脉冲的重复频率。由此，可引出另一技术指标——信号传输速率，也称码元传输速率、调制速率或波特率（单位为波特，记作 Baud）。信号传输速率表示单位时间内通过信道传输的码元个数，也就是信号经调制后的传输速率。若每个码元所含的信息量为 1bit，则波特率等于比特率，计算公式为 $R_B = 1/T$(Baud) 式中，T 为信号码元的宽度（s）。

由以上两公式可以得出：$R_b = R_B\log_2 N$（bit/s），或 $R_B = R_b/\log_2 N$（Baud）。

在计算机中，一个符号的含义为高低电平，分别代表逻辑"1"和逻辑"0"，所以每个符号所含的信息量刚好为 1bit，因此在计算机通信中，常将"比特率"称为"波特率"，即 1 波特（Baud）= 1 比特（bit）= 1 位/秒（1bit/s）。

消息传输速率与比特传输速率的关系是 $r_m = \eta r_b$（bit/s），式中 η 是传输效率。

3. 带宽

带宽在模拟信号系统中也称为频带宽度（简称频宽），是指在固定的时间可传输的数据数量，是通信信道所能够通过信号的最高频率与最低频率之差，是一个频率范围。亦即在传输管道中可以传递数据的能力，通常以每秒传送周期或赫兹（Hz）来表示。如某信道能通过的最高频率为 5500Hz，最低频率 1000Hz，则信道带宽为 4500Hz，或者说频率范围在 1000～5500Hz 之间的频带宽度是 4500Hz。频宽越宽，传输数据的速度就越快。

在数字信息系统中，带宽指单位时间能通过链路的数据量，单位通常以 bit/s 来表示，即每秒可传输的位数。数字信息系统主干网络传输带宽通常是 1000M，如学校校园网。网络带宽的10M、100M 和 1000M 的单位是 bit/s（位/秒），而我们通常所说的 100M 大小的文件，这里的单位是 Byte，而 1Byte = 8bit，显然 100Mbit =（100/8）MByte = 12.5MByte。因此我们的一个 100M 文件是无法在 100M 带宽的网络中用 1s 传送完的。

6.2　信息设施系统的通信基础

6.2.1　常用通信方式

1. 串行传输与并行传输

串行传输是数据码流以串行方式在一条信道上传输。在串行传输中，每个字符所包含的码元在线路上进行顺序传输，数据流的各个比特是一位接一位地在一条信道上传输，如图6-1a所示。

并行传输是将数据以成组的方式在两条以上的并行信道上同时传输，可以同时传输一组比特，每个比特使用单独一条线路，如图6-1b所示。

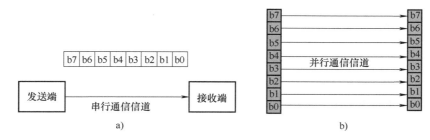

图 6-1　串行传输和并行传输

a）串行传输　b）并行传输

2. 单工、半双工、全双工

单工传输是指单方向的传输。在单工传输方式中，数据信号只能在一个方向传输，任何时候都不能两个方向的同时传输。背景音乐广播、卫星电视就是单工传输的典型例子。

双工可分为半双工和全双工。半双工传输是指数据可以在两个方向上传送，但通信的双方不能同时收发数据。采用半双工方式时，通信系统每一端的发送器和接收器，通过收/发开关转接到通信线上进行方向的切换。

在全双工传输方式中，数据信号可以同时在两个方向上传输，设备可以同时进行数据信号的发送和接收，设备在接收数据的同时也可能发送的数据。目前我们使用的计算机终端设备就是使用全双工进行通信的。单工、半双工和全双工通信如图6-2所示。

3. 同步传输与异步传输

同步传输是一种以数据块为传输单位的数据传输方式，该方式下数据块与数据块之间的时间间隔是固定的，必须严格地规定它们的时间关系。每个数据块的头部和尾部都要附加一个特殊的字符或比特序列，标记一个数据块的开始和结束，一般还要附加一个校验序列，以便对数据块进行差错控制。

异步传输（Asynchronous Transfer Mode，

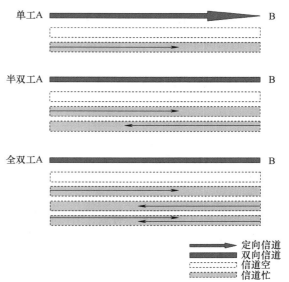

图 6-2　单工、半双工和全双工通信

ATM）是建立在电路交换和分组交换的基础上的快速分组交换技术。由于数据一般是一位接一位串行传输的，例如在传送一串字符信息时，每个字符代码由 7 位二进制位组成。但在一串二进制位中，每个 7 位又从哪一个二进制位开始算起呢？异步传输时，在传送每个数据字符之前，先发送一个叫作开始位的二进制位。当接收端收到这一信号时，就知道相继送来 7 位二进制位是一个字符数据。在这以后，接着再给出 1 位或 2 位二进制位，称作结束位。接收端收到结束位后，表示一个数据字符传送结束。这样，在异步传输时，每个字符是分别同步的，即字符中的每个二进制位是同步的，但字符与字符之间的间隙长度是不固定的。

异步传输是面向字符的传输，而同步传输是面向比特的传输。在实际工作中，常称同步传输为同步通信，异步传输为异步通信。

6.2.2　通信网的理论基础

1. 对通信网的基本要求

为了给用户提供更为良好的服务，所有通信网都需要满足一定的基本要求。这些要求主要包含以下几个方面：

（1）可靠性　可靠性是指通信网络平均故障间隔时间或平均有效运行率是否达到规定的要求。在军用通信网中，可靠性是最重要的指标，往往需要增加备用信道、设备及人力维护来保证可靠性，所以军用通信网的可靠性总是高于经济性。

（2）一致性　通信网的一致性体现在其各个子系统的通信质量指标的一致性。当网内任何两个用户进行通信时，无论其距离远近，都应有相同或相近的质量，这样的网络才是正常的。质量的一致性是规定最低的质量指标，所有的网内通信都不能低于这个指标。

（3）灵活性　网络的灵活性主要体现在用户增加的灵活性、过载能力的适应性以及推迟拥塞现象的自变性。当一个网络不能在建成后开展新用户和新业务，这样的网络的灵活性就很差。而网络的过载能力和处理拥塞现象能力则是检验一个设计优良网络的灵活性的重要指标。

（4）接通任意性　对通信网络的最基本要求就是网内任一两个用户可以相互通信。接通的同时还要求快速，否则接通可能无意义。影响快速接通的因素很多，如拥塞或转接次数和环节太多。我们可以采取一些必要的技术方式解决，如采用优先级用户通信、专线用户通信或是全网络通信等。

（5）经济适合性　经济性是一个相对概念。在一个时期，随着技术和经济发展到一定的阶段，一个通信网才能成为一个很好的网络。如果一个网络的造价太高或维护费用太大，再好的网络也是难以实现的。

2. 通信网的基本拓扑结构

通信网网络的基本拓扑结构包括：星形、环形、树形、格形、网状形和复合型等。

（1）星形网（图 6-3a）　优点：中心节点具有汇接交换功能，传输链路少，线路利用率高，经济性较好。

缺点：安全性较差，中心节点是全网可靠性的瓶颈，中心节点一旦出现故障，会造成全网瘫痪。星形网适用于通信节点分布比较分散，距离远，通信业务量不大且通信主要集中在分枝节点与中心节点之间。

（2）环形网（图 6-3b）　特点：结构简单，易于实现；可采用自愈环对网络进行自动保护，故稳定性比较高。环形结构目前主要用于计算机用户局域网、光纤接入网、城域网、光传输网等。

（3）树形网（图 6-3c）　这种结构相对于星形网降低了通信线路的成本，但增加的网络的复杂性，易于扩充。缺点是除网络中处最低层节点及其连线外，任一节点或连线的故障均影响其所在支路网络的正常工作。

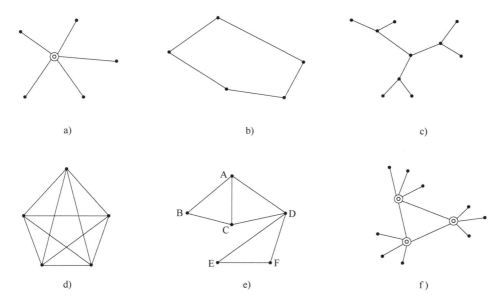

图6-3　网络拓扑结构

a）星形网拓扑结构　b）环形网拓扑结构　c）树形网拓扑结构
d）网状形网拓扑结构　e）格形网拓扑结构　f）复合型网拓扑结构

（4）网状形网（图6-3d）　优点：灵活性大，可靠性高，稳定性好，迂回线路多，可保证通信畅通。

缺点：经济性较差，线路利用率不高。

（5）格形网（图6-3e）　优点：格形网与网状形网相比，线路利用率有所提高，经济性有所改善，节点间是否需要直线线路视具体情况而定。线路利用率有所提高，经济性有所改善。

缺点：网络的可靠性比网状网有所降低。

（6）复合型网（图6-3f）　优点：吸取了星形网和网状形网的优点，比较经济，稳定性也好。

在规模较大的局域网和通信骨干网中广泛采用分级的复合型网络结构。

3. 通信网的分层结构

从功能上，通信网分为信息应用层、业务网层、接入与传送网层，如图6-4所示。

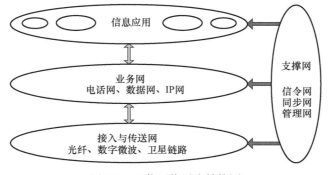

图6-4　通信网络层次结构图

（1）信息应用层　表示各种信息应用和服务种类。

（2）业务网层　表示支持各种信息服务的业务所提供的手段与装备，是现代通信网的主体，是向用户提供诸如电话、数据和图像等各种通信业务的网络。

（3）接入与传送网层　表示支持业务网层的基础设施和传送手段，包括骨干传送网和接入网。从水平观点的角度，可以将通信网分为用户驻地网（Customer Premises Network，CPN）、接入网（Access Network，AN）和核心网（Core Network，CN），如图6-5所示。

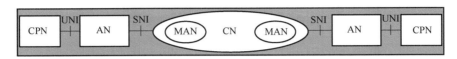

图6-5　水平观点的网络结构

图中：

UNI（User Network Interface）：用户网络接口

SNI（Service Node Interface）：业务节点接口

CPN：指用户终端到用户网络接口（UNI）之间所包含的机线设备，属于用户自己的网络。

CN：包含了交换网和传输网的功能，或者说包含了长途网和中继网的功能，在实际网络中一般分为省际干线（即一级干线）、省内干线（即二级干线）和局间中继网（即本地网或城域网）。

AN：位于CN和CPN之间，包含了连接两者的所有设施设备与线路。AN已经从功能和概念上替代了传统的用户环路结构，被称为通信网的"最后一公里"。

6.2.3　计算机网络基础

1. 基本术语

（1）IP地址　IP地址（Internet Protocol Address）是指互联网协议地址，是IP提供的一种统一的地址格式，它为互联网上的每一个网络和每一台主机分配一个逻辑地址，以此来屏蔽物理地址的差异。

1）IPv4与IPv6。常见的IP地址，分为IPv4与IPv6两大类。IPv4地址是一个32位的二进制数，它由网络ID和主机ID两部分组成，用作网络中一台计算机的唯一标识。网络ID用来标识计算机所处的网段；主机ID用来标识计算机在网段中的位置。IP地址通常用"点分十进制"表示成（a.b.c.d）的形式，其中，a、b、c、d都是0~255之间的十进制整数，比如192.168.1.12。

IPv6是下一版本的互联网协议，IPv4定义的有限地址空间将被耗尽，而地址空间的不足必将妨碍互联网的进一步发展。为了扩大地址空间，拟通过IPv6以重新定义地址空间。IPv6用128位表示IP地址，其表示为8组4位十六进制数，中间为"："分隔。比如，AB32：33ea：89dc：cc47：abcd：ef12：abcd：ef12。

2）IP地址类型。

① 公有地址。公有地址（Public Address）由InterNIC（Internet Network Information Center，因特网信息中心）负责。这些IP地址分配给注册并向InterNIC提出申请的组织机构。通过它直接访问因特网。

② 私有地址。私有地址（Private Address）属于非注册地址，专门为组织机构内部使用。

以下列出留用的内部私有地址：

A类：10.0.0.0~10.255.255.255

B类：172.16.0.0~172.31.255.255

C类：192.168.0.0~192.168.255.255

3）IP地址的分类。为了方便IP寻址将IP地址划分为A、B、C、D和E五类，每类IP地址对各个IP地址中用来表示网络ID和主机ID的位数做了明确的规定。当主机ID的位数确定之后，一个网络中能够包含的计算机数目也就确定，用户可根据企业需要灵活选择一类IP地址构建网络结构。

①A类地址。A类地址用IP地址前8位表示网络ID，用IP地址后24位表示主机ID，即A类IP地址就由1字节的网络地址和3字节主机地址组成。A类地址用来表示网络ID的第一位必须以0开始，其他7位可以是任意值，当其他7位全为0是网络ID最小，即为0；当其他7位全为1时网络ID最大，即为127。网络ID不能为0，它有特殊的用途，用来表示所有网段，所以网络ID最小为1；网络ID也不能为127；127用来作为网络回路测试用。所以A类网络ID的有效范围是1~126，共126个网络。

A类IP地址范围：1.0.0.1 ~ 127.255.255.254（二进制表示为：00000001 00000000 00000000 00000001~01111111 11111111 11111111 11111110）。最后一个是广播地址。

②B类地址。B类地址用IP地址前16位表示网络ID，用IP地址后16位表示主机ID。B类地址用来表示网络ID的前两位必须以10开始，其他14位可以是任意值，当其他14位全为0是网络ID最小，即为128；当其他14位全为1时网络ID最大，第一个字节数最大，即为191。B类IP地址第一个字节的有效范围为128~191，共16384个B类网络。B类IP地址的子网掩码为255.255.0.0，每个网络支持的最大主机数为$256^2-2=65534$（台）。

B类IP地址范围：128.0.0.1 ~ 191.255.255.254（二进制表示为：10000000 00000000 00000000 00000001~10111111 11111111 11111111 11111110）。最后一个是广播地址。

③C类地址。C类地址用IP地址前24位表示网络ID，用IP地址后8位表示主机ID。C类地址用来表示网络ID的前三位必须以110开始，其他22位可以是任意值，当其他22位全为0是网络ID最小，IP地址的第一个字节为192；当其他22位全为1时网络ID最大，第一个字节数最大，即为223。C类IP地址第一个字节的有效范围为192~223，共2097152个C类网络；每个C类网络可以包含256-2=254（台）主机。

C类IP地址范围：192.0.0.1 ~ 223.255.255.254（二进制表示为：11000000 00000000 00000000 00000001~11011111 11111111 11111111 11111110）。

④D类地址。D类地址用来多播使用，也称为组播地址。没有网络ID和主机ID之分，D类IP地址的第一个字节前四位必须以"1110"开始，其他28位可以是任何值。D类IP地址的有效范围为224.0.0.0~239.255.255.255。

⑤E类地址。E类地址保留实验用，没有网络ID和主机ID之分，E类IP地址的第一字节前四位必须以1111开始，其他28位可以是任何值，则E类IP地址的有效范围为240.0.0.0~255.255.255.254。其中255.255.255.255表示广播地址。

在实际应用中，只有A、B和C三类IP地址能够直接分配给主机，D类和E类不能直接分配给计算机。

4）特殊的IP地址。

①每一个字节都为0的地址（"0.0.0.0"）对应于当前主机。

②IP地址中的每一个字节都为1的IP地址（"255.255.255.255"）是当前子网的广播地址。

③IP地址中凡是以"11110"开头的E类IP地址都保留用于将来实验。

④IP地址中不能以十进制"127"作为开头，该类地址中数字127.0.0.1到127.255.255.255用于回路测试，如：127.0.0.1可以代表本机IP地址，用"http://127.0.0.1"就可以测试本机中配置的Web服务器。

⑤ 网络 ID 的第一个 6 位组也不能全置为"0"，全"0"表示本地网络。

5）子网掩码。网络 ID 用来表示计算机属于哪一个网络，网络 ID 相同的计算机就能够通过网络交换机连接通信或直接通信，不需要通过路由器连接。我们把网络 ID 相同的计算机组成一个网络称之为本地网络（网段）；网络 ID 不相同的计算机之间通信必须通过路由器连接。

当为一台计算机分配 IP 地址后，该计算机的 IP 地址哪部分表示网络 ID，哪部分表示主机 ID，并不由 IP 地址所属的类来确定，而是由子网掩码确定。子网确定一个 IP 地址属于哪一个子网。

子网掩码（NetMask）的格式是以连续的 255 后面跟连续的 0 表示，其中连续的 255 这部分表示网络 ID；连续 0 部分表示主机 ID。对于传统 IP 地址分类来说，A 类地址的子网掩码是 255.0.0.0；B 类地址的子网掩码是 255.255.0.0；C 类地址的子网掩码是 255.255.255.0。

根据子网掩码的格式可以发现，子网掩码有 0.0.0.0、255.0.0.0、255.255.0.0、255.255.255.0 和 255.255.255.255 共五种。采用这种格式的子网掩码每个网络中主机的数目相差至少为 256 倍，不利于灵活根据企业需要分配 IP 地址。

网络 ID 是 IP 地址与子网掩码进行"与运算"获得，即将 IP 地址中表示主机 ID 的部分全部变为 0，表示网络 ID 的部分保持不变，则网络 ID 的格式与 IP 地址相同都是 32 位的二进制数；主机 ID 就是表示主机 ID 的部分。

例如 IP 地址：192.168.60.21　　子网掩码：255.255.0.0

网络 ID：192.168.0.0 主机 ID：60.21

如果要将一个 B 类网络 168.115.0.0 划分为多个 C 类子网来用，只要将其子网掩码设置为 255.255.255.0 即可，这样 168.115.1.1 和 168.115.2.1 就分属于不同的网络了。像这样，通过较长的子网掩码将一个网络划分为多个网络的方法就叫作划分子网（Subnetting）。

6）子网和 CIDR。将常规的子网掩码转换为二进制，将发现子网掩码格式为连续的二进制 1 后跟连续 0，其中子网掩码中为 1 的部分表示网络 ID，子网掩中为 0 的表示主机 ID。比如 255.255.0.0 转换为二进制为 11111111.11111111.00000000.00000000。

采用这种方案的 IP 寻址技术称之为无类域间路由（Classless Inter-Domain Routing，CIDR）。CIDR 技术用子网掩码中连续的 1 部分表示网络 ID，连续的 0 部分表示主机 ID。

CIDR 表示方法：IP 地址/网络 ID 的位数，比如 192.168.55.17/21，其中用 21 位表示网络 ID，指子网掩码中有 21 个 1，即 11111111.11111111.11111000.00000000（255.255.248.0）。

（2）交换机 VLAN 配置

1）VLAN 的定义。VLAN（Virtual Local Area Network，虚拟局域网）是将一个物理局域网（LAN）在逻辑上划分成多个广播域的通信技术。以太网是一种基于载波侦听多路访问冲突检测（Carrier Sense Multiple Access/Collision Detection，CSMA/CD）的共享通信介质的数据网络通信技术。当主机数目较多时会导致冲突严重、广播泛滥、性能显著下降甚至造成网络不可用等问题。通过交换机（Local Area Network，LAN）实现互联虽然可以解决冲突严重的问题，但仍然不能隔离广播报文和提升网络质量。在这种情况下出现了 VLAN 技术，这种技术可以把一个 LAN 划分成多个逻辑 VLAN。每个 VLAN 是一个广播域，VLAN 内的主机间通信就如同在一个 LAN 内一样。而 VLAN 间则不能直接互通，如广播报文就被限制在一个 VLAN 内。

2）VLAN 划分。

① 基于端口 VLAN 划分。许多 VLAN 厂商都利用交换机的端口来划分 VLAN 网段。被设定的端口都在同一个广播域中。例如，一个 8 口网络交换机的 1、2、3、4、5 端口被定义为虚拟网 VLAN1，同一交换机的 6、7、8 端口组成虚拟网 VLAN2。这样做允许各端口之间的通信，并允许共享网络的升级。但是，这种划分模式将虚拟网限制在了一台交换机上。

第二代端口 VLAN 技术允许跨越多个交换机的多个不同端口划分 VLAN，不同交换机上的若干个端口可以组成同一个虚拟网。同一个 VLAN 的用户主机被连接在不同的交换机上。当 VLAN 跨越交换机时，就需要交换机间的接口能够同时识别和发送跨越交换机的 VLAN 报文。这时，需要用到 Trunk Link 技术。

图 6-6 是一个典型的 VLAN 应用组网图。两台交换机放置在不同的地点，比如写字楼的不同楼层。每台交换机分别连接两台计算机，这四台分别属于两个不同的 VLAN，比如不同的企业客户。在图 6-6 中，一个点画线框内表示一个 VLAN。

② 基于 MAC 地址 VLAN 划分。对每个 MAC 地址的主机都配置它属于哪个组。这种划分 VLAN 方法的最大优点就是当用户物理位置移动时，即从一个交换机换到其他的交换机时，VLAN 不用重新配置，所以，可以认为这种根据 MAC 地址的划分方法是基于用户的 VLAN。这种方法的缺点是初始化时所有的用户都必须进行配置，用户数量比较多时，配置是非常累的。

③ 基于网络层 VLAN 划分。这种划分 VLAN 的方法是根据每个主机的网络层地址或协议类型（如果支持多协议）来划分。虽然这种划分方法是根据网络地址，比如 IP 地址，但它不是路由，与网络层的路由毫无关系。

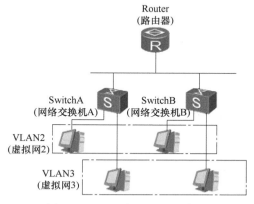

图 6-6　VLAN 应用组网示意图

优点是用户的物理位置改变了，不需要重新配置所属的 VLAN，而且可以根据协议类型来划分 VLAN，这对网络管理者来说很重要，并且这种方法不需要附加的帧标签来识别 VLAN，这样可以减少网络的通信量。而缺点是效率低，因为检查每一个数据包的网络层地址是需要消耗处理时间的（相对于前面两种方法）。一般的交换机芯片都可以自动检查网络上数据包的以太网帧头，但要让芯片能检查 IP 帧头，需要更高的技术，同时也更费时。

④ 基于规则的 VLAN，也称为基于策略的 VLAN。这是最灵活的 VLAN 划分方法，具有自动配置的能力，能够把相关的用户连成一体，在逻辑划分上称为"关系网络"。网络管理员只需在网管软件中确定划分 VLAN 的规则（或属性），那么当一个站点加入网络中时，将会被"感知"，并被自动地导向进入正确的 VLAN 中。同时，对站点的移动和改变也可自动识别和跟踪。

采用这种方法，整个网络可以非常方便地通过路由器扩展网络规模。有的产品还支持一个端口上的主机分别属于不同的 VLAN，这在交换机与共享式 Hub 共存的环境中显得尤为重要。自动配置 VLAN 时，网络交换机中的软件自动检查进入交换机端口的广播信息的 IP 源地址，然后软件自动将这个端口分配给一个由 IP 子网映射成的 VLAN

3）端口类型介绍。交换机端口有三种类型，分别为 Access 用户模式、Trunk 链路模式和 Hybrid 模式。Access 类型端口只允许默认 VLAN 的以太网帧，也就是说只能属于一个 VLAN，Access 端口在收到以太网帧后打上 VLAN 标签，转发时再剥离 VLAN 标签，一般情况下一端连接的是计算机。Trunk 类型端口可以允许多个 VLAN 通过，可以接收并转发多个 VLAN 的报文，一般作用于交换机之间连接的端口。在网络的分层结构方面，Trunk 被解释为"端口聚合"，就是把多个物理端口捆绑在一起作为一个逻辑端口使用，作用可以扩展带宽和做链路的备份。Hybrid 类型的端口跟 Trunk 类型端口很相似，也是可以允许多个 VLAN 通过，可以接收和发送多个 VLAN 的报文，可以作用于交换机之间，也可以作用于连接用户的计算机端口上。跟 Trunk 端口不同的是，Hybrid 端口可以允许多个 VLAN 发送时不打标签，而 Trunk 端口只允许默认 VLAN 的报文发送时不打标签。

为了提高处理效率，交换机内部的数据帧一律都带有 VLAN Tag，以统一方式处理。当一个数据帧进入交换机接口时，如果没有带 VLAN Tag，且该接口上配置了 PVID（Port Default VLAN ID），那么，该数据帧就会被标记上接口的 PVID。如果数据帧已经带有 VLAN Tag，那么，即使接口已经配置了 PVID，交换机也不会再给数据帧标记 VLAN Tag。

（3）路由器

1）静态路由概述。当网络结构比较简单时，配置静态路由可以方便地实现网络设备互通。在复杂的大型网络中，由于静态路由不随网络拓扑变化而变化，使用静态路由可为重要的应用保证带宽。

2）设备支持的静态路由特性。设备支持的静态路由特性有 IPv4 静态路由、IPv6 静态路由、静态缺省路由、IPv4 静态路由与 BFD 联动。IPv4 静态路由和 IPv6 静态路由需要管理员手工配置，用于实现结构简单网络中设备的互通和保证网络中重要应用的带宽。

如果报文目的地址不能与路由表的任何入口项相匹配，则该报文将选取缺省路由。如果没有缺省路由且报文的目的地址不在路由表中，则该报文将被丢弃，并向源端返回一个 ICMP 报文，报告该目的地址或网络不可达。

（4）DHCP 服务器　DHCP（Dynamic Host Configuration Protocol，动态主机设置协议）是一个局域网的网络协议，使用 UDP 工作，主要作用是集中地管理、分配 IP 地址，使网络环境中的主机动态地获得 IP 地址、Gateway 地址、DNS 服务器地址等信息，并能够提升地址的使用率。

DHCP 采用客户端/服务器模型，主机地址的动态分配任务由网络主机驱动。当 DHCP 服务器接收到来自网络主机申请地址的信息时，才会向网络主机发送相关的地址配置等信息，以实现网络主机地址信息的动态配置。

DHCP 有三种机制分配 IP 地址：

1）自动分配方式（Automatic Allocation），DHCP 服务器为主机指定一个永久性的 IP 地址，一旦 DHCP 客户端第一次成功从 DHCP 服务器端租用到 IP 地址后，就可以永久性地使用该地址。

2）动态分配方式（Dynamic Allocation），DHCP 服务器给主机指定一个具有时间限制的 IP 地址，时间到期或主机明确表示放弃该地址时，该地址可以被其他主机使用。

3）手工分配方式（Manual Allocation），客户端的 IP 地址是由网络管理员指定的，DHCP 服务器只是将指定的 IP 地址告诉客户端主机。

（5）QoS 功能配置

1）QoS 定义。QoS（Quality of Service，服务质量）指一个网络能够利用各种基础技术，为指定的网络通信提供更好的服务能力，是用来解决网络延迟和阻塞等问题的一种技术，可以通过保证传输的带宽、降低传送的时延、降低数据的丢包率以及时延抖动等措施来提高服务质量。

对使用者来说，网络中的通信服务和性能要求各不相同，比如，当使用类似软件下载业务时，希望在下载过程中能获得尽量多的带宽，而使用 IP 网络语音电话业务时则希望能保证尽量少的延迟等。如果给予软件下载业务更多的带宽，就会损害其他网络业务的服务质量。根据网络对应用的控制能力的不同，可以把网络 QoS 能力分为以下三种服务：

① 尽力而为服务（Best Effort Service）。只提供基本连接，对于分组何时以及是否被传送到目的地没有任何保证，并且只有当路由器输入/输出缓冲区队列耗光时分组才会被丢弃。拥塞管理中的 FIFO（First In First Out，先进先出）队列其实就是一种尽力而为的服务。尽力而为服务实质上并不属于 QoS 的范畴，因为在转发尽力而为的通信时，并没有提供任何服务或传送保证。

② 区分服务 (Differentiated Service)。在区分服务中，根据服务要求对通信进行分类。网络根据配置好的 QoS 机制来区分每一类通信，并为之服务。这种提供 QoS 的方案通常称作 COS (Class of Service，服务等级)。区分服务本身并不提供服务保证，它只是区分通信，从而优先处理某种通信，因此这种服务也叫作软 QoS。

区分服务一般用来为一些重要的应用提供端到端的 QoS，它通过下列技术来实现：

流量标记与控制技术：它根据报文的 ToS 或 CoS 值（对于 IP 报文是指 IP 优先级或者 DSCP 等）、IP 报文的五元组（协议、源地址、目的地址、源端口号、目的端口号）等信息进行报文分类，完成报文的标记和流量监管。目前实现流量监管技术多采用令牌桶机制。

拥塞管理与拥塞避免技术：WRED、PQ、CQ、WFQ、CBWFQ 等队列技术对拥塞的报文进行缓存和调度，实现拥塞管理与拥塞避免。

③ 综合服务 (Integrated Service)。综合服务在节点发送报文前需要申请预留网络资源，确保网络能够满足通信流的特定服务要求。综合服务因此也称作硬 QoS，因为它能够对应用提供严格的服务保证。

综合服务是通过信令 (Signal) 来申请网络资源的，应用程序首先通知所属网络自己的流量参数和需要的特定服务质量请求，包括带宽、时延等，应用程序一般在收到网络的确认信息，即确认网络已经为这个应用程序的报文预留了资源后，才开始发送报文。同时应用程序发出的报文应该控制在流量参数描述的范围以内。负责完成这个保证服务的信令为资源预留协议 (Resource Reservation Protocol，RSVP)，它通知路由器应用程序的 QoS 需求，保证服务要求为单个流预先保留所有连接路径上的网络资源。而当前在 Internet 主干网络上有着成千上万条应用流，保证服务如果要为每一条流提供 QoS 服务就变得不可想象了，所以综合服务很难应用于大规模网络。

2）QoS 分类。QoS 分类过程是根据信任策略或者根据分析每个报文的内容来确定将这些报文归类到以 CoS 值来表示的各个数据流中，因此分类动作的核心任务是确定输入报文的 CoS 值。分类发生在端口接收输入报文阶段，当某个端口关联了一个表示 QoS 策略后，分类就在该端口上生效，它对所有从该端口输入的报文起作用。

（6）网络系统测试　系统测试是网络系统部署中一个十分重要的阶段，其重要性体现在它保证系统质量和可靠性。计算机网络系统性能指标主要包括系统连通性、链路传输速率、吞吐率、传输时延及链路层健康状况指标。一般网络系统测试包括上述指标，实际项目中根据网络和业务特点自行调整。

2. ISO/OSI 七层参考模型

1）物理层规定了激活、维持、关闭通信端点之间的机械特性、电气特性、功能特性以及过程特性。该层为上层协议提供了一个传输数据的物理媒体。属于物理层定义的典型规范包括 EIA/TIA RS-232、EIA/TIA RS-449、V.35、RJ-45 等

2）数据链路层在不可靠的物理介质上提供可靠的传输。该层的作用包括：物理地址寻址、数据的成帧、流量控制、数据的检错、重发等。数据链路层协议的代表包括 SDLC、HDLC、PPP、STP、帧中继等。

3）网络层负责对子网间的数据包进行路由选择。此外，网络层还可以实现拥塞控制、网际互联等功能。网络层协议的代表包括 IP、IPX、RIP、OSPF 等。

4）传输层，这是一个端到端，即主机到主机的层次。传输层负责将上层数据分段并提供端到端的、可靠的或不可靠的传输。此外，传输层还要处理端到端的差错控制和流量控制问题。传输层协议的代表包括 TCP、UDP、SPX 等。

5）会话层管理主机之间的会话进程，即负责建立、管理、终止进程之间的会话。会话层还

利用在数据中插入校验点来实现数据的同步。会话层协议的代表包括 NetBIOS、ZIP（AppleTalk 区域信息协议）等。

6）表示层对上层数据或信息进行变换，以保证一个主机应用层信息可以被另一个主机的应用程序理解。表示层的数据转换包括数据的加密、压缩、格式转换等。表示层协议的代表包括 ASCII、ASN.1、JPEG、MPEG 等。

7）应用层为操作系统或网络应用程序提供访问网络服务的接口。应用层协议的代表包括 Telnet、FTP、HTTP、SNMP 等。

3. TCP/IP 模型

TCP/IP 模型包含了一簇网络协议，TCP 和 IP 是其中最重要的两个协议。这一簇协议产生的时间早于 OSI 模型，它们工作得很好，已经被公认为事实上的标准，是国际互联网所采用的标准协议。TCP/IP 模型由四个层次组成，如图 6-7 所示。

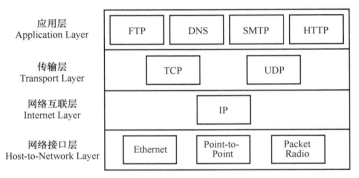

图 6-7　TCP/IP 模型

（1）网络接口层（Host-to-Network Layer）也称为主机-网络层。在 TCP/IP 参考模型中没有详细定义这一层的功能，只是指出通信主机必须采用某种协议连接到网络上，并且能够传输网络数据分组。具体使用哪种协议，在本层里没有规定。实际上根据主机、网络类型与网络拓扑结构的不同，局域网基本上采用了 IEEE 802 系列的协议，如 IEEE 802.3 以太网协议、IEEE 802.5 令牌环网协议；广域网较常采用的协议有 PPP（Point-to-Point）、帧中继、X.25 等。

事实上，网络接口层运行的协议就是原来物理网络所运行的低两层协议（如以太网）或低三层协议（如 X.25）。一般地说，网络接口层协议就运行在网卡中，即网卡驱动程序功能 OSI 协议中的物理层、数据链路层以及网络层的一部分功能相对应协议——各通信子网本身固有的协议，如 IEEE802.3、IEEE802.5 等协议。

（2）网络互联层（Internet Layer）该层协议即 IP（Internet Protocol），运行在 IP 网关的网络接口层协议之上，提供无连接的网络服务。它跨接了两个不同的或相同的网络，如图 6-8 所示。这一层是整个体系结构的关键部分，分组路由和避免阻塞是其主要任务。

IP 实现了不同物理网络的无缝连接，屏蔽了不同物理网络的细节。在用户看来，Internet 是一个单一的网络，因为在 IP 层，我们看到的是全网（Internet）统一格式的 IP 分组。事实上，IP 分组必须要通过实际的物理网络来传送。不同的物理网络要求有不同的帧格式和帧长度。IP 层从网络接口层收到的是前一物理网络的一个去掉了帧头和帧尾的 IP 分组，这个分组在前一网络中是作为数据被封装的。IP 层下面要进行的工作是间接寻径，即为了将此分组送到目标主机，应该将该分组传送到下面哪个 IP 网关。在确定了下一个网关后，就要确定应该将此分组发送到哪一个物理网络上，这步操作称为直接寻径，如图 6-9 所示。

（3）传输层（Transport Layer）主要功能是负责端到端的对等实体之间进行通信，对高层屏

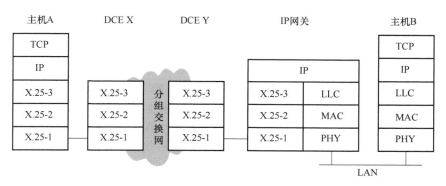

图 6-8　IP 应用

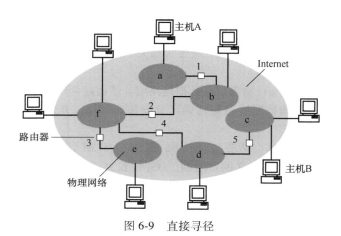

图 6-9　直接寻径

蔽了底层网络的实现细节。TCP/IP 参考模型的传输层完全是建立在包交换通信子网基础之上的，它定义了两个协议：传输控制协议（Transport Control Protocol，TCP）与用户数据报协议（User Datagram Protocol，UDP）。

TCP 是可靠的、面向连接的协议。它用于包交换的计算机通信网络、互联系统及类似的网络上，保证通信主机之间有可靠的字节流传输。UDP 是一种不可靠的、无连接协议。UDP 最大的优点是协议简单，额外开销小，效率较高；缺点是不保证正确传输，也不排除重复信息的发生。需要可靠数据传输保证的应用应选择 TCP；相反，对数据精度要求不是太高，而对速度、效率要求很高的环境，如音频和视频的传输，应该选用 UDP。

（4）应用层（Application Layer）是 TCP/IP 协议簇的最高层，它包含了 OSI 参考模型中会话层、表示层和应用层这些高层协议的所有功能。目前，互联网上常用的应用层协议有下面几种：

1）简单邮件传输协议（SMTP）：负责互联网中电子邮件的传递。

2）超文本传输协议（HTTP）：提供 Web 服务。

3）远程登录协议（TELNET）：实现对主机的远程登录功能，常用的电子公告牌系统 BBS 使用的就是这个协议。

4）文件传输协议（FTP）：用于交互式文件传输，如下载软件使用的就是这个协议。

5）网络新闻传输协议（NNTP）：为用户提供新闻订阅功能，每个用户既是读者又是作者。

6）域名服务（DNS）：实现逻辑地址（如 IP 地址）到域名地址的转换。

181

7）简单网络管理协议（SNMP）：对网络设备和应用提供相应的管理。

8）路由协议（如 RIP/OSPF）：完成网络设备间路由信息的交换和更新。

这些协议中经常接触到的有 SMTP、HTTP、TELNET、FTP、NNTP。一些协议是最终用户不需要直接了解但又必不可少的，如 DNS、SNMP、RIP/OSPF 等

TCP/IP 模型产生于实践中，无缝隙地连接多个网络的能力一开始就被确定为它的主要设计目标。协议先于模型出现，模型实际上只是对已有协议的描述，因而协议与模型配合得很好。与 OSI 模型相比，它十分简单，然而却十分实用、十分有效。TCP/IP 历史比 OSI 悠久，得到许多大公司和学术部门的强力支持，因而使用十分普遍，已经占领了广大的市场。TCP/IP 在其成功的基础上坚持不断地发展和完善，他们始终密切注视着 OSI 的动向，不断吸收其成功之处。这些都使 TCP/IP 的地位日益巩固。然而 TCP/IP 模型也有许多缺点：

1）它没有明确地区分服务、接口和协议。因此，如果使用新技术来设计新网络，则它不是一个太好的模板。

2）它完全不是通用性的，不适合描述 TCP/IP 之外的任何协议栈。

3）在分层协议中，主机网络层根本不是通常意义下的层，它只是一个接口，处于网络层和数据链路层之间。

4）它不区分（甚至不提及）物理层和数据链路层。然而这两层是完全不同的。物理层必须处理传输介质的传输特点。而数据链路层则要区分帧头和帧尾，并以需要的可靠性把帧从一端传到另一端。

根据上述可知，如果不考虑会话层和表示层，那么，OSI 模型对于描述计算机网络的体系结构、分析其运行原理，是特别有意义的。然而，OSI 协议并未流行。TCP/IP 模型正好相反，模型实际上不存在，但协议却被广泛使用。

OSI 参考模型与 TCP/IP 模型的比较如图 6-10 所示。

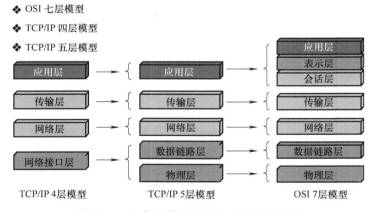

图 6-10　OSI 参考模型与 TCP/IP 模型的比较

6.3　信息设施系统的发展

信息设施系统是智能建筑中最基础的系统，也是建设智慧城市的基础。在国家智慧城市的推进中，物联网、云计算、下一代互联网、5G 技术等将得到广泛应用，传统网络将向下一代通信网络和互联网络演进。

随着网络体系结构的演变、宽带技术的发展以及 5G 技术推广，全光网络已成为城市中信息

交互的必要基础设施和通信资源，为建筑间的信息高速交互提供了优异的承载能力，为信息应用发展提供了前所未有的驱动力。目前，无源光网络（PON）是指一种点对点的光接入技术及相应的系统，是一种有线光网络，主要有两种 PON 技术，一种是由 ITU 全业务接入网（Full Service Access Network，FSAN）论坛制定的标准 GPON，另一个是由 IEEE 802.3ah 工作组制定的标准 EPON。

随着 5G 无线网络的商用，其所具有的下行速度快、网络容量大以及时延低等优点，必将极大地提升建筑信息设施系统的功能，并创造出基于全新建筑信息设施应用系统。而人工智能（Artificial Intelligence，AI）技术的引入，建筑信息设施系统及其应用未来会更加人性化、融合化及智能化。

不同类型建筑的信息设施系统所包含的子系统不完全相同，可根据具体的需求配置不同的子系统。下面主要介绍电话交换机系统、信息网络系统、有线电视网、公共广播系统、会议系统等四大子系统，布线系统将在第 7 章中进行介绍。

6.4　电话交换机系统

这里提到的电话交换机系统是指用户电话交换机系统，它由用户自建，通过中继线连接公共电话网，由程控交换机、话务台、终端等组成。

当前使用的电话交换机系统已经发展为计算机程序控制的程控数字用户交换机（Private Automatic Branch Exchange，PABE）。程控数字用户交换机结构简单、功能强、体积小、应用范围广，是智能建筑中通信系统的控制枢纽。除提供语音服务功能外，它还能为智能建筑用户提供传真、数据、图像、视频等多媒体通信，从而构成了综合业务数字通信网（Integrated Services Digital Network，ISDN）。

6.4.1　系统功能

电话交换系统早期通常是人工、机械、电子的交换方式，如今的程控数字交换系统不仅实现了数字语音通信，还能实现传真、数据、图像、视频以及移动通信业务的综合性通信，构成为综合业务数字网。

用户电话交换系统的建设可参照《用户电话交换系统工程设计规范》（GB/T 50622—2010）。

6.4.2　系统架构

用户电话交换系统通常由用户电话交换机、话务台、终端及辅助设备组成。用户电话交换机可分为 PBX、ISPBX、IPPBX、软交换用户电话交换机等。终端可分为 PSTN 终端、ISDN 终端、IP 终端等。用户电话交换机应根据用户使用业务功能需要，提供与终端、专网内其他通信系统、公网等连接的通信业务接口。

用户电话交换机中，ISPBX 指窄带综合业务数字网中具有第二类网络终接功能的用户电话交换机；IPPBX 指支持互联网协议的用户电话交换机。各设备系统结构及接口示意如图 6-11 ~ 图 6-14 所示。

1. PBX 系统架构

PBX 系统（图 6-11）把各种控制功能、步骤、方法编成程序，放入存储器，利用存储器中所存储的程序来控制整个电话交换机的工作。程控电话交换机主要由话路部分和控制部分组成，其话路部分与纵横制交换机的话路部分相似，主要负责信号的传输、转换和交换，而控制部分则是一台电子计算机，包括中央处理器、存储器和输入/输出设备，负责所有数据的计算、存储等。

PBX 系统多用于企业内部使用的电话业务网络，系统内部的分机用户可以共享系统的外线话路资源。

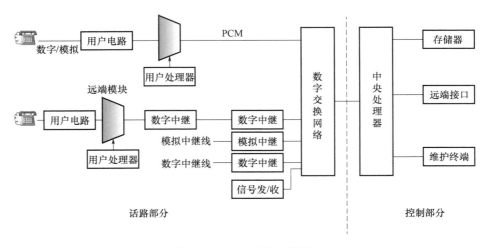

图 6-11　PBX 系统架构图

2. ISPBX 系统架构

ISPBX 系统（图 6-12）是公用 ISDN 的末端通信设备，不仅具有处理 ISDN 业务的性能，还具有数字程控用户交换设备的各种功能。基本功能包括原有电话用户交换机的功能和 ISDN 功能。

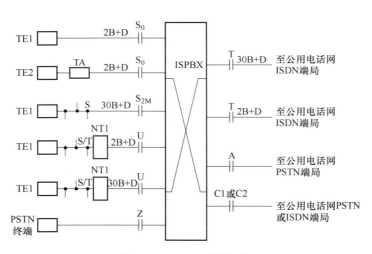

图 6-12　ISPBX 系统架构

3. IPPBX 系统架构

IPPBX 是一种基于 IP 的公司电话系统，系统可以完全将话音通信集成到公司的数据网络中。传统的 PBX 系统维护费用昂贵，而且在支持员工分散工作的功能方面具有局限性。为使所有通信畅通无阻，IT 管理人员现在开始部署基于 IP 的公司电话系统 IPPBX。这些系统可以完全将话音通信集成到公司的数据网络中，从而建立能够连接分布在全球各地办公地点和员工的统一话音和数据网络（图 6-13）。

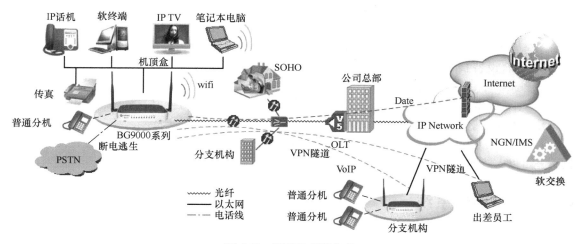

图 6-13　IPPBX 系统架构

4. 软交换用户电话交换机系统架构

软交换用户电话交换机包括软交换机和网关设备。其中，网关设备分为接入网关、中继网关、接入/中继网关、综合接入网关。接入网关可接 PSTN 终端、ISDN 终端；中继网关实现与公用电话网的中继器连接；接入/中继网关是接入网关和中继网关的混合网关类设备，即可带 PSTN 终端、ISDN 终端，并与公用电话网的中继器连接；综合接入网关相对于其他网关来说容量较小，可带 PSTN 终端、ISDN 终端和 IP 终端，也可以实现与公用电话网的中继器连接。一个软交换机可带一个或多个网关设备，多个网关设备可同址，也可异地（图 6-14）。

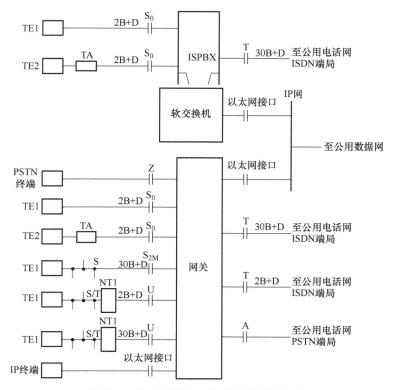

图 6-14　软交换用户电话交换机系统架构

185

软交换用户电话交换机的几个重要特征：

1）开放的业务生成接口。可以提供多种业务开发接口和协议，如 SIP（Session Initiation Protocol，会话初始协议）、Parlay API（开放业务接入的应用程序接口）等接口。

2）综合设备接入能力和接入协议。支持提供多种接入协议，如 MGCP（Media Gateway Control Protocol，介质网关控制协议）、H. 248、SIP、H. 323 等协议。

3）基于策略的运行支持系统。按照一定的策略对网络系统进行实时、智能、集中式地调整和干预，以保证整个系统的可靠性和稳定性。

4）组网能力与中继信令的支持能力。对于其他软交换系统和 PSTN 系统可以进行复杂的组网，并可以支持 SIGTRAN（Signaling Transport，信令传输）。

6.5 信息网络系统

信息网络系统是通过通信介质，由操作者、计算机及其他外围设备等组成且实现信息收集、传递、存储、加工、维护和使用的系统。智能化系统中的信息网络主要是建筑物或建筑群中计算机局域网。

信息网络系统一般根据建筑运营模式、业务性质、应用功能、环境安全条件及使用需求，进行系统组网的架构规划。同时，建立各类用户完整的公用和专用的信息通信链路，支撑建筑内多种类智能化信息的端到端传输，并成为建筑内各类信息通信安全传递的通道；系统可以适应数字化技术发展和网络化传输趋向，对智能化系统的信息传输，应按信息类别的功能性区分、信息承载的负载量分析、应用架构形式优化等要求进行处理，并应满足建筑智能化信息网络实现的统一性要求。网络拓扑架构应满足建筑使用功能的构成状况、业务需求及信息传输的要求。系统应根据信息接入方式和网络子网划分等配置路由设备，并应根据用户工作业务特性、运行信息流量、服务质量要求和网络拓扑架构形式等，配置服务器、网络交换设备、信息通信链路、信息端口及信息网络系统等。建筑物内信息网络系统与建筑物外部的相关信息网互联时，应设置有效抵御干扰和入侵的防火墙等安全措施，配置相应的信息安全保障设备和网络管理系统，采用专业化、模块化、结构化的系统架构形式，从而具有灵活性、可扩展性和可管理性。

6.5.1 系统功能

信息网络根据承载业务的需要一般划分为业务信息网和智能化设施信息网，其中智能化设施信息网用于承载公共广播、信息引导及发布、视频安防监控、出入口控制、建筑设备监控等智能化系统设施信息，该信息网可采用单独组网或统一组网的系统架构，并根据各系统的业务流量状况等，通过 VLAN、QoS 等保障策略提供可靠、实时和安全的传输承载服务。

信息网络系统应包括物理线缆层、链路交换层、网络交换层、安全及安全管理系统、运行维护管理系统五个部分的设计及其部署实施。系统应支持建筑内语音、数据、图像等多种类信息的端到端传输，并确保安全管理、服务质量（QoS）管理、系统的运行维护管理等。

各类建筑或综合体建筑，核心设备应设置在中心机房，汇聚和接入设备宜设置在弱电（电信）间，核心、汇聚（若有）、接入等设备之间宜采用光纤布线，终端设备可以采用有线、无线或组合方式连接。

信息网络系统外联到其他系统，出口位置宜采用具有安全防护功能和路由功能的设备。系统网络拓扑架构应满足各类别建筑使用功能的构成状况、业务需求特征及信息传输要求。系统中的 IP 相关设备应同时支持 IPv4 和 IPv6 协议。系统中的 IP 相关设备应支持通过标准协议将自身的各种运行信息传送到信息设施管理系统。系统参考模型如图 6-15 所示。

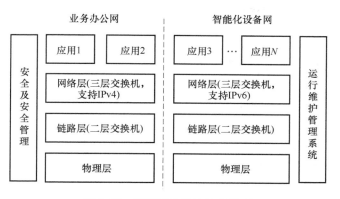

图 6-15 信息网络系统参考模型

各类业务信息网涉及等级保护的要求，一般根据系统应用的等级规定，严格遵照现行国家标准《信息安全技术 网络安全等级保护基本要求》（GB/T 22239—2019）相应等级的网络安全要求。

现代建筑的业务运行、运营及管理等与信息化管理核心设施的安全密切相关，如运行的信息不能及时流通，或者被篡改、增删、破坏或窃用等造成的信息丢失、通信中断、业务瘫痪等，将会带来无法弥补的业务重大危害和巨大的经济损失。而对于政府、金融等建筑，当今业务运行与信息化设施的不可分割的依赖性愈加显现，因此，加强网络安全建设的意义甚至关系到政府办公职能的信息安全、国家和人民的金融秩序等，对此应高度重视及严格管理。由此，在进行建筑智能化系统与建筑物外部城市信息网互联时，必须设置防御屏障，确保信息设施系统安全、稳定和可靠，通过标准协议将自身运行信息纳入信息设施运行管理系统。

6.5.2 系统架构

在建筑和建筑群智能化工程中常采用的信息网络有总线网络、以太网和无源 EPON 网络。

1. 总线网络

智能化系统中的某些模拟子系统通常采用总线方式组成局域网。由于总线网络组网简便易行，因此在智能化系统中应用较为普遍。常用的有 RS-485、CAN 及 LON 总线网络。

（1）RS-485 总线 串行通信要求通信双方都采用一个标准接口，使不同的设备可以方便地连接起来进行通信。RS-485 总线采用平衡发送和差分接收，因此具有抑制共模干扰的能力。RS-485 总线网络一般采用主从通信方式，即一个主机带多个从机，如图 6-16 所示。只有借助集线器或中继器方可做星形连接或树形连接。理论上，RS-485 总线允许连接多达 128 个收发器，实际工作中允许挂 32 个。很多情况下，连接 RS-485 通信链路时只是简单地用一对双绞线将各个接口的"A""B"端连接起来。RS-485 接口组成的半双工网络，一般只需两根连线（一般叫 AB 线），所以 RS-485 接口均采用屏蔽双绞线传输。RS-485 的数据最高传输速率为 10Mbit/s。通信速率在 100kbit/s 及以下时，RS-485 接口最大传输距离可达 4000ft（1219m）。

图 6-16 RS-485 总线设备连接

RS-485 总线以半双工网络实行异步串行、半双工传输方式，构成主从式结构系统，以主站轮询的方式进行通信。即在同一时刻，主机和从机只能有一个发送数据，而另一个只能接收数据。数据在串行通信过程中，以报文形式一帧一帧发送。

RS-485 总线必须要单点可靠接地。单点就是整个 485 总线上只能有一个点接地，不能多点接地。

（2）CAN 总线　CAN 是控制器局域网络（Controller Area Network，CAN）的简称，属二线制通信网络。

1）CAN 协议。CAN 协议是 ISO 国际标准化的串行通信协议，其通信接口中集成了 CAN 协议的物理层和数据链路层功能，可完成通信数据的成帧处理，包括位充填、数据块编码、循环冗余检验、优先级判别等项工作。

2）CAN 总线特点。首先，CAN 控制器工作于多主方式，网络中的各节点都可根据总线访问优先权（取决于报文标识符）采用无损结构逐位仲裁的方式竞争向总线发送数据。CAN 协议废除了节点地址编码，代之以对通信数据进行编码，可使不同节点同时接收到相同的数据，使得 CAN 总线构成的网络各节点之间的数据通信实时性强，并容易构成冗余结构，提高系统可靠性和灵活性。其次，CAN 总线通过 CAN 收发器接口芯片 82C250 的两个输出端 CANH 和 CANL 与物理总线相连，CANH 端为高电平或悬浮状态，CANL 端为低电平或悬浮状态。这就保证不会出现系统有错误，不会因多节点同时向总线发送数据情况下导致总线短路，损坏某些节点，使总线处于"死锁"状态。

此外，CAN 总线在速率低于 5kbit/s 时通信距离最远可达 10km；通信距离小于 40m 时通信速率可达到 1Mbit/s。CAN 总线传输介质可以是双绞线或同轴电缆。

CAN 总线适用于大数据量短距离或者长距离小数据量通信，实时性要求比较高，多主多从或者各个节点平等的现场中使用。智能化工程不少系统产品均以 CAN 总线联网。

（3）LON 总线　LON 总线（Local Oprating Network，LON）由 Echelon 公司推出，采用 OSI 全部 7 层通信协议，主要用于工业自动化、建筑设备自动化。

LON 总线中使用的 LonWorks 技术使用了开放式协议 LonTalk。LonWorks 的核心嵌入式神经元芯片（Neuron Chip），是 LON 总线的通信处理器，用以网络互联操作。

LonWorks 技术主要由 LON 总线节点和路由器、Internet 连接设备、开放式的 LonTalk 通信协议、LON 总线收发器、LON 总线网络和节点开发工具，以及 LNS 网络服务工具和网络管理工具组成。

LON 总线使用的神经元芯片具有三个处理单元：一个用于链路层控制，一个用于网络层控制，另外一个用于用户的应用程序，同时具备通信与控制能力，并且固化了 ISO/OSI 全部 7 层通信协议以及 34 种常见的 I/O 控制对象。LON 总线采用 P-PCSMA（带预测-坚持载波监听多路访问）算法，在网络负载很重时不会导致网络瘫痪。LonWorks 技术的通信速度可达 1.25Mbit/s（距离 130m），直接通信距离可达 2700m（双绞线，78kbit/s）。LON 总线提供开发人员一个完整开发平台，包括现场调试工具、协议分析、网络开发语言等。

智能化工程的建筑设备监控系统中常见 LON 总线的应用。

2. 计算机局域网（以太网）

（1）概念　以太网（Ethernet）是当今现有局域网采用最通用的通信协议标准。以太网络使用 CSMA/CD（载波监听多路访问及冲突检测）技术，后作为 802.3 标准为 IEEE 所采纳。包括标准以太网（10Mbit/s）、快速以太网（100Mbit/s）以及后来千兆以太网、万兆以太网，都符合 IEEE802.3 标准。

（2）以太网结构

1）总线型拓扑结构。早期以太网多使用总线型的拓扑结构，采用同轴电缆作为传输介质，连接简单，在小规模网络中不需要专用的网络设备，所需的电缆较少，价格便宜。但管理成本高，不易隔离故障点；采用共享的访问机制，易造成网络拥塞。由于其存在的固有缺陷，因此逐渐被以集线器和交换机为核心的星形网络所代替。

2）星形拓扑结构。星形结构以太网采用专用的网络设备（集线器或交换机）作为核心节点，通过双绞线（或光纤）将局域网中各台主机连接到核心节点，如图6-17所示。

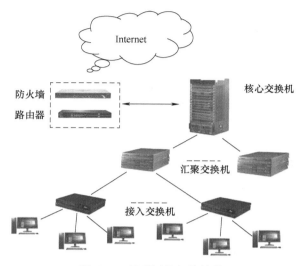

图6-17　星形网络拓扑结构

星形拓扑结构可以通过级联的方式很方便地将网络扩展到很大规模，因此得到了广泛应用。

3）网络交换机。星形以太网中的网络关键设备是交换机。网络交换机是一个扩大网络的设备，它能为网络中提供更多的连接端口，以使网络连接更多计算机及其他计算设备。

交换机（Switch）也叫交换式集线器，是一种工作在OSI第二层上的、基于MAC（网卡的介质访问控制地址）识别、能完成封装转发数据包功能的网络设备。它对信息进行重新生成，并经过内部处理后转发至指定端口，具备自动寻址能力和交换作用。交换机不懂IP地址，但它可以"学习"MAC地址，并把其存放在内部地址表中，通过在数据帧的始发者和目标接收者之间建立临时的交换路径，使数据帧直接由源地址到达目的地址。

交换机上的所有端口均有独享的信道带宽，保证每个端口数据快速、有效地传输。由于交换机根据所传递信息包的目的地址，将每一信息包独立地从源端口送至目的端口，而不会向所有端口发送，避免了与其他端口产生冲突。因此，交换机可以同时互不影响地传送这些数据包，防止传输冲突，提高了网络实际吞吐量。

从广义上来看，网络交换机分为两种：广域网交换机和局域网交换机。广域网交换机主要应用于电信领域，提供通信基础平台。而局域网交换机则多用于局域网络，用于连接终端设备，如PC及网络打印机等。

按目前应用的复杂网络构成方式，网络交换机被划分为接入层交换机、汇聚层交换机和核心层交换机。其中，核心层交换机全部采用机箱式模块化设计，基本上都具有与之相配的1000Base-T模块。接入层支持1000Base-T的以太网交换机基本上是固定端口式交换机，以10/100M端口为主，并以固定端口或扩展槽方式提供1000Base-T上联端口。汇聚层1000Base-T交换机同时存在机箱式和固定端口式两种，可提供多个1000Base-T端口，一般也可以提供1000Base-X等其他形式的端口。接入层和汇聚层交换机共同构成完整的中小型局域网解决方案。

从规模应用上区分，有企业级交换机、部门级交换机和工作组交换机等。各厂商划分的尺度不完全一致。一般讲，企业级交换机都是机架式，部门级交换机可以是机架式，也可以是固定配置式，而工作组级交换机则一般为固定配置式，功能较为简单。另一方面，从应用的规模来看，作为骨干交换机时，支持 300 个信息点以上大型企业应用的交换机为企业级交换机，支持 300 个信息点以下中型企业的交换机为部门级交换机，而支持 100 个信息点以内的交换机为工作组级交换机。

按照最广泛的普通分类方法，局域网交换机还可以分为桌面型交换机（Desktop Switch）、工作组型交换机（Workgroup Switch）和园区网交换机（Campus Switch）三类。桌面型交换机是最常见的一种交换机，使用最广泛，尤其是在一般办公室、小型机房和业务受理较为集中的业务部门、多媒体制作中心、网站管理中心等部门。在传输速度上，现代桌面型交换机大都提供多个具有 10/100M 自适应能力的端口。工作组型交换机常用来作为扩充设备，在桌面型交换机不能满足需求时，大多直接考虑工作组型交换机。虽然工作组型交换机只有较少的端口数量，但却支持较多的 MAC 地址，并具有良好的扩充能力，端口的传输速度基本上为 100M。校园网交换机的应用相对较少，仅应用于大型网络，且一般作为网络的骨干交换机，具有快速数据交换能力和全双工能力，可提供容错等智能特性，还支持扩充选项及第三层交换中的虚拟局域网（VLAN）等多种功能。

4）辅助设备。为保证局域网安全、顺畅运行，还应根据不同应用需求配置必要的辅助设备，主要有：

① 网络管理服务器：在网管软件的支持下负责对整个网络管理，检视网络上所有节点设备的运行状态和信息通信。一些网管软件还能够监控 QQ、MSN 的聊天、上网记录、收发邮件以及屏幕桌面等，还能过滤网址黑名单，禁止游戏娱乐软件运行，管理移动硬盘、U 盘、光驱的使用，监视每一台设备的网速和流量等。此类网管服务器常见配置在政府管理部门和一些企事业单位的局域网中。

② 路由器（Router）：又称路径器，是一种连接因特网的局域网、广域网的计算机网络设备。它会根据信道的情况自动选择和设定路由，以最佳路径、前后顺序发送信号。因此，路由器是互联网络的枢纽，是网络的"交通警察"。它工作在 OSI 模型的第三层——网络层。

③ 防火墙（Firewall）：由软件和硬件设备组合而成，位于内部网络与外部网络之间的网络安全系统。它依照特定的规则，允许或限制传输数据通过。防火墙主要由服务访问规则、验证工具、包过滤和应用网关四个部分组成。在网络中，防火墙将内部网和公众访问网（如 Internet）分开，实际上是一种隔离技术。

5）传输介质。网络设备之间连接介质通常为双绞线或光纤。网络连接介质在完成网络设计后确定，且必须与交换机接口相符，如图 6-18 所示。

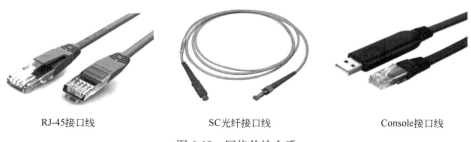

RJ-45接口线　　　　　SC光纤接口线　　　　　Console接口线

图 6-18　网络传输介质

RJ-45 接口是目前最常见的网络设备接口，俗称"水晶头"，专业术语为 RJ-45 连接器，属双绞线以太网接口类型。

SC 光纤接口在 100Base-TX 以太网已有应用，称为 100Base-FX（F 是 fiber 的缩写），目前随着千兆网络在局域网中得到推广应用，光纤及 SC 光纤接口得到普遍重视。

FDDI 接口是目前成熟的 LAN 技术中传输速率最高的一种，具有定时令牌协议的特性，支持多种拓扑结构，传输媒体为光纤，具有容量大、传输距离长、抗干扰能力强等多种优点，常用于城域网、校园环境的主干网、多建筑物网络分布的环境。FDDI 接口在网络骨干交换机上较常见，随着千兆的普及，一些高端的千兆交换机上也开始使用这种接口。

在可进行网络管理的交换机上有一个 Console 接口，专门用于对交换机进行配置和管理的。Console 接口是最常用、最基本的交换机管理和配置端口。在该端口的上方或侧方都会有类似"CONSOLE"字样的标识。有些品牌的交换机的基本配置在出厂时就已配置好，不需要进行诸如 IP 地址、基本用户名之类的基本配置，这类网管型交换机就不用提供 FDDI 接口。

6.6 有线电视网

有线电视的电视信号通过线缆传输，故亦称电缆电视（CATV）。它先后经历了共用天线电视系统、电缆电视系统和有线电视系统三个发展阶段。近些年随着有线电视技术的不断进步，CATV 呈现出了光纤化、数字化、双向传输的趋势。同时，在有线电视光纤网上架构 IP 宽带网，构成"三网合一"的宽带综合信息网已经得以实现。当前，智能建筑的有线电视系统是指在建筑物（或建筑群）内建立的用户分配网，接入城市有线电视网，成为城市有线电视网组成部分，满足用户收视城市有线电视节目需求。

6.6.1 系统功能

根据《智能建筑设计标准》（GB 50314—2015）的规定，有线电视系统应具有如下功能：
1）应向用户提供多种类电视节目源。
2）应根据建筑使用功能的需要，配置卫星广播电视接收及传输系统。
3）宜拓展其他相应增值应用功能。

6.6.2 系统架构

1. 模拟型有线电视系统用户分配网

模拟有线电视网络是以传输模拟电视信号以视频载波信号的单向广播方式为主的高频宽带传输系统。其传输信号频率 48.5~1000MHz。双向传输的有线电视可在同一根电缆上同时向两个方向传输不同信号，并实行邻频传输。按照《有线电视广播系统技术规范》（GY/T 106—1999）的规定，我国同轴电缆双向传输系统采用 65/87MHz 分割方式，将 5~65MHz 共 60MHz 带宽的频率资源分配给上行线路，将 87MHz 以上至 1000MHz 的频率资源分配给下行线路，65~87MHz 共 22MHz 的带宽作隔离和 FM 调频广播使用。

有线电视接入前端将城市有线电视信号送达建筑物或建筑群，一般以光缆接入，所以也称"接入光站"。光站输出的有线电视信号为射频信号，传输系统为建筑物（或建筑群）内有线电视分配网，结构如图 6-19 所示。

系统中主要采用射频分配、分支器将有线电视信号均匀地传送至每一个用户终端。当信号强度不足时，还配置射频放大器予以放大。双向系统中使用的放大器是射频双向放大器，系统内的分配、分支器也具有双向性能，不但具有向下传输电视节目的功能，还具有上行传输用户信息的作用。为保证传输信号的质量，用户分配网中的放大器不宜进行三级以上级联。

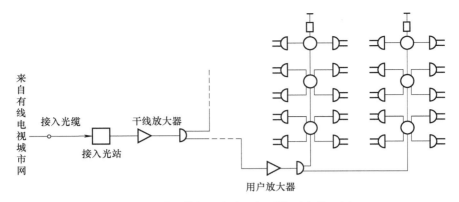

图 6-19 模拟模拟型有线电视系统用户分配网

2. 数字有线电视网络

当前，城市有线电视系统正由模拟型迅速向数字型转变，因此建筑物内有线电视用户分配网也随之改变。

图 6-20 为某城市有线电视采用的 RF 混合两纤三波组网方案。

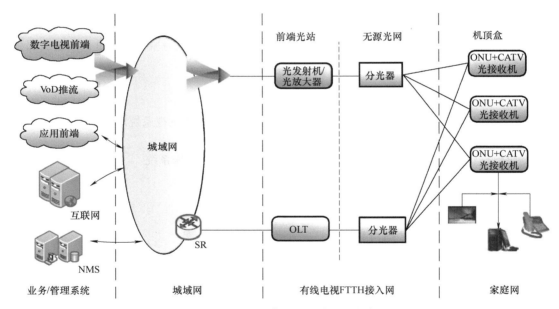

图 6-20 RF 混合两纤三波组网方案

由图 6-20 可知，该网络实际是广电网络和电信网络两个网络的组合。除前端具有两个不同业务部分外，通过城域网传输后，进入用户区的两根光纤各有不同作用。一根光纤用来传输广播电视节目和 VOD 点播节目，用户接收终端是电视机。另一根光纤通过 OLT、分光器和 ONU 组成一个典型的 EPON 计算机局域网，用户终端是计算机和电话机。用户端的机顶盒内也由电视节目光接收机与计算机光网终端 ONU 组成。

接入网也由两部分组合而成：一是传输数字视频信号的广播式传输光网，前端光站接收城域网送来的数字电视和 VOD 电视的光信号进行放大并经发射机发送至本地无源光网络传输至用户端，用户机顶盒内 CATV 接收机接收并转换成电信号送至用户电视接收机。另一光纤由 OLT、

ODN 和内置在用户机顶盒的 ONU 组成，其用户终端设备就是计算机和 IP 电话机。

6.7 公共广播系统

公共广播（Public Address，PA）是由使用单位自行管理，在本单位范围内为公众服务的声音广播，包括业务广播、背景广播和紧急广播等。公共广播系统为公共广播覆盖区服务的所有公共广播设备、设施及公共广播覆盖区的声学环境所形成的一个有机整体。

我国颁布有《公共广播系统工程技术规范》（GB 50526—2010），对系统的功能、技术指标都有了明确的要求。

6.7.1 系统功能

1. 业务广播功能

根据工作业务及建筑物业管理的需要，按业务区域设置音源信号，分区控制呼叫及设定播放程序。业务广播宜播发的信息包括通知、新闻、信息、语音文件、寻呼、报时等。

2. 背景广播功能

背景广播是向建筑内各功能区播送渲染环境气氛的音源信号，播发的信息包括背景音乐和背景音响等。

3. 紧急广播功能

紧急广播是为应对突发公共事件而向其服务区发布的广播，包括警报信号、指导公众疏散的信息和有关部门进行现场指挥的命令等。为满足应急管理的要求，紧急广播应播发的信息为依据相应的安全区域划分规定的专用应急广播信令。紧急广播应优先于业务广播、背景广播。

6.7.2 系统架构

公共广播系统是建筑智能化的重要组成部分，广泛用于车站、机场、宾馆、商厦、医院、学校等各种场所。

1. 系统组成

公共广播系统大致可由四个部分组成：节目源设备、信号放大和处理设备、传输线路、扬声器。

（1）节目源设备 传统型有 CD/MP3 播放器、AM/FM 调谐器、话筒等；智能的有数字音源播控机、数字节目控制中心、数控 MP3 播放机等，这些都是内置数字音源，并能对相关系统进行控制的设备。

（2）信号放大和处理设备 信号放大是指电压放大和功率放大；信号处理是指信号的选择处理，即通过选择开关选择所需要的节目源信号。主要设备有前置放大器、功率放大器、主备功放自动切换器、警报器、广播分区器和各种控制设备等。

（3）传输线路 由于服务区域较大、距离远，为了减少信号传输过程中的损耗，一般采用高压传输方式。一般分为四种线路，即模拟音频线路、流媒体（IP）数据网络线路、数控光纤线线路、数字双绞线线路。

（4）扬声器 扬声器是能将电信号转换成声信号并辐射到空气中去的设备。扬声器安装位置的选择要切合实际，室内一般用天花喇叭、室内音柱、壁挂音箱或悬挂式音箱，室外可采用室外音柱、草坪专用音箱、号角等。

2. 系统分类

按照信号处理与控制、传输网络的不同，公共广播系统结构也不同，当前在智能化工程中常见的主要有传统模拟型、智能控制型和数字网络型三种。

（1）传统模拟型　传统模拟型公共广播系统的架构如图6-21所示。

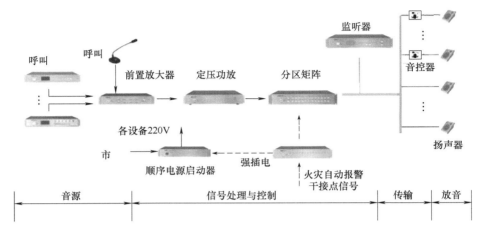

图6-21　传统模拟型公共广播系统示例

1）音源设备：播放音源的载体设备，这些载体是音响系统中播音声音的来源。常见音源设备有广播呼叫站的传声器（话筒）、CD机、MP3播放器和数字调谐器等。公共广播系统中的呼叫站包括机房内传声器以及用户指定的其他场所（称作远程呼叫站）。远程呼叫站包括话筒和控制器。该控制器能够远程控制广播分区，并可调节广播音量。由于呼叫站内置音频放大器，因此远程呼叫站可以远离广播机房，有的甚至允许达1km。

2）前置放大器：将各类音源送来的音频信号进行电压放大，达到功率放大器规定指标。

3）功率放大器：将音频电压信号放大至规定的音频功率输出，驱动扬声器发出声音。由于接入系统的扬声器传输线路长度不一，因此一般采用定压式功率放大器，将音频电压提升至100V左右，以利降低传输线路信号损耗。

4）分区矩阵：根据建筑物区域分布和用户业务需求，系统将负载扬声器分为若干播音分区，以便适应各个区域播音时间、播音节目的差别，分区矩阵就是以矩阵的方式将扬声器传输线路分别组成设计要求的播音分区。

5）监听器：在公共广播系统的播出机房内均配置有监听器，以便对系统播出的内容和效果进行监听，以利对播出进行适宜的控制和调节。

6）音频线缆：音频功率输出至负载扬声器之间的传输线缆，将广播音频功率传递至负载扬声器。系统设计已经对线缆的直径做了规定，安装时不可使用小于设计规定直径的线缆。此外，为避免音频功率信号通过电缆辐射干扰其他电子设备和信息系统，模拟公共广播系统的负载电缆常采用屏蔽型线缆，穿套金属管敷设，并要求良好接地。

7）音控器：由音频变压器和控制开关等组成，用于人工控制音频信号的通、断，调节音频输出信号的强弱，从而控制音区扬声器放音与否及音量强度。在具有紧急广播功能的系统中，音控器应具有自动控制的作用，即在紧急广播时，接受强制控制信号的控制，自动开启音控器并将音量调至最大输出。因此，音控器不但具有音频输入、输出，还需要"强切"控制信号线的接入。

8）扬声器：俗称"喇叭"，是一种把电信号转变为声信号的换能器件，以足够的声压向指定区域推送。公共广播系统中的扬声器分有源、无源两类。有源扬声器内置功率放大器。公共广播系统中定压式功率放大器接续的无源扬声器设有线间变压器。线间变压器将线路中100V左右的音频电压降低至设定数值,进入音圈推动扬声器发声。

公共广播系统设备启动有严格规定的顺序,否则会造成设备或扬声器损坏。所以系统中配置有顺序电源控制器,对各类设备上电启动进行自动控制,避免人为操作失误造成事故。

在许多项目中,公共广播系统与建筑物内火灾自动报警和消防广播共享一套扬声器。这时,公共广播系统通过强插电源控制顺序电源控制器自动启动播音设备和分区矩阵向指定播音分区广播,具有音控器的分区也将接受控制自动开启并达到最大音量。

《公共广播系统工程技术规范》(GB 50526—2010)对播音音量做了规定,规定背景音乐声压级≥80dB;业务广播声压级≥83dB;紧急广播声压级≥86dB。

(2)智能控制型　智能控制型公共广播系统是在传统模拟型公共广播系统基础上配置了智能控制主机。图6-22所示为智能控制型公共广播系统连接图。

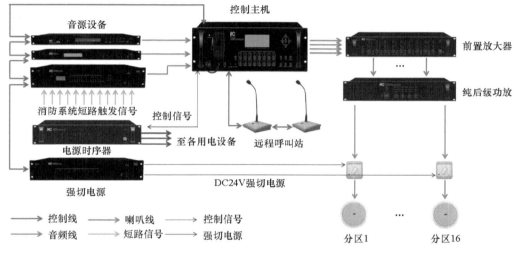

图6-22　智能控制型公共广播系统示例

智能控制型公共广播系统通常有以下功能:

1)具有处理广播音源信号一系列功能,如内置MP3播放器、内置音频矩阵和可编程序等,对播放音源信号进行智能化自动选控,实现定时、定区、定曲播放。

2)通过本地话筒和远程呼叫站,实现全区或分区广播内置可编程序的电源控制并自动控制顺序电源启动器内置的多种报警模式,实现全区报警、分区报警和临层报警。

(3)数字网络型　数字网络型公共广播系统,也称数字IP网络广播系统,是现代网络技术和信号数字处理信号技术综合应用的产物。数字网络公共广播系统将广播的音频信号进行数字编码,并通过网络(局域网和广域网)传输IP数据包,再由终端解码还原为音频信号的系统,其基本架构如图6-23所示。

数字网络型公共广播系统有两个显著特点:系统传输的音频信号数字化和系统传输信道网络化。

数字网络型公共广播系统具有以下突出优点:

1)保证了优质的广播音质。避免模拟音频信号在处理、传输中畸变、失真和干扰。

2)系统设备可以挂接在局域网的任何接入点,设备配置灵活、安装方便,扩展便利,特别是系统中呼叫站的位置,可根据实际需要随时调整,甚至通过移动互联网建立移动呼叫站。

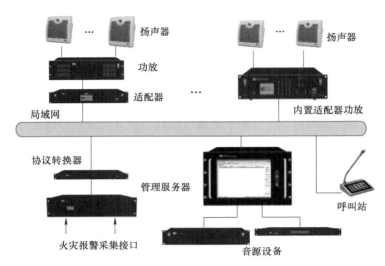

图 6-23　数字网络型公共广播系统

3）播音分区设置、播音信号选择、音量控制均在管理服务器上操作和管理，直观、简捷、易于操控。

6.8　会议系统

智能化工程中的会议系统是指电子会议系统，即通过音频、自动控制、多媒体等技术实现会议自动化管理的电子系统，包括会议讨论系统、同声传译系统、扩声系统、显示系统、摄像系统、录制与播放系统、集中控制系统和会场出入口签到管理系统等。

现代会议系统已发展成为集音频、视频、通信、计算机以及多媒体等多种先进技术于一体的系统集成，并向智能化的方向发展。随着网络技术发展，会议系统无论是设备还是整体架构正在逐渐由模拟走向数字，从而带来崭新的会议体验。

6.8.1　系统功能

会议系统的使用和管理时，分别按会议（报告）厅、多功能会议室和普通会议室等类别配置相应的功能，主要包括音频扩声、视频显示、多媒体信号处理、会议讨论、会议信息录播、会议设施集中控制、会议信息发布等功能。

为适应多媒体技术的发展，当前的会议系统在音频方面采用能满足视频图像清晰度要求的显示技术和满足音频声场效果要求的传声及播放技术；在数字技术方面采用能够网络化互联、多媒体互动及一体化控制等信息集成化管理工作模式，宜采用数字化系统技术和设备。

6.8.2　系统架构

根据项目实际具有不同的配置。智能化工程中最常见会议配置有扩声系统、视频显示系统和集中控制系统。

1. 会议扩声系统

（1）系统构成及其主要设备　会议扩声系统有模拟扩声系统和数字扩声系统两类，由声源设备、传输部分、声音处理设备和扩声设备等组成，如图 6-24 所示。

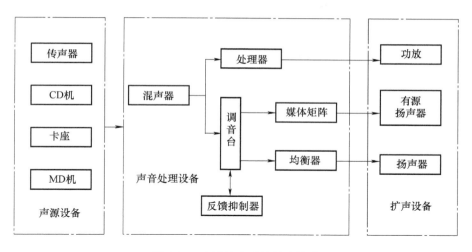

图 6-24 会议扩声系统基本构成

1）声源设备。声源设备是会议音频信息的提供者，包括传声器、CD 机、MD 机、卡座等，产生需要扩声的语音、音乐、音效等电子信号，在模拟扩声系统中以音频模拟信号直接输出。在数字扩声系统中，或采用数字式声源设备，或将模拟音频信号通过编码器转换成数字信号。

2）声音处理设备。声音处理设备是指对需要扩声的声音信号进行调节、转换、混合和控制等设备。其中，调音台和处理器是对来自前端的各路音频信号进行音量和音色的调节，需要时还可叠加需要的音效，保证会议的音质；混声器将各路音频信号混合在一路音频信号链路内；反馈抑制器是将扩声系统会场环境形成过强的回声进行控制，防止会场内因声音"正回授"引起声音失真和啸叫。

在模拟扩声系统中，各类设备处理的是模拟音频信号，特别注意防止因失真和干扰而降低扩声的音质。在数字扩声系统中，各类设备处理的是音频数字信号，能够很好地避免干扰和失真，同时大大简化了设备配置，并使操作变得简单易行。

3）扩声设备。扩声设备包括功放和扬声器等，将声音功率扩大后推送至会场内各处与会者，保证足够的音量、音质和清晰度。为保证放音效果，往往将扬声器固定于共鸣箱体内，所以也称为音箱。目前，无论是模拟扩声系统还是数字扩声系统，由音频功率放大器（功放）输入扬声器的音频信号必须是模拟音频信号。有的功放设备前端可以输入数字音频信号，这是因为信号的 D/A 转换器内置于功放之中了。在数字扩声系统中有的有源扬声器可以直接连接在系统传输网络上，这是因为该扬声器（音箱）不但内置了功放，还内置了 D/A 转换器。会议扩声使用的扬声器不同于公共广播系统，均为 4Ω、8Ω、16Ω 阻抗的扬声器，不配置线间变压器。因此，扬声器与功放连接时必须"阻抗匹配"。

4）传输部分。会议系统的传输部分一般根据电声设备的要求选择相应的线缆。会议扬声器均为 4~16Ω 的低阻抗，要求扬声器连接线缆具有更低的阻抗，避免音频信号过多地浪费于传输线上，因此常采用专用的多股金银软线连接。

（2）主要技术指标 会议扩声系统的优劣主要以系统技术指标衡量，主要的技术指标如下：

1）音频功率：以瓦（W）为单位。功率放大器的功率是指在一定阻抗、一定失真度限制下的功率输出值，即功放的额定功率。扬声器的功率是扬声器正常不失真放音时的承受功率，它与音圈阻抗与流经的音频电流的有关。

2）频响：即频率响应，以赫兹（Hz）为单位。频响是指在规定音频频率范围内电声设备对不同频率信号的放大（或处理）能力。对于优质调音台，其频响可达（20~20000）Hz±（0.5~1）dB，对于话筒、音箱等电-声设备，频响为数十赫兹至数十千赫兹±（1.5~3）dB。

3）失真度：放大器的输出信号较之输入信号增大的倍数，成为放大器的放大倍数，通常成为增益，以 dB 为单位。

4）声压级：也称为音量，为了更具体地表示音量大小，通常将声压的大小以数量级的形式来表示。

5）倍频程：使用倍频程主要是因为人耳对声音的感觉，人耳的频率分辨能力不是单一频率，而是一段范围，一个倍频程就是一个八度，而 1/3 倍频程曾经被认为是比较符合人耳特性的频带划分方法。

2. 视频显示系统

现代多媒体电子会议，视频显示能够显著增强演讲者的感染力和与会者的接受力，已经成为不可或缺的功能。

会议显示系统主要由信号源、信号处理设备和显示终端三大部分组成，如图 6-25 所示。

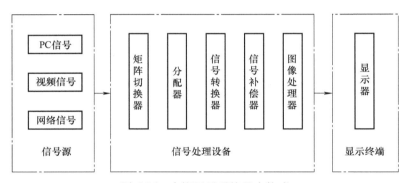

图 6-25　会议显示系统基本构成

（1）信号源　信号源是系统显示终端需要呈现信息的来源。计算机拥有的静态文字和图像、动态视频信息常用来在会议中作交流、展示、研讨之用。因此，计算机，特别是便携式计算机常常连接在视频显示系统中。

会议系统显示的各类视频信号包括：来自摄像机摄取的实时视频信号，来自各类视频监控系统（工业监控系统、安防监控系统、城市交通监控些等）的视频信号，来自存储于录像机、视频存储器等设备中的视频信号等。

（2）信号处理设备　视频信号处理设备主要作用有：选择显示内容而切换视频信号源，将其中一路视频信号分路在多个显示终端显示；转换视频信号的格式或协议适应显示终端显示的需要；对视频信号进行补偿或修饰，改善显示图像清晰度和色饱和度；处理来自不同信号源的视频信号在多个显示终端转换显示，或整理成会议记录档案所需的视频信息。

模拟矩阵对模拟视频信号进行切换，而数字矩阵对数字视频信号进行切换。数字视频矩阵对视频信号切换和处理的能力显著增强，是视频处理设备的发展方向。

由于编码压缩技术有 JPEG、MPEG、H. 264-AVc、Avs 等不同标准，因此数字视频信号存在着差异；数字摄像机摄取的图像信号也因清晰度标准（720p、1080i、1080p）不同而不同。因此视频和图像信号需要进行转换和处理后方能在同一信道上传输至终端显示。

上述各类视频信号需要不同处理设备进行处理，不同视频处理设备的输入输出连接线缆和接插件也各不相同，常见视频信号连接件如图 6-26 所示。

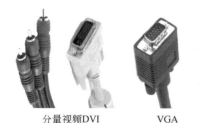

分量视频DVI   VGA   HDMI   DisplayPort   TYPE-C   复合视频   S-Video

图 6-26 常见视频信号连接件

（3）显示终端 显示终端是面向会与人员的视频显示设备，常见有投影机、LED 显示屏、液晶（LCD）显示屏、等离子（PDP）显示屏、DLP 显示屏以及上述显示器件的拼接屏等。

投影机是当前普遍使用的会议显示设备，它接收来自线路的视频信号，通过电光转换器件使光源的光投射至屏幕形成与视频信号一致的图像。投影机具有多种信号输入接口，以便使用各种不同类型的视频信号，它必须与投影幕配合，安装于会场。

投影机一般在室内会场使用，为获得极高亮度，大型会议或室外会采用激光投影设备显示视频图像。

直接显示图像的设备按显示器件类型区分常见有液晶（LCD）、等离子（PDP）、放光二极管（LED）等显示屏。LCD 和 PDP 显示屏由于屏幕尺寸和发光亮度的限制，一般应用于室内会场。大型场所往往使用 LED 显示屏，因为 LED 发光强度高，而且可以根据需要扩展显示屏模组达到用户需要的屏幕尺寸。

会议中还常常将若干块显示屏拼接起来使用，形成拼接大屏。拼接屏显示需要在视频矩阵基础上增加显示控制器，以便对拼接的各块显示子屏显示的信号进行控制和管理，组成完整的图像。

（4）主要技术指标

1）光通量。光源所发出的光能向所有方向辐射，对于在单位时间里通过某一面积的光能，称为通过这一面积的光通量。光通量单位是流明（lumen，lm），在投影机技术指标中用光通量来表示灯的发光强度。人眼可以感知到波长 380～780nm 的光，称为可见光；波长低于 380nm 的光波称为紫外光（Ultraviolet，UV），而波长高于 780nm 的光称为红外光（Infrared，IR）。

2）亮度。亮度是指发光体（反光体）表面发光（反光）强弱的物理量。亮度的单位是坎德拉/平方米（cd/m^2），即单位投影面积上的发光强度。《电子会议系统工程设计规范》（GB 50799—2012）要求：显示屏前亮度宜高于会场环境光产生的屏前亮度 100～150cd/m^2。

3）对比度。对比度是指一幅图像中明暗区域最亮的白和最暗的黑之间不同亮度层级的测量，差异范围越大代表对比越大，好的对比率（120∶1）就可容易地显示生动、丰富的色彩，当对比率高达 300∶1 时，便可支持各阶颜色。《电子会议系统工程设计规范》（GB 50799—2012）要求在使用环境照度下，背投影显示屏幕的对比度不应低于 50∶1。

4）色温。色温是照明光学中用于定义光源颜色的一个物理量。把某个黑体加热到一个温度，其发射的光的颜色与某个光源所发射的光的颜色相同时，这个黑体加热的温度称之为该光源的颜色温度，简称色温。其单位用 K（热力学温度单位）表示。低色温光源的特征是能量分布中红色辐射相对多些，通常称为暖光。色温提高后，能量分布中，蓝辐射的比例增加，通常称为冷光。

5）色饱和度。色饱和度显示图像光的彩色鲜艳度。色饱和度取决于彩色中的灰度。灰度越高，色彩饱和度即越低，反之亦然。色饱和度数值为百分数，介于 0~100% 之间。纯白、灰色、纯黑的色彩饱和度为 0，而纯彩色光的饱和度则为 100%。

3. 集中控制系统

电子会议集中控制系统（亦称中央控制系统，简称"中控"）根据控制和信号传输方式分为无线单向、无线双向和有线控制等方式。中控系统可由中央控制主机、触摸屏和各类功能的控制模块等组成，如图 6-27 所示。

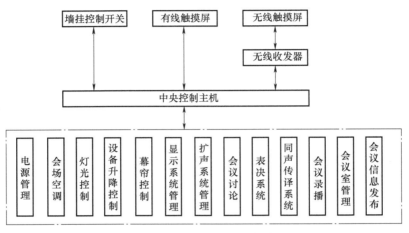

图 6-27　会议中控系统构成

由图 6-27 可知，会议中控系统可以对会场各类业务（扩声、视频显示、讨论、表决、同声传译等）进行集中控制，对会场环境设施（电源、灯光、设备升降机构、窗帘幕布等）进行集中控制，还可对会议视音频信息录制与播出、会议信息发布和会议室使用进行管理与控制。

会议中控系统可以通过中央控制主机由墙面开关按钮、有线触摸屏或无线触摸屏（或移动通信终端）进行控制操作。

会议中控系统已经由原来简单的控制向着集成化、模块化综合管理的方向发展，不但具有各型号控制主机，而且具有强大的扩展功能，可以按需求灵活地进行功能配置或扩展。

应用无线触摸屏时，必须设置无线通信收发设备，确保操控触摸屏与主机可靠通信。目前已经有许多会议系统中控主机与互联网相连，会议操控者智能手机安装会议系统 APP 后，即可通过手机对会议进行灵活控制与管理。

思 考 题

1. "信息"有哪些主要特征？请举例说明
2. 简述单工、半双工与全双工的工作原理。
3. 通信网有哪些网络拓扑结构？它们各自的优缺点是什么？
4. 简述 IP 地址的分类以及相应的地址范围（采用十进制表示）。
5. 简述 VLAN 划分的类型及它们的工作方式。
6. OSI/RM 开放系统互连模型包括哪几层？
7. 请绘制 TCP/IP 四层模型的结构图，并说明每个层次常用的协议。
8. 简要说明 DHCP 服务器的三种 IP 地址分配机制。
9. 用户电话交换机的具有哪些类型？请分析上述类型的主要特点。
10. 按智能化系统的复杂网络构成方式，网络交换机被划分哪几类？请简述它们各自的主要特点与技术差异。

11. 请简要描述有线电视 RF 混合两纤三波组网方案。

12. 请用图例说明传统模拟型公共广播的系统架构。

13. 简要论述数字网络型公共广播系统具有的优点。

14. 当前模拟会议系统包括哪些常用的子系统？请对这些子系统做一下简要描述。

15. 请用图例方式绘制模拟会议扩声系统的基本构成（含主要设备）。

16. 简要说明视频显示系统主要技术指标及其含义。

第 **7** 章

综合布线系统与机房工程

7.1 综合布线系统

在建筑智能化系统中，综合布线系统是一套线缆系统，是信息传输和低电压供电的基础，也是建筑智能化系统中的底层平台。它承载了各种应用的传输需求，是建筑智能化系统中不可或缺的重要系统之一。

根据《智能建筑设计标准》（GB 50314—2015）中的要求，综合布线系统应达到以下目标："能够支持智能化系统的信息电子设备相连的各种缆线、跳线、接插、软线和连接器件组成的系统，并对建筑物内信息传输系统以集约化方式整合为统一及融合的共享信息传输的物理层。"综合布线系统采用了一套有机组合的元器件，替代大多数的弱电缆线，基于一套完整的理论和标准，解决千变万化的工程设计和工程实现问题，满足了面向各种弱电传输协议、各种拓扑结构和各种建筑类型的低速乃至超高速信息传输的需求。

综合布线系统能够替代的弱电缆线及缆线系统见表 7-1 所述。

表 7-1 综合布线系统能够替代的弱电缆线及缆线系统

序号	缆线及传输系统种类	综合布线系统支持的主要应用
1	综合布线系统（核心是双绞线和光缆）	1. 计算机网络（包括光网络、电网络）及叠加在计算机网络上的各种智能系统 2. 有线电话，包括模拟电话、数字电话、涉密电话等 3. 能够借助于双绞线传输的各种系统，如报警线、控制线、KVM 线、Modem 等 4. 能够借助于光缆传输的各种系统，如：光纤信道、无源光网络（EPON）等 5. PoE 供电
2	电话线	1. 有线电话，包括模拟电话、数字电话、涉密电话等 2. 能够采用电话线传输的网络系统，如 DDN、ISDN、xDSL、Modem 等
3	同轴电缆	1. 模拟视频监控系统 2. 有线电视系统 3. 20 世纪 80 年代流行的计算机网络系统（以太网） 在国际标准中，综合布线系统包含有同轴电缆，但因应用场景不同，在本书中暂未列入综合布线系统的范畴
4	控制线	用于对某些器件或设备进行控制的传输线
5	报警线	用于传输报警信号的缆线
6	电源线	在传输低电压、小电流时，如视频监控中的 24V 以下的电源线等

同样，综合布线系统并非万能，它只是一种通用的缆线系统，所以有些专用的缆线还不能使用综合布线系统替代，表 7-2 列出了一些代表性的缆线。

表 7-2　综合布线系统中不包含的部分缆线

序号	缆线及传输系统种类	主 要 应 用
1	音视频电缆	为音视频系统专门制造的电缆，如银线、金线等
2	有源跳线	添加带有电源的协议转换器的跳线，如一端为电信号另一端为光信号的以太网跳线等。其特点是传输协议已经固定，无法作为通用缆线使用
3	专用缆线	专门为某一应用系统特制的缆线，如会议系统的手拉手电缆、周界报警系统中的振动电缆系统所用电缆等
4	混合缆线	强弱电混合电缆（一个电缆护套内既有 220V 及以上的电源线，又有低压控制线，往往用于家庭智能化）、光电混合缆线（一根缆线同时解决光传输设备的信息传递和供电需求）等
5	电源线	在建筑智能化系统中，110V 以上的电源线一般归入机电工程考虑，而且缆线必须通过国家的 3C 认证
6	接地线	在建筑智能化系统中，设备、桥架及系统的接地线一般归入机电工程考虑。如果是建筑智能化系统自身所需的接地线，则按机电工程对接地的要求进行工程设计、选型和施工
7	塑料光纤	主要用于工业建筑、汽车内部网络、可见光装饰等，可以用于计算机网络、控制网络等传输。在国际标准中，综合布线系统中包含有塑料光纤，但因其传输线路即传输设备的特殊性，在中国标准中暂未列入布线系统范畴
8	其他	

在《智能建筑设计标准》（GB 50314—2015）中，综合布线系统是信息设施系统中的一个独立的智能系统，可以面向各种智能系统。但同时，它起源于各种智能系统，它将曾经由各智能系统在建设时都必须自行完成施工的缆线系统（或称配线系统）逐渐归并和通用化，使施工、维护变得更为简单、清晰和统一，使系统设备供应商能够更多的关注自己的设备，而不再烦心于作为设备供应商所不愿意关注的缆线系统。

7.1.1　综合布线系统的概念

综合布线系统是信息系统中的传输线路，相当于通信系统中的"线路"部分。每条线路中都包含有各种传输用的部件（如线缆、连接件、跳线等），而每条线路的两端则是设备（如电话交换机/电话分机、网络交换机/网卡等）。以前，设备与设备之间的线缆十分简单：一根线，两端各装一个插入设备接口的插头即可，如图 7-1 所示。

信道

图 7-1　设备之间的线缆连接示意图

在图 7-1 中，一根线缆两端安装有连接件（插头），一端插入网络设备的插座中，另一端插

203

人计算机的插座中,形成了信息传输的通道,称为"信道"。

信道的结构十分简单,现场制作也十分方便,但在建筑物中,会因反复的风吹、晃动、位移等原因导致信道中的线缆寿命远远低于建筑物室内装饰的寿命,即房间内的装饰还能使用,但线缆已经折断,需要修理线缆或更新线缆。建筑物内的线缆敷设示意如图7-2所示。

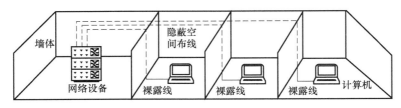

图7-2 建筑物内的线缆敷设示意图

在图7-2中,隐蔽空间布线与裸露线为同一根线缆。在从网络设备到计算机的路由中,缆线中有很长一段是敷设在顶棚和墙壁内(隐蔽空间),而在靠近网络设备和计算机时,有一段线缆(裸露线)则不得不暴露在外,因为网络设备和计算机是暴露在外的。对于隐蔽空间中的线缆,由于没有任何因素可以让线缆移动,所以这一部分的线缆不容易损坏,寿命很长。而裸露部分则会因风吹、人经过时碰到、压在线缆上的物体移动而导致线缆晃动和位移,日积月累,裸露部分的线缆会逐渐损坏,最终折断,导致通往计算机的信息传输中止。而换线又是一个难题,因为隐蔽空间已经被顶棚、墙壁等材料封闭,如果打开这些装饰材料,可能会引起大面积重新装修,导致换线的工作量很大。

在民用建筑物(除住宅外)中,室内装饰的寿命一般可达15~20年,线缆的裸露部分平均2~5年就损坏,时间长了就会出现不少计算机的信息传输中断。在信息时代中,这样的现象将无法承受,只能被迫花费大的代价重新更换已经损坏的线缆。

为了解决这一难题,将线缆的寿命延长到比室内装饰的寿命还要长,就出现了综合布线系统。它的基本构思是:既然裸露部分的线缆容易断,而隐蔽空间中的线缆完好无损,那就在墙面的线缆出口处将线缆人为剪断,在剪断处使用连接件将隐蔽空间的线缆与裸露线连接成完整的传输链路,如图7-3所示。当裸露线折断后,只要更换裸露线(跳线)即可。此时,线缆系统的使用寿命等同于隐蔽空间的线缆寿命。由于线缆在不受外力影响时的寿命已经远超20年,所以综合布线系统的寿命可以超过室内装饰的寿命,达到20年以上。

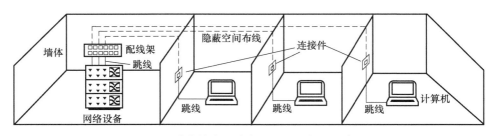

图7-3 建筑物内的综合布线系统敷设示意图

在图7-3中,隐蔽空间布线没有改变,但在墙面出口处安装了连接件中的插座(插座使用面板固定在墙面上,并利用面板封闭了墙面的开口,使墙内的线缆得以隐藏)。墙外,裸露部分的线缆两端全部安装了插头(连接件中的一种),只要将插头插入墙面面板上的插座(连接件中的一种,与插头配合使用)内,就完成了线缆的连接。这时两端都安装了插头的裸露线被称为"跳线"。同理,在机房的网络设备端,也安装了面板的"集合体"——配线架,跳线的一端插入配线架中的连接件插座内，另一端插入网络设备的插座内，就完成了传输线路的连接。

为了进一步完善综合布线系统，在产品上还有两处改进：其一，裸露线采用了比较昂贵的多股线，即每根芯线由多股铜丝绞合而成，只要其中还有 1 股铜丝未断，系统就仍然能够保持信息传输；其二，连接件采用了易学易插拔的 RJ45 型插座/插头结构，这使维护人员只要掌握了 RJ45 型插头的插拔方式，就能够像从网络设备上插拔 RJ45 插头一样，轻易地完成墙面连接件中的插头插拔工作。

7.1.2 综合布线系统的产品组成

综合布线系统的产品可以分为 7 个大类，见表 7-3。

表 7-3 综合布线系统的 7 大类产品

序号	缆线及传输系统种类	主 要 作 用
	传输部件	信息传输所需要的部件
1	线缆	由电缆和光缆组成，用于数十米乃至更长距离的信息传输
2	连接件	分电和光两种，用于将两侧的线缆连接成一体
3	跳线	分电和光两种，具有柔软性，易于更换
	保障部件	安装、标识、记录和提高可靠性的部件
4	面板	固定连接件、封闭隐蔽空间的开口
5	配线架	面板的"集合体"，以便在更小的空间中安装更多的连接件
6	箱柜	安装配线架，保护配线架中的线缆，以防碰损
7	管理类产品	包括标签标识、记录软件和自动监测跳线插拔的智能布线管理系统（即电子配线架）

这七大类产品与千变万化的环境（场景、机械、气候、化学、电磁、水火、啮齿动物等）之间以及布线系统内各产品之间、与其他系统（如计算机网络系统等）的产品之间的交叉组合，就形成了综合布线行业中成千上万个产品。

1. 缆线

缆线由传输介质、保护层和护套层组合而成，如图 7-4 所示。

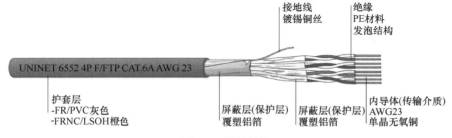

接地线
镀锡铜丝

绝缘
PE材料
发泡结构

UNINET 6552 4P F/FTP CAT.6A AWG 23

护套层
-FR/PVC灰色
-FRNC/LSOH橙色

屏蔽层(保护层)
覆塑铝箔

屏蔽层(保护层)
覆塑铝箔

内导体(传输介质)
AWG23
单晶无氧铜

图 7-4 缆线结构

其中，传输介质用于传输信息或能量，保护层用于保护传输介质的材料或材料组合，护套层是缆线的外层，起到保护缆线内部各层的作用，同时它还具有标识的作用。

（1）缆线的传输介质 综合布线系统的缆线主要面向高速、超高速的长距离信息传输，也可以用于电话等低速的信息传输，有双绞线电缆和光缆两种主要传输缆线。

1) 双绞线电缆。电缆的结构如图7-4所示。电缆中包含有若干对电线，每对2根电线相互绞合，每根电线以金属为芯、外加不导电的绝缘材料（以防芯线之间短路）制成，电线内可以传送电流，以提供电功率或电信号。电缆的外层是护套层，用于保护电路内的电线，同时护套上可以印字，以说明电缆的类型和制造厂家。在综合布线系统的电缆上，往往还会印有米标和辨识码，米标用于工程中确定缆线的长度，辨识码则用于识别产品的真假。

2) 光缆。光缆的结构如图7-5所示。光缆中包含着若干根光纤，信息传输用的光信号就是在这些光纤中传输。在光纤外，包裹着一层层的保护材料，如束管（也称松套管，用于将若干根光纤成束布局）、缓冲材料（芳纶丝）、防火材料等。最外层则是护套层，护套层的材料和作用与电缆的护套层基本相同。

护套层
-FR/LSOH单模：黄色
-FR/LSOH多模：橙色

芳纶丝　　松套管

光纤(≤24芯)
标准色谱排列
蓝、橙、绿、棕、
灰、白、红、黑(本)、
黄、紫、粉红、天蓝

图7-5　室内光缆示意图

在光纤中，同样还可以初分为纤芯、包层（反射层）和涂覆层（图7-6）。纤芯由石英玻璃（二氧化硅）构成，它的外径有$9\mu m$（单模，用价格比较昂贵的标准激光源，传输距离远）、$50\mu m$或$62.5\mu m$（多模，可用价廉的发光二极管（LED）或垂直腔面发射激光器VCSEL，传输距离一般不超过550m）三种。包层的材料也是二氧化硅，用于将光限制在纤芯中传输，外径为$125\mu m$。涂覆层由树脂涂层构成，主要用于加强光纤的机械强度。光纤的外径称为纤径，即涂覆层的外径，一般为0.9mm、2mm或3mm。

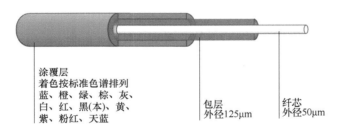

涂覆层
着色按标准色谱排列
蓝、橙、绿、棕、灰、
白、红、黑(本)、黄、
紫、粉红、天蓝

包层
外径125μm

纤芯
外径50μm

图7-6　光纤示意图

（2）传输带宽和传输距离　无论是双绞线电缆还是光缆，都有传输带宽。但它们的带宽单位都有所不同。

1) 双绞线电缆。双绞线传输带宽的单位是MHz（10^6Hz），指在传输距离为100m时所能承载的电波物理带宽。为了满足计算机网络系统的传输速率等级，双绞线的传输带宽也分有几个等级，双绞线的等级及主要应用领域见表7-4。

表7-4　双绞线的带宽分类及主要应用领域

带宽分类	物理带宽/MHz	模拟电话	以太网传输速率/（Gbit/s）					
			1	2.5	5	10	25	40
3类	10	√						
5类①	100	√	√	√②				

（续）

带宽分类	物理带宽/MHz	模拟电话	以太网传输速率/(Gbit/s)					
			1	2.5	5	10	25	40
6类	250	√	√	√②	√②			
6A类	500	√	√			√		
7类	600	√	√			√		
7A类	1000	√	√			√	√③	
8类④	2000	√	√			√	√③	√③

① 现在的5类包括过去的5类和5e类（超5类），技术参数为原5e类双绞线的技术参数。

② 为了延长建筑物中已经敷设的5类、6类双绞线的使用寿命，使之不会立即因以太网的快速发展而被淘汰，网络设备供应商推出了2.5G以太网和5G以太网，规定5类、6类双绞线在通过线间串扰测试时分别可以传输2.5G、5G以太网（屏蔽布线系统不需要进行测试即可应用）。

③ 7A类、8类在25G以太网和40G以太网中的应用为预测，相关的网络设备尚未正式发布。

④ 8类双绞线中分为8.1和8.2两个系列产品，带宽指标相同。8.1使用特制的RJ45型连接器，8.2使用GG45连接器或TERA连接器。

双绞线的传输距离定义为不超过100m，其中双绞线电缆的长度不超过90m，两端跳线的长度之和不超过10m。如果跳线的总长度需超过10m，双绞线电缆的最大长度就需按一定比例减少。

2）光缆。在光缆中，多模光纤采用传输带宽表征其传输特性，见表7-5。它的单位是MHz·km，即当传输距离为1km时的物理带宽，它是传输距离和物理带宽的乘积，当传输距离小的时候，物理带宽值会大些。

表7-5 光缆的带宽分类及主要应用领域

光纤类别	标称芯径/μm	带宽/(MHz·km)	以太网传输速率/(Gbit/s)			
			1	10	40	100
OM1 多模光纤①	62.5/125	220	220m			
OM2 多模光纤	50/125	500	500m			
OM3 兆兆多模光纤	50/125	2200	900m②	300m	②	②
OM4 万兆多模光纤	50/125	4700	1200m②	550m	②	②
OM5 四万兆多模光纤	50/125	6200	√	√	√③	

① OM1光纤是20世纪90年代的主推产品，因传输性能差，价格与OM2一样，在21世纪初已基本消失。

② OM3、OM4因其单芯的传输能力为10Gbit/s，用于40G及以上等级的以太网时，需采用多芯组合以达到高等级的传输能力。

③ OM5具有单芯传输40Gbit/s的能力。它能够做到同时使用4个波段，每个波段传输10Gbit/s，使总的传输能力达到40Gbit/s。

需要注意的是，光纤以太网需要成对光纤（一收一发）完成传输，所以对于OM3、OM4传输万兆网（10G以太网）时，需要使用2芯光纤；传输40G以太网时，需要8芯光纤。而OM5传输40G以太网时，仅需2芯光纤即可。

对于综合布线系统中的常规单模光纤（G.652光纤），它分为A、B、C、D四个等级，其中D级为最高。

（3）屏蔽与非屏蔽 在双绞线的保护层中，有时会看到金属屏蔽材料（铝箔或铜丝网）。当双绞线中包含有技术屏蔽材料时，这种双绞线称为"屏蔽双绞线"，而不包含屏蔽材料的双绞线则称为"非屏蔽双绞线"。

屏蔽双绞线和非屏蔽双绞线的性能差异在于对电磁干扰的抑制能力，屏蔽双绞线的抗电磁干扰能力远优于非屏蔽双绞线。但在大多数的民用环境（即在办公建筑、商业建筑、旅馆建筑、住宅建筑等等）中，外部的电磁干扰并不强，非屏蔽双绞线足以满足抗电磁干扰的需求。而且非屏蔽双绞线中减少了屏蔽双绞线必备的金属屏蔽材料，其造价在 3 类、5 类和 6 类时低于同样传输等级的屏蔽双绞线，因此，在综合布线系统中最先发展起来的是非屏蔽双绞线。屏蔽双绞线则用于电磁干扰比较强烈的环境（如工业环境等），或者是对电磁泄漏有明确要求的场合（如涉密的信息传输等）。但到了 6A 类等级时，屏蔽双绞线的成本开始显现其优势。到了 7 类以上传输等级时，屏蔽双绞线成了唯一的选择。

当使用屏蔽布线系统时，要求与双绞线配套的连接件和跳线都使用屏蔽产品，并按要求完成系统接地，使屏蔽效果得以充分发挥。当使用非屏蔽布线系统时，一般会使用价廉的非屏蔽双绞线、非屏蔽连接件和非屏蔽跳线，但在 6A 类传输系统中，也已经出现了使用屏蔽双绞线、非屏蔽连接件和非屏蔽跳线组合的工程案例，它的特点是成本低于全屏蔽系统，而抗电磁干扰能力略优于非屏蔽布线系统。

在常规的产品选型时，非屏蔽双绞线用于商用环境、重要性比较低的场合，屏蔽双绞线用于电磁环境恶劣、信息安全性要求比较高的场合。

（4）线缆的对数与芯数　对于双绞线而言，由于电信号需要有回路，所以芯线的数量都是双数，以形成双绞线对（也称"对绞线对"）。对于光缆而言，每根光缆中的芯数从 1 芯到 1440 芯都可能，但综合布线系统中常见的光缆芯数也呈双数。

1）双绞线的对数和芯数。综合布线系统的普通双绞线采用了 4 对 8 芯结构。另外，为了机房之间的互联，还有大对数双绞线电缆，每根电缆护套内的线对束远大于 4 对，常见的规格有 25 对、50 对和 100 对，其他规格有 40 对、80 对、200 对和 300 对。

为了区分每一根芯线，综合布线系统沿用了电信电缆中的色谱，其母色为白、红、黑、黄、紫，子色为蓝、橙、绿、棕、灰。这两组颜色交叉组合就形成了 25 对的颜色。常用的 4 对 8 芯双绞线，母色为白色，子色分别为蓝、橙、绿、棕，每个线对分别称为白蓝、白橙、白绿、白棕；而 25 对大对数双绞线电缆，其中每对芯线分别为 1 种母色和 1 种子色。当大对数电缆的对数大于 25 对时，制造商会使用具有彩条的塑料缠绕带，将所有的线对按一定的规律"裹"进缠绕带内，使缠绕带内的线对束不超过 25 对。这时缠绕带为母色的五种颜色时，最多可以支持 5 束 125 对（可用于 50 对、100 对的双绞线电缆），而缠绕带上有 2 根彩条时，假定 2 根彩条分别对应于母色和子色，就可以形成 25 个线束，从而支持 625 对的双绞线电缆，这对于综合布线系统的双绞线电缆不超过 300 对而言已经足够。

常见的 4 对 8 芯双绞线传输等级目前有 5 类、6 类、6A 类、7 类、7A 类和 8 类，可以支持从低频的电话信号到超高带宽的数据传输。这类双绞线一般是水平敷设，故此又名为水平双绞线。

25 对以上的双绞线电缆的传输等级大多为 3 类和 5 类，一般用于机房之间的电话信号传输。

2）光缆的芯数。光缆的芯数可以从 1 芯到 1440 芯，但常用的芯数种类却很少，分为优选系列和非优选系列。优选系列主要有 2 芯、4 芯、6 芯、12 芯、24 芯、48 芯、96 芯、144 芯、288 芯、576 芯等；非优选系列主要有 8 芯、16 芯、36 芯、72 芯、120 芯、216 芯等。优选系列和非优选系列形成的目的是减少规格，使制造商能够大批量地生产和库存，以便客户能够及时买到价廉的光缆产品。

光缆中每芯光纤都有颜色，但原始的成品光纤是纯白色，光缆中的光纤颜色是在光缆制造工序中，将白色的光纤通过"着色"工艺添加上去的，目的在于安装和维护时能够目视区分每一芯光纤。光纤的颜色有 12 种，除了白、红、黑、黄、紫、蓝、橙、绿、棕、灰外，还有粉红、天蓝两种。有时在光纤上还会出现单色实线（或虚线），使光缆中光纤的容量翻倍。

（5）信号在缆线中的传输速度　无论是电波还是光波，在真空中传播的速度都是接近 30 万 km/s（299792458m/s），但电波在电线中、光波在光纤中的传播速度都会有所下降。如：电波在电线中的传播速度约下降 12%～35%，光波在光纤中约下降 30%～35%。尽管如此，传输速度仍然非常快，因此对于实际应用而言并没有明显的影响。

在双绞线的性能测试时，需要使用电波在所用双绞线中的传输速度。为此，引入了一个参数 NVP（NVP<1），它表示在这种双绞线中，电波的速度与电波在真空中传输速度之比。所用双绞线的 NVP 值一般在产品手册中标明，也可以使用仪器测出。有趣的是，NVP 值与芯线绝缘层的绝缘材料有关（表 7-6）。

表 7-6　NVP 值与绝缘材料的对应关系

绝缘材料	NVP 值（%）	对绝缘材料的简单说明
实心 PVC 塑料	65～66	PVC 即聚氯乙烯，在双绞线中现已不使用
实心 HDPE 塑料	67～69	HDPE 即高密度 PE，或称高密度聚乙烯，是最常见的双绞线绝缘材料
化学发泡 HDPE 塑料	74～76	指在 PE 料中添加发泡剂，在高温下产生气泡的 HDPE
物理发泡 HDPE 塑料	80～82	指不添加发泡剂，使用专用设备制成的发泡绝缘层
氟塑料	86～88	指绝缘层采用氟塑料制成

（6）线缆中的保护层　线缆的保护层位于芯线与护套之间，它的作用是保护芯线。为了达到不同的保护目的，在不同种类的线缆中会根据需要添加不同的保护材料。

1）双绞线。金属屏蔽材料是保护材料中的一类，它的作用是将不需要的电磁波与芯线隔离，这类双绞线被称为屏蔽双绞线。屏蔽材料有铜丝网与铝箔的组合、全铝箔等结构，当屏蔽双绞线的屏蔽层全部用铝箔材料时，在铝箔的导电面会平行敷设 1 根铜丝，用于接地连接，以防铝箔横向断裂导致屏蔽效果丧失。

在有些双绞线中，会使用透明塑料薄膜，它主要用于裹紧双绞线的 4 对芯线。

2）光缆。由于光纤极细而且比较脆弱，所以光缆保护层中的材料相对会多些。如图 7-5 中的松套管，使光纤在套管内呈现 S-Z 型（即波浪形），即光纤在松套管内有足够的空隙可以活动，这样即使松套管受压产生少量变形，也不会引起光纤损坏或性能下降。同样，保护层中的芳纶丝是一种非常柔软且不易拉断的保护材料，它作为填充物，可以使外力得到最大程度的缓解。

当光缆用于户外时，保护层中还会有用于室外防外力、防雷、防水的保护材料，如金属铠装层、玻璃纤维铠装层、阻水带等。

（7）线缆的护套层　护套层位于线缆的最外层。护套层有许多作用，其中最关键的是裹住内部的线缆和保护层，使之成为一根完整的线缆。

双绞线电缆与光缆的护套生产线可以通用，护套层材料也可以通用。

2. 连接件

连接件安装在线缆的两端，用于将两根线缆连接成一体，形成一个流畅的信息传输通路。由于线缆分为电缆和光缆，所以连接件也分为铜缆连接件（电传输采用铜质电缆）和光纤连接件（光缆中的传输部分为光纤）。

（1）传输特性　铜缆连接件内包含电路板或铜丝等用于电传输的电路，它的后端（图7-7中的右侧）接在双绞线上，前端（图7-7中的左侧）通过插头/插座与另一根双绞线互连，连接件内的电路板或铜丝起到了将后端双绞线与前端的另一根双绞线连接的作用。

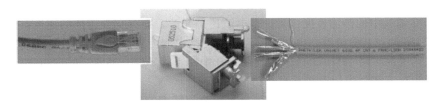

图7-7　铜缆连接件的连接原理示意图

光纤连接器的原理（图7-8）是通过连接件使两端光纤的轴心对准，使光能够无阻碍的从一端光纤插入另一端的光纤，所以光纤连接器（包含光纤连接器和光纤适配器）的指标是连接器的尺寸精度，如单模光纤连接件（精度高，可以用于单模光纤和多模光纤）和多模光纤连接器（精度低，仅用于多模光纤）。

图7-8　光纤连接件的
连接原理示意图

（2）连接方式　在综合布线系统中，线缆的连接分为"活动连接"和"死连接"两种，前者是指线缆之间可以根据需求随意接通或断开，它需要使用插头、插座或连接器等器件；后者是指线缆在连接后成为一体，永远无法拆下（拆下即损坏），它使用的器件是接续子、热熔管等。

1）插头/插座。插头/插座是现在常见的连接方式之一，对于铜缆连接件而言，插座被称为模块，插头又称为水晶头（因插头用全透明塑料制成而得名）。插头与插座配对使用。在大多数情况下，插头位于线缆或跳线（由柔软且不易折断的线缆制成）的端面上，插座位于线缆的端面或设备（如计算机网络设备、计算机网卡等）的端口上。

在综合布线系统中，最常见的铜缆插头是RJ45插头（也称为RJ45水晶头）和RJ45型插座，如图7-9所示。它的外观尺寸符合IEC 60603系列标准，各厂商的产品可以互换使用。其他还有GG 45插头/插座（图7-10）、TERA插头/插座等（图7-11）。其中，常规的RJ45型插头/插座最高工作带宽为500MHz（Cat. 6A），为8类双绞线配套的8类RJ45型插头/插座最高工作带宽为2GHz（Cat. 8.1）。8类RJ45型插头/插座是为了兼容常规的RJ45连接器而设计的，具有很好的向下兼容特性（即无须更换跳线就可以支持Cat. 3～Cat. 8的RJ45所有应用），但为此需要配套使用专门的8类双绞线（即支持Cat. 8.1的双绞线）。

GG 45模块兼容RJ45插头（即可以插入RJ45型跳线），但在使用RJ45跳线时的最大工作带宽为500MHz（Cat. 6A），当它使用GG45型跳线时，最高工作带宽大于2GHz（Cat. 8.2）。

TERA模块的最高工作带宽大于2GHz（Cat. 8.2）。它不兼容RJ45跳线和GG45型，仅能支持TERA-TERA跳线2GHz（Cat. 8.2）或使用TERA-RJ45跳线进行转接500MHz（Cat. 6A）。

RJ45模块的结构如下：它的背后是打线端，将4对8芯双绞线的线头端接在此；前端是RJ45型插座，用于与跳线上的RJ45型插头（水晶头）连接。RJ45型模块的插座内有8根镀金的簧片，垂直方向具有弹性，当RJ45插头插入插座后，插座内的8根簧片将借助于弹性与插头中的8根镀金金属针（简称"金针"）紧密地连接，将与模块连接的双绞线上的电信号传递到RJ45插头中的双绞线上。

RJ45插头

GG45插头

TERA插头

RJ45插座

GG45插座

TERA插座

图7-9　RJ45插头/插座　　　图7-10　GG45插头/插座　　　图7-11　TERA插头/插座

在模块内，分有两种结构：PCB结构和DCB结构。PCB结构指在模块内安装有一块印制电路板（图7-12），电路板的一端连接着模块背后的打线端，另一端则连接着8根簧片。DCB结构如图7-13所示，在模块的壳体内没有电路板，采用8根铜丝弯曲成一定的造型，确保8根铜丝完全不会相互短路后，连接到两端（打线端、簧片端）。在图7-13中可以看出，8根铜丝的下端即为打线端，而上端则刚好是8根金属簧片。

图7-12　PCB结构

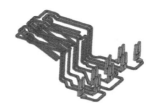

图7-13　DCB结构

除各种模块外，还有一类铜缆连接器件是与架体或基座配套使用的，如110连接块、1A端子板、Krone型模块、VS型模块等。这些架体/基座与相应连接器件的组合称为配线架（也称跳线架），往往安装在机房内，如图7-14~图7-16所示。其中110连接块需安装在110底座上，形成110型配线架方能使用。而1A端子板、Krone型模块、VS型模块也需要安装在相应的背架上，组合成配线架。在上述最常见的四种配线架中，110型配线架是最早期的配线架，1A端子板难得一见，Krone模块和VS模块的密度不高但可以安装防雷用的避雷子，构成铜缆传输线路防雷的第一道防线。

最后一类铜缆连接器件的名称为"一体化RJ45配线架"（图7-17），它是在配线架架体内安装电路板，因为省去了RJ45型模块的壳体，所以它的造价低于RJ45型模块+空配线架，但缺点是万一坏了一个模块，则配线架将少了一个端口，在工程上容易引起编号不连续的不美观效果。

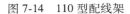

图 7-14　110 型配线架

图 7-15　Krone 型配线架

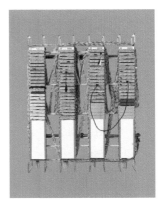

图 7-16　VS 型配线架

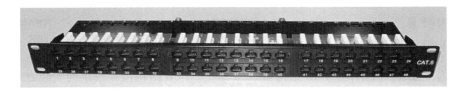

图 7-17　一体化 1U48 口 6 类 RJ45 型配线架

2）光纤连接器。光纤的插头称为光纤连接器，它安装并固化在光纤上，形成光纤的活动连接器（即可插拔的连接器）。与之配对的是光纤适配器（也称光纤耦合器），光纤适配器相当于一根"空管子"，两端均可插入相同（或不相同）的光纤连接器，由于光纤适配器的内在尺寸与光纤连接器完全匹配，使光纤连接器插入后，光纤连接器的轴心刚好对准且物理接触，使一端光纤连接器中的纤芯内的光束恰好可以以极小的损耗射入对端的光纤连接器中的纤芯内。由于光纤内的纤芯仅有 9μm（单模光纤）和 50μm（多模光纤），所以光纤连接器和光纤适配器的机械精度要求很高，属于精密机械加工。

光纤连接器件的种类很多，如第一代的 ST 型、FC 型，第二代的 SC 型，第三代属于超小型光纤连接器件（SFF 器件），典型的有 LC、MTRJ、VF45 等，如图 7-18～图 7-22 所示。现在最流行的是 LC 型光纤连接器件，未来由于光纤的芯数增加，MPO 型会逐渐流行（图 7-23）。除此之外，有时还能看到 MU 型、LZH 型等各种别具特色的光纤连接器件。

图 7-18　ST 型连接器

图 7-19　FC 型连接器

图 7-20　SC 型连接器

图 7-21　LC 型连接器

图 7-22　MTRJ 型连接器

图 7-23　MPO 型连接器

3）快速光纤连接器（图7-24）。快速光纤连接器是一种在工程中能够快速连接的光纤连接器，其连接方式属于"死连接"，即连接后不能再拆除的连接方式。它的端接时间已经可以做到每芯数十秒，但它的损耗相对较大。

快速光纤连接器的原理是在连接器内已经预埋了一小段纤芯，并在工厂里将光纤端面打磨成弧面，以便有效地与对端光纤连接器中的纤芯对接。在快速光纤连接器的后端开有一个V形槽，对接时只要将光缆中的纤芯剥出，放入V形槽，将槽盖压到底即完成端接。由于快速光纤连接器内已经充入导光率与光纤基本一致的胶质，即使光缆中的纤芯没有与快速光纤连接器内的纤芯接触，也能确保光的正常传输。

图7-24　快速光纤连接器

4）光纤接续子（图7-25）。光纤接续子的原理与快速光纤连接器基本一样，差异在于接续子内没有包含纤芯，两根光纤从接续子两端插入后，将V形槽的盖子压下，就完成了这两根光纤之间的接续。所以，光纤接续子也是属于"死连接"。

5）光纤尾纤（图7-26）。光纤尾纤是最常用的光纤"死连接"器件，它的特点是在工厂里将光纤连接器与一段1~3m的光纤端接完毕，另一端用于在工程现场使用光纤熔接机将光缆中的纤芯与光纤尾纤中的光纤熔化后连接成一体，使光缆中的纤芯带有光纤连接器。为了保护光纤熔接点，光纤熔接时还需要在熔接点上套有一根专用的热缩套管（嵌有一根钢筋的热缩套管）。光纤熔接的常规时间为熔接1min/芯，热缩1min/芯。当然，市场上也有熔接时间为15s/芯的熔接机，高水平的熔接人员可以做到9s/芯。

光纤熔接最早用于电信的光纤接续，随着光纤熔接机逐渐普及，综合布线系统的光纤连接已基本采用光纤熔接方案，致使光纤尾纤逐渐取代了光纤连接器。

图7-25　光纤接续子　　　　　　图7-26　光纤尾纤

（3）预端接模块盒　在综合布线系统中，还存在一种被大量使用的连接件，称为预端接模块盒，同样预端接模块盒也分有铜和光两类。

1）预端接铜缆模块盒（图7-27）。预端接铜缆模块盒的作用是将由制造商绑扎成束（6根/束、12根/束或24根/束）的双绞线（称为集束双绞线）在模块盒内端接到模块上，模块盒的前面板上是这些模块的插座，将跳线的一端插入插座，另一端插入配线架或网络设备就完成了缆线连接。所以，预端接铜缆模块盒类似于常规的铜缆模块：模块盒的后端接入双绞线后，在模块盒内完成与信息插座的端接，模块盒的前端则完成与跳线的连接。

预端接铜缆模块盒内的模块可以根据使用需求更换成各种模块，但大多会采用屏蔽模块（RJ45型、GG45型或TERA型），原因是成束双绞线中每根双绞线与周边的双绞线处于全平行状态，根据物理学中的平行线效应，成束双绞线中每根双绞线容易受周边的双绞线干扰（称为"线间串扰"），当使用屏蔽双绞线且屏蔽层完成接地连接后，双绞线感应到的电磁干扰会在屏蔽层上形成感应电流，排放到大地，使成束双绞线的电磁性能保持在最佳状态。

2）预端接光缆模块盒（图7-28）。预端接光缆模块盒用于将一根或多根两端均端接了MPO

光纤连接器的光缆（称为预端接光缆，其光纤芯数≥12芯），通过模块盒分解成单芯、双芯或其他芯数。所以，预端接光缆模块盒的后侧面板上安装有1个或若干个MPO光纤适配器，在模块盒的前面板上安装有若干个1芯或2芯的光纤适配器（如双芯LC型等等）。所以，预端接光纤模块盒可以认为是一个大芯数的、两端装有不同的光纤适配器的转换盒。

图 7-27　预端接铜缆模块盒

图 7-28　预端接光缆模块盒

3. 跳线

跳线是两端已经端接了连接器的线缆，这些连接器可能一端插入模块插座内，另一端插入设备插座内，也可能两端都插入模块插座内或两端都插入设备插座内。当跳线中的一端被插入设备插座内时，这根跳线在工程上被称为设备缆线。

跳线主要用于经常需要插拔或可能会有人为因素产生的晃动地方，如墙面面板到办公桌的计算机网卡之间、机柜内的配线架到网络设备之间等。为此，跳线在制造是往往具有以下特性：

1）缆线不易折断。跳线中的线缆相对于常规线缆而言不容易折断，即使是在晃动的情况之下。

2）长度固定。跳线两端都装有连接器（如RJ45水晶头、光纤连接器等），所以跳线的长度在出厂时是固定的。为了减少库存，跳线的长度往往有若干个规格，很少为客户定制跳线的长度。

3）两端可以采用不同的连接器。跳线两端的连接器大多数是相同的，如RJ45-RJ45跳线、双芯LC-LC光纤跳线等。但也可以不同，以满足不同种类配线架（或网络设备）之间的跳线连接需求。如铜缆跳线的一端是RJ45型，另一端为110型；光纤跳线一端为双芯LC，另一端为24芯MPO等。

常见的跳线有：

（1）铜缆跳线　铜缆跳线即双绞线跳线。为了提高跳线的抗折断性能，跳线中的双绞线采用了多股绞合芯线，即8芯线中的铜丝均为多股铜丝（大多为7股铜丝）绞合而成，这样的双绞线又称为软线，因为它相对于常规的双绞线而言更为柔软些。

当使用多股绞和芯线构成的跳线时，多股芯线中哪怕只有一股未断，传输性能就依然保持。当然，电气性能会有所下降。

（2）集束跳线（图7-29）　当把多根跳线绑扎成束形成一束跳线（6~24根/束）时，这样的跳线集束称为集束跳线。由于集束跳线中每根跳线之间为全平行状态，所以根据物理学中的平行线效应，成束跳线内每根跳线之间的电磁干扰会比较大，因此集束跳线大多为屏蔽跳线，借助于金属屏蔽层将感应到的电磁干扰泄放到大地，以确保跳线内的信息传输性能。

集束跳线往往用于机柜之间的跳线连接，如网络设备机柜旁摆放一个布线机柜，两个机柜之间的跳线通过上走线桥架布放时，集束跳线可以使机柜侧面的跳线相对整齐、美观（图7-29b），集束跳线的布放也相对简单、省力。

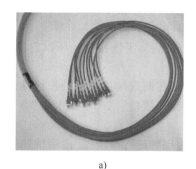
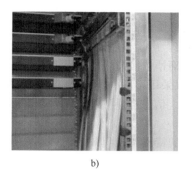

a)   b)

图 7-29　集束跳线

a）集束跳线　b）机柜内的集束跳线

（3）光纤跳线　用于光传输的跳线为光纤跳线。光纤跳线相当于铜缆跳线而言容易折断，所以在使用时，需要多加保护，确保光纤跳线的弯曲半径在缆径的 10 倍以上。

为了保护光纤跳线，市场上还有金属铠装光纤跳线，利用金属铠装层保护光纤跳线。当然，在使用时仍然需要注意跳线的弯曲半径。如果跳线直角弯折或锐角弯折，即使有金属铠装层，也难保其中的光纤纤芯不会折断。

（4）有源跳线　当同一根跳线的一端传输光信号，另一端传输电信号时，该跳线内的某一处必然安装有一个光电转换器。由于光电转换器为有源器件，所以这种跳线称为有源跳线。有源跳线中的光电转换器多采用双绞线在网卡或网络交换机中汲取电源（如 POE 供电）。

有源跳线可以有许多用途，例如：

1）在数据中心内，在电口网络交换机上插入有源跳线，为服务器的光纤网卡通过信息传输，以避免选用价位原高于电口网络交换机的光纤网络交换机。

2）在配线子系统采用光纤布线（FTTD）时，在工作区的光纤面板上插入有源跳线，连接到办公桌的计算机上，利用有源跳线中的铜缆部分使跳线不易折断。

（5）单端跳线（尾纤/尾线）　单端跳线是指一端装有连接器（如 RJ45 水晶头等）的跳线，光纤尾纤也可以认为是单端跳线中的一种。铜缆单端跳线主要用于从模块的后端（打线端）连接到网络设备的信息插座。在使用时需确保模块的打线端能够支持跳线中的芯线（如多股绞合芯线），否则可能会出现模块端接失败的现象。

（6）智能跳线　智能跳线是指智能布线系统（也称为电子配线架）专用、包含有检测线路的跳线，包括铜跳线、光跳线等。

（7）可追溯跳线　可追溯跳线的外观与常规跳线一样，只是它在跳线中包含有显示线路，当跳线一端提供光信号或电信号时，跳线的另一端会发出光信号，以便在机柜正面大量的跳线中寻找所测跳线的另一端。该功能也可以用于从机房到工作区的线缆，使安装或运维人员能够快速寻找或确认该线缆的两端。在布线工程的两端标识不清的状态下，这种可追寻线缆有着减少人工、提高工作效率的效果。

（8）预端接缆线　预端接缆线的构造类似于常规的跳线，只是它的两端是模块（信息插座）或大量的光纤连接件，而常规的跳线两端则是 1 个铜缆连接件（如 RJ45 水晶头等）或 1~2 个光纤连接件（如双芯 LC 连接器等）。从预端接缆线与跳线的类比可以发现，其实预端接缆线同样可以归属跳线一类。

预端接缆线同样具有跳线的特点，当然由于安装场地不同，预端接缆线也有与跳线不同的特点：

1）缆线不易折断。预端接缆线同样要求不容易折断，但由于预端接缆线一般敷设在线缆桥架内，所以缆线材质为普通的双绞线或常规的光缆即可。

2）长度固定。由于预端接缆线两端在出厂前已经端接了连接件，所以它的长度是指定的，需要在订货时明确预端接缆线的长度。

3）两端可以采用不同的连接器。预端接缆线可以在两端端接不同的连接件，但预端接铜缆两端大多为模块（信息插座）。如果预端接铜缆两端为连接器（如 RJ45 水晶头），则被称为集束跳线。

预端接缆线的特点是工程效率高（不需要在工程现场进行端接）、占用桥架空间少（预端接光缆往往采用 12~144 芯光缆，它比多根光缆节省了大量的敷设空间），一般用于数据中心或信息机房内。

1）预端接铜缆。预端接铜缆的两端在出厂前可以端接着模块（图 7-30），也可以端接着模块盒（图 7-31），也可以一端是模块，另一端是水晶头。当预端接铜缆的两端均为模块时，这些模块均需安装在所配套的普通配线架上。当预端接铜缆的两端装有模块盒时，模块盒需安装在所配套的模块盒式配线架。

预端接铜缆的缆线部分为集束双绞线，即用包装材料（塑料薄膜、纱网或护套等等）将若干根双绞线绑扎成一根缆线。这将有助于提高缆线的敷设效率，并达到美观的效果。

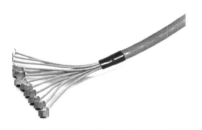

图 7-30　模块式预端接铜缆　　　　图 7-31　模块盒式预端接铜缆

2）预端接光缆（图 7-32）。事实上，预端接光缆即为大芯数光纤跳线，它的芯数一般在 12~144 芯之间，而非常规光跳线的 1 芯或 2 芯。在预端接光缆的两端，可以安装各种光纤连接器（ST、SC、LC、MPO 等），如 144 芯 MPO-双芯 LC 预端接光缆的一端为 12 个 12 芯 MPO，另一端则为 72 个双芯 LC。为了将一根 144 芯光缆分解为若干根小芯数的光缆，在预端接光缆两端往往会安装分支器。

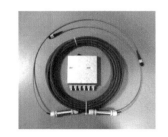

图 7-32　预端接光缆

常见的预端接光缆两端安装有 MPO 光纤连接器（12 芯、24 芯），这些 MPO 可以安装在常规的 LC 型光纤配线架上（使用 LC 型 MPO），使一个 24 端口的光纤配线架所容纳的光纤芯数高达 288 芯或 576 芯。在配线架外，只要使用 MPO-双芯 LC 光纤跳线，就可以用一根光纤跳线同时为多台服务器（或网络设备）的光纤接口提供传输信道。

MPO-MPO 预端接光缆的另一种应用方式是将两端的 MPO 连接器插入预端接光纤模块盒后面板上的 MPO 适配器内，通过光纤模块盒的转换，在前端使用常规的光纤跳线（如双芯 LC 型光纤跳线）一对一地接至服务器（或网络设备）的光纤接口，以符合现在的应用习惯（设备的每个光纤端口使用一根独立的光纤跳线）。

4. 面板

此处的面板是一个广义词，包括墙面面板、地面面板（也称地面插座盒）和桌面面板（也称表面明装盒，简称明装盒）。

面板是有两个主要的作用：将面板上的连接器固定在面板上、保护面板后侧的线缆不会被碰到，确保面板后侧的线缆在20年内不会损坏。

（1）墙面面板 墙面面板是安装在墙面上的面板，也是最常见的面板。墙面面板中安装有指定数量、指定品种的连接器（模块、光纤适配器等），分有墙面暗装面板（也称嵌入式面板）和墙面明装面板两大类。

a)   b)   c)

图 7-33 墙面暗装面板

a）墙面前拆式暗装斜插型 RJ45 面板 b）墙面前拆式面板拆卸示意图 c）墙面前拆式平插型光纤面板

1）墙面暗装面板（图7-33）。绝大多数墙面面板都是暗装面板，它的特点是面板平贴在墙面上，突出墙面的深度仅为面板的厚度，使墙面上比较美观，也不会刮伤路过的行人。

在墙面暗装面板后侧的墙面上需安装底盒，以收纳连接器件隐藏在面板后侧的部分，并盘留一部分线缆（图7-34）。在我国，国标规定的底盒为86型底盒，即高度和宽度均为86mm的底盒。在底盒两侧各有一个螺丝安装孔（俗称小耳朵），用于安装面板。底盒的深度有许多规格，由于连接器件（如RJ45模块等）往往隐藏在面板后侧的部分较长，而且缆线需要有一定的弯曲半径，所以底盒的深度宜选择为60mm的深度，因此该底盒标号为"86H60"。

当底盒嵌入墙体内、面板安装在底盒上时，面板的尺寸应略大于底盒，确保底盒内的任何部位都被面板遮盖，以防线缆和连接件损坏。所以，当选用86型底盒时，面板的尺寸一般为90mm×90mm。

在工程中，为了RJ45模块端接时能将模块尽量多拉出墙面，使模块端接时的手势比较轻松，每个模块背后盘留的双绞线长度宜控制在150~200mm，这就导致每个底盒能够容纳的模块数量有限，我国国标中明确规定："每个底盒宜安装1~2个模块"。如果是光纤面板，在底盒内盘留的光缆长度需更长。

图 7-34 面板与底盒

对于86型面板而言，除了单口面板（可安装1个模块）和双口面板（可安装2个模块）外，还有3口和4口面板。在工程中，3口、4口面板会引起底盒内的空间不足，使盘留在底盒内的双绞线长度明显缩短，令模块端接人员不得不贴在墙边端接模块。这种的端接姿势十分难受，也很难将端接做到尽善尽美，最明显的现象是用性能测试仪测试时，性能裕量很小甚至出现负数（不合格）。

2）墙面明装面板。墙面明装面板不需要底盒，它的背面平贴在墙面上，整个面板高出墙面，容易刮伤行人，也会导致办公家具摆放和移动困难，所以这种面板多用于屏风家具的桌面下方。

（2）地面插座盒（地面面板） 有些场合下，地面上也需要安装面板，这就需要专门为地面安装而设计、制造的地面专用面板，由此引出了地面插座盒。

地面插座盒（图7-35）可以保护地面插座盒内的连接件和线缆，它采用金属铸造而成，所用材料一般为硬铝、铜或不锈钢，其厚度足以应对常见的室内重物。同时，有些地面插座盒还具有一定的防尘/防水功能，能够将茶水等少量的水阻隔在地面插座盒外。

常见的地面插座盒由三部分组成：嵌入地坪内的底盒、连接件安装面板和地面盖板。在安装时，底盒的嵌入深度（可调）应以不触及楼板内的钢筋为限；地面插座盒还应与敷设线缆用的方形或圆形电线管直接连接，不能让线缆中的任何一段裸露在电线管外。当地面插座盒比较大，足以同时安装强电的电源插座盒综合布线系统的连接件时，需在连接件安装面板下使用金属隔板将底盒空间分为强电、弱电两个相互独立的空间，以免相互影响。

金属地面插座盒应通过金属电线管完成接地连接。

（3）表面安装盒（桌面面板） 当办公桌或其他办公家具的桌面上需要有面板，而墙面面板不适合时，可以考虑采用自身全封闭的表面安装盒（图7-36）。在表面安装盒前端，可以安装综合布线系统的连接件，后侧或侧面则有缆线接入用的进线孔。

  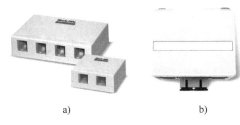

| a) | b) | a) | b) |

图7-35　地面插座盒　　　　　　图7-36　表面安装盒
a）翻盖式地面插座盒　b）弹起式地面插座盒　　a）模块式表面安装盒　b）光纤表面安装盒

表面安装盒的附件中自带安装固定用的安装材料，如木螺丝、双面胶、磁性吸板等，可用于常规的、破坏表面（或侧面）的美观且无法恢复不必在意的办公家具。但这些安装材料对高端、具有保值价值的办公家具（如红木家具等）不适用，可以使用书籍等一般不会使用的装饰性办公用品将表面安装盒固定在桌面上。

5. 配线架

与面板一样，配线架也是安装连接件的安装面板，同样它具有固定连接件和保护后侧的线缆不被人为破坏的作用。理论上，配线架可以认为是面板的集合体，用于缩小面板所占用的空间。由于配线架大多安装在机房内，而机房内的墙面面积有限，所以用配线架取代面板安装在机房内，能使机房的利用率大幅度提高。最早的配线架为墙面安装型，1994年以后，我国综合布线系统的配线架安装大多已经从墙面改为19in（482mm）标准机柜安装，配线架也就逐渐发展成为机柜专用的19in机架式配线架。

机架式配线架的宽度（两侧螺丝孔的中心距）为19in，高度单位为U，1U = 1.75in（44.45mm）。各种类型的机架式配线架宽度固定，常见的高度分有0.5U、1U、2U、3U、4U和5U。在配线架的正面，一般配有配线架面板（模块面板、光纤适配器面板等），可以安装各种类型的铜缆连接件或光纤适配器。有些配线架将配线架架体与配线架面板合二为一，这样可以减少现场装配的麻烦，但面向的连接件种类比较单一。

与面板一样，配线架所安装的也是铜缆连接件和光纤适配器，所以就形成了三种常见的配线架系列：铜缆配线架、光纤配线架、通用配线架。随着监测技术在综合布线系统中逐渐得以应用，出现了具有跳线监测功能的智能配线架。

（1）铜缆配线架　铜缆配线架是一般指安装铜缆连接件的机架式配线架，铜缆配线架的端口数（指信息插座或模块的数量）一般为 24 口或 48 口。铜缆配线架应用于铜缆（双绞线）布线系统，它的正面为各种模块插座，可以插入跳线。配线架的背后安装有理线托架，用于绑扎双绞线，使双绞线在收到外部拉力时，模块端接点上不会受力，以确保模块端接长期性能良好。

铜缆配线架出于价格、安装便捷性和维护便捷性的考虑，可以分为如图 7-37 所示的三种类型：

1）一体化配线架：将 RJ45 模块以线路板形式直接固定在配线架架体上的配线架。这样的配线架简单、造价低，但灵活性和适应能力较差。例如：若线路板上的模块出现故障，则在工程中难以做到整个配线架一起更换，导致配线架的端口数减少，而损坏模块所对应的双绞线必须端接到其他配线架上，引起双绞线的序号混乱。

2）模块后拆式配线架：由于绝大多数模块的安装方向都是从后向前安装，最终锁定在墙面面板或配线架面板上，所以配线架的架体支持模块时，模块的安装方式都是从配线架的后侧向前推，而拆卸方式都是从配线架背后取下。模块后拆式配线架的优点是配线架架体与模块分离，大多数用于面板的模块也可以用于配线架，万一其中一个模块发生故障，仅需更换该模块即可，完全不影响配线架上的其他模块，非常适合工程安装的需要。

3）模块双向可拆卸式配线架。模块后拆式配线架是当前招投标时的主流产品，但它有一个缺点，就是不便于维护。

模块双向可拆卸式配线架是为了解决这个维护上的弊端而出现的，它采用模块框架结构，将每个模块安装在模块框架中，将模块框架安装在配线架正面的架体中。由于每一个模块框架都采用了卡口结构，在机柜正面就可以用普通的螺丝刀拆卸，对于具有该工具的维修人员来说就可以在机柜正面将模块框架连带模块一起拆卸。

 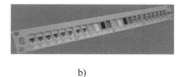 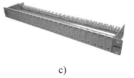

a)　　　　　　　　　　　　　　b)　　　　　　　　　　　　　　c)

图 7-37　三种类型配线架

a）一体化配线架　b）模块后拆式配线架　c）模块双向可拆卸式配线架

（2）光纤配线架　光纤配线架用于光缆两端的端接和跳线连接。由于光缆中的光纤十分脆弱，容易折断，所以光纤配线架往往会在前面板后侧构成一个坚固的安装盒，将光缆中护套剥去后的光纤全部隐藏在光纤配线架内，使外力无法损伤脆弱的光纤。

如图 7-38 所示，常见的光纤配线架主要类型有：

1）固定式光纤配线架。固定式光纤配线架是指光纤配线架在装入机柜后将无法打开，使其中的光纤受到最好的保护。固定式光纤配线架的上盖板可以打开，用于光纤的剥纤、熔接、盘留，以及将配线架内的光纤连接器插入配线架前面板（也称适配器面板）上的光纤适配器后侧。

2）抽屉式光纤配线架。固定式光纤配线架有一个缺点，就是维护不方便。一旦光纤折断或光纤适配器后侧的光纤连接器端面上沾灰，由于配线架在机柜内、上下都有配线架致使其无法打开而变得难以维修和清洁光纤端面。为了解决这一工程上的难题，就出现了抽屉式光纤配线架。

抽屉式光纤配线架分为壳体和内胆两部分，在壳体上安装有导轨，使内胆能够向抽屉一样向前（或向后）滑动。当内胆拉出后，安装或维修人员可以对其中的光纤或光纤连接器进行操作。

3）旋转式光纤配线架。抽屉式光纤配线架有一个美观上的缺点：为了能够将内胆向前拉出（即拉到机柜正面，这是机柜维护工作的最佳位置），就需要接入光缆在配线架外留有一段用于内胆拉出所需的长度，这段光缆平时只能垂荡在机柜内，致使机柜内的美观度下降，维修人员万一需要进入机柜内部时，还需留意别碰上这些光缆。为了解决这一美观上的问题，就出现了旋转式光纤配线架。

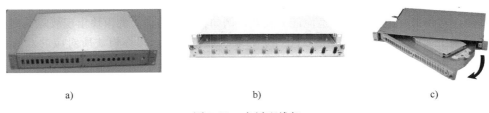

图 7-38　光纤配线架
a）固定式　b）抽屉式　c）旋转式

旋转式光纤配线架同样有内胆，但它没有导轨，而是通过安装在侧面的旋转轴使内胆能够向一侧旋转而出。由于光缆进线孔位于旋转轴旁，所以光缆在配线架内的部分随着内胆一起旋转，在配线架外就不再需要留有光缆（人为的光缆盘留除外）。当内胆旋转出来后，安装或维修人员可以对其中的光纤或光纤连接器进行操作。

在光纤配线架内，出于保护光纤及光纤熔接点的需要，往往会留出熔纤盘和绕线盘的空间，有些厂商将熔纤盘和绕线盘作为光纤配线架的附件，以免因尺寸不匹配导致现场安装困难。

1）熔纤盘。熔纤盘（图 7-39）是固定及保护光纤熔接点的塑料盒体。光缆中的光纤在与光纤尾纤中的光纤熔接时，会套上带有钢筋保护的热缩套管，而固化在光纤外侧的热缩套管则被嵌入熔纤盘内，使熔接点得到进一步的机械保护。1 个熔纤盘往往能收纳 12 芯或 24 芯光纤。

2）绕线盘。光纤在熔接时，两端都会留有相当长的盘留光纤。这些盘留光纤在光纤配线架内将盘绕在绕线盘（图 7-40）上，一方面使配线架内不再散乱，另一方面对光纤也起到保护作用。

图 7-39　熔纤盘

图 7-40　绕线盘

（3）通用配线架　在同一个配线架上可以随意安装铜缆连接件和光纤适配器的配线架即为通用配线架。上述双向可拆卸配线架和盒式配线架都属于通用配线架。

（4）智能配线架 智能配线架也称"电子配线架"，是一种对每个跳线端口都进行电子监测的配线架，是智能布线管理系统中使用的配线架。它采用接触式或非接触式检测技术，将每个端口是否插入跳线、在何时插入/拔出跳线等信息提供给后台软件。智能配线架还支持电子工单功能，在配线架每个端口旁安装有 LED 指示灯，将跳线插拔信息从后台软件下传后，通过指示灯的点亮或熄灭，现场指示施工人员插/拔哪根跳线，在跳线被正确插/拔后，该端口的指示灯会熄灭，同时点亮下一个需要插/拔跳线的端口指示灯。

6. 箱柜

箱柜指墙面安装箱和落地式机柜，由于箱和柜都是用于收纳综合布线系统的配线架、叠加在综合布线系统上的各种应用设备等，所以箱柜可以认为是"收纳容器"。由于箱与柜类似，而且箱线对简单，在此将仅关注机柜。

（1）19in 标准机柜 综合布线系统的机柜指 19in 标准机柜（另有 23in 标准机柜，但综合布线系统中不采用），它的前端和后端各安装有两根立柱用于设备或配线架安装，而这两根立柱中的设备安装螺丝孔中心之间的间距为 19in（482mm）。在立柱垂直方向按照一定的规律遍布设备安装孔，其特点是以 U 为单位，1U 高度为 1.75in（44.45mm），使各种符合 19in 的设备或配线架都能够安装在 19in 机柜内。

机柜的高度有许多种规格，常见的有 3U、4U、6U、8U、12U、15U、20U、24U、32U、36U、42U、45U。因为 42U 机柜（即能够安装 42 个 1U 配线架或 1U 设备的机柜）的外观高度已超过 2m，所以使用更高的机柜就意味着安装人员、运维管理人员将需要携带梯子进行操作，故超过 42U 的机柜（如 45U 机柜等）应用不多。

以下以 42U 落地式机柜为例进行说明，其他机柜的结构基本类同。

42U 机是综合布线系统中最常用到的机柜，它的高度为 2.0~2.2m，早年的 42U 机柜的宽度和深度均为 600mm，其目的在于节省机房空间。随着机柜的应用越来越广，机柜内的跳线、双绞线和光缆的数量越来越多，在机柜内就需要留有空间供整理跳线、双绞线和光缆使用，所以现在的综合布线系统机柜大多为 800mm×800mm，在机柜前立柱外侧各设 1 根 100mm 宽度的垂直跳线线槽，用于掩藏跳线的垂直段。在机柜后立柱内侧各设 1~3 根垂直扎线板，用于绑扎双绞线或光缆，使机柜内部变得美观和有条理。

对于综合布线系统而言，机柜的安装场所往往可以分为两类：下送风场所和无通风场所。这两类场所所用机柜（图 7-41）的最大差异在于前后门，前者使用网孔门，后者需使用玻璃门等全封闭门。

a)

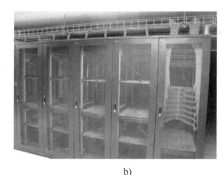
b)

图 7-41 机柜
a）带玻璃门的机柜 b）带网孔门的机柜

1）带玻璃门的机柜。带玻璃门的机柜用于建筑物的楼层机房、工厂的某个角落等没有办法配备外部空调的场合。在这样的场合中，机柜内散热只能采用强制风冷方式，即在机柜顶部安装1~4个风扇，将机柜内的热量从机柜顶部排出。这时的机柜最佳通风方式就是从机柜底部自然进风，四面全封闭，使机柜内的设备热量都能被顶部风扇形成的热对流带走。如果机柜的前后门或侧板中在某一高度上开有通风孔，将会导致从机柜底部进入的冷风大量减少，只有通风孔与风扇之间的设备具有较好的热对流效果。当然，这样的机柜内能够安装的设备应尽量选择小功率的型号，太多的热量将难以全部排出。

2）带网孔门的机柜。带网络门的机柜主要用于数据中心内。由于数据中心的空调区会通过架空地板下的下送风通道将冷气送到机柜正面，机柜的前门就应该密集开大孔（以不会人为伤害机柜内的设备和跳线为开孔尺寸原则），让尽量多的冷气能够进入机柜。在机柜内的设备中往往自带排风风扇，将设备产生的热量向设备后侧排除，而设备后侧即机柜后门也应使用网孔门，使机柜内的热量尽可能多的从机柜后门排出。

为了充分利用冷通道送来的冷气，在数据中心内每列机柜的方向是面对面（一列机柜的前门对另一列机柜的前门）和背靠背（一列机柜的后门对另一列机柜的后门）。面对面的机柜间走道形成了冷通道，而背靠背的机柜间走道则形成了热通道，这就是数据中心内最常见的冷热通道形成的原因。为了充分利用冷气，数据中心的设计师还会将冷通道封闭，使冷气除了进入机柜外，没有任何可以逸散的缺口。同样，在数据中心内也可以设置热通道封闭，使机房内的温度不再是处处高温。

在金属机柜内需要安装接地系统，使机柜表面感应到的电荷全部被泄放到大地，以免人接触后遭受电击。同时，机柜接地系统中的接地铜排或接地母线还起到了为屏蔽配线架或光纤配线架提供接地端的作用。为了避免接地线上高频电荷所产生的驻波现象，应从每个屏蔽配线架到机柜接地端之间、每个机柜到机房的接地铜排之间的接地导线（标准称为"等电位连接导体"）为两根不等长、无公倍数的多股铜导线，截面面积要求为 $4~6mm^2$（机柜至机房的接地导线为 $6mm^2$）。最好是采用相同截面面积的网状编织线，以减少高频电流的趋肤效应。

（2）跳线管理器　箱柜是设备和配线架的收纳容器，而跳线管理器则是机柜内跳线的收纳容器。跳线管理器安装在机柜的正面，与配线架、网络设备一起水平安装，它与机柜两侧安装的垂直跳线管理器相配合，可以将跳线中的线缆部分几乎全部"收纳"到跳线管理器内，使机柜正面的跳线不再散乱，从而使跳线能够得以有效的保护，以延长跳线的寿命。

跳线管理器的造型分有两类：全封闭跳线管理器和环型跳线管理器，如图 7-42 所示。

a)　　　　　　　　　　　　　　　　　　b)

图 7-42　跳线管理器

a）全封闭跳线管理器　b）环型跳线管理器

全封闭跳线管理器有盖，线缆从跳线管理器的侧面侧口中进出，当盖子盖好后，跳线完全被掩藏，对跳线具有很好的保护作用。

环型跳线管理器是在一块平板上安装几个穿线用的环，当跳线从环中穿过时，跳线的路由被确定，跳线不会散乱在机柜在正面，但由于跳线的初始形状为圆形，所以跳线在环型跳线管理器中往往出现波浪形，美观度不如全封闭跳线管理器。另外，由于环型跳线管理器中的跳线仍然是暴露在外，所以操作人员有时会在无意识状态下触碰到环型管理器中的跳线，严重时会造成跳线损坏（如光纤跳线中的纤芯折断等）。

7. 管理

综合布线系统的管理指的是线缆、跳线、面板、配线架、箱柜上的标签标识，以及由标签标识引起的记录。由于线缆安装后永久不挪动，而配线架上的跳线会因人员调整、系统变更、运维等多方面原因经常改变跳线两端所插入的端口（配线架端口、网络设备端口），致使跳线所对应的标签标识、系统记录经常会发生变化。所以，跳线标签和记录成为管理中重要且长久的一环。

现在的综合布线系统规模越来越大，过去用纸张记录的年代早已过去，计算机记录已经成为常态，大型系统则采用了专业的综合布线系统管理软件系统，而如果希望跳线的插/拔能够被系统所记录而不是靠容易出错的人工录入，就需要采用更为高端的智能布线管理系统。

（1）标签标识　综合布线系统的常规标签粘贴在线缆和跳线上，也会粘贴在面板和配线架上，对于带有有机玻璃标签框的面板或配线架，则可采用更为灵活、便捷、便宜的打印纸标签，裁剪后插入标签框内，形成具有唯一性的标识，用于从记录中查询该标识的两端位置、材料、传输等级、当前应用等信息。光缆上的标签如图 7-43 所示。

随着电子标签系统的快速发展，常规的实物标签也在逐渐被条形码、二维码标签所取代，不少厂商已经推出了这类产品，在使用扫描枪或手机扫描后，在屏幕上显示该电子标签的全部信息。

（2）跳线追溯　在跳线中，有一类跳线称为可追溯跳线，它的特点是可以在跳线的一端提供一个电信号或光信号，跳线的另一端就会有灯光闪亮，使操作者迅速找到跳线的另一端。可追溯跳线主要用于配线架（包含网络设备）之间的跳线连接。它的基本原理是在跳线内添加了 1~2 芯铜线或塑料光纤，当一端提供电信号或可见光信号时，对端的 LED 指示灯（或塑料光纤端面）就会同时闪亮。

图 7-43　光缆上的标签

（3）布线管理系统　布线管理系统是一套纯软件系统，用于记录并长期保有该工程中每根线缆、每个跳线、每个面板、每个配线架、每个机柜、每间机房的标签标识信息以及相关的各种应用信息。有些布线管理系统中还包含工作区和配线架的电子地图，能够快速显示每个信息点的位置、连接关系、测试记录、产品资料等信息。

（4）智能布线管理系统　智能布线管理系统在国际标准中也称为自动化基础架构管理（AIM），它是在布线管理系统的基础上，添加了配线架跳线实时监测功能和端口 LED 显示功能。其真正有价值的作用是实时监测智能配线架上每根跳线在何时被插拔，时间可以精确到分或秒。

智能布线管理系统通常由智能配线架、智能布线管理设备（也称控制器）和在线监测/管理软件三大部分组成，如图 7-44 所示。电子配线架除了可以安装模块或光纤适配器外，还具有对所插入跳线的监测功能，同时每个端口上的 LED 指示灯能够根据软件设定，对异常现象进行闪亮报警并通过控制器及时上传到管理软件。

智能布线管理系统是软硬件结合的产品，它具有一定的"思维"能力，能够完成许多常规综合布线系统所难以实现的功能：

1）异常现象报警。一旦现场有人插拔了跳线，系统会立即报警，提醒当班管理人员注意。

2）大量减少因录入而产生的出错率。有些智能布线管理系统能够通过搜索确定每根跳线的两端编号，大大减少人工录入的工作量。而最大的优势在于：它可以消除因人工录入所带来的录入出错率，这对于系统的可信度具有决定性的作用。

3）拓扑结构自动生成。当智能布线管理系统能够搜索每根跳线的两端编号后，结合网络设备、配线架的排列图，软件能够自动生成系统的拓扑结构。它有助于管理人员用它与设计图样核对，从中发现问题并解决问题。

4）电子工单管理。一旦需要使用电子工单功能，可先在软件上完成跳线插拔的设定，下载到控制器，控制器自动控制电子配线架的相应端口指示灯，指引施工人员进行跳线的插拔，并在端口跳线监测功能回馈跳线插拔状态正确后，引导施工人员进入下一步跳线插拔操作。

5）资产管理。智能布线管理系统的"大脑"是一套软件，所以它能够像其他管理系统一样，具有资产管理功能，知道某些部件的寿命是否已经临近"寿终正寝"，提前做好更换准备。

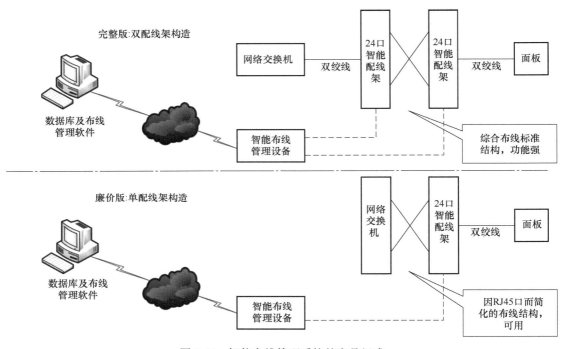

图 7-44　智能布线管理系统的产品组成

7.1.3　综合布线系统的基本构成

综合布线系统是为当今建筑中的各种智能系统提供统一的、通用的传输缆线，并用这些缆线及相关部件组成一个个完整的、实用的、高效的缆线系统。这些缆线系统又组成了一个个面向各种设备的传输网络，使智能系统的设备稳定、高效运行。在通信技术中，布线系统归属于线路部分，它与设备部分有密切的联系。

1. 综合布线系统与计算机网络

在计算机网络系统的七层体系结构中，综合布线系统位于最底层的"物理层"，用于承载计算机网络的光、电信号的传输。所以，在计算机网络从业人员中，将综合布线系统中的双绞线又称为网线，即"网络传输用线"的简称。事实上，"网线"一词在计算机网络发展的不同阶段，具有不同的含义：

（1）同轴电缆　早年（1993 年以前）的计算机以太网所用的传输缆线为特性阻抗为 50Ω 的

同轴电缆。网络构造十分简单，也不需要网络设备（除网卡外）就可以将服务器与计算机连接成网（图7-45）。但由于组网结构原因，导致出现难以克服的使用期间高故障率问题，最终被系统造价远高于同轴电缆的双绞线和网络设备（集线器或交换机）取代。

（2）双绞线　同轴电缆结构是以太网真正的拓扑结构——总线型结构，但同轴电缆构成的总线会导致使用故障率很高，几乎无法克服。所以，集线器（Hub）应运而生，在集线器内是总线型结构，集线器对外则变换为星形结构，使用双绞线连接到服务器和计算机（图7-46）。这时即使某根双绞线发生故障，也仅仅一台计算机联网失败，不会像同轴电缆那样出现一点故障就会引发全网瘫痪的现象。

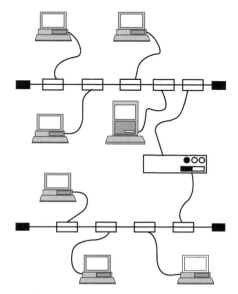

图7-45　同轴电缆构成的总线型
计算机网络拓扑图

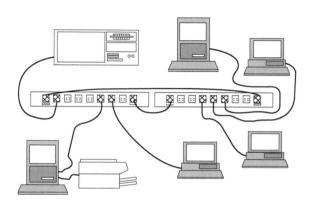

图7-46　双绞线构成的星形计算机网络拓扑图

双绞线已经使用了二十多年，目前所知的所有电传输的以太网线路基本上都是使用双绞线。

需要说明的是，现今的计算机网络传输用线中，同时包含双绞线和光缆，其中双绞线大多用于到用户桌面的最后100m，光缆主要用于长距离传输和超高速传输。所以，网线不应只代表双绞线。

（3）光缆传输　光传输的光缆无论是传输容量和传输距离都优于电传输的双绞线，但它现在受制于容易受灰尘影响和容易折断的问题，导致它在普通的办公环境、商业环境和工业环境中无法取代双绞线。当今后的技术能够克服这两个难题时，光传输必然将会取代电传输，成为计算机网络的首选传输缆线。那时的网线将特指光缆。

（4）综合布线系统优于网线　当前的"网线"指的是综合布线系统的双绞线。在双绞线两端直接端接专用的插头（RJ45插头，也称水晶头），将两端分别插入交换机的网络插座和计算机的网卡插座内，就可以完成线路连接，如图7-47所示。这是一种非常简单的结构，应该说现在大多数不正规的计算机网络传输系统都采用，但导致的后果却是"网络系统的故障80%来自布线"（来自计算机网络维护人员发布在互联网上的公开信息）。而一旦故障，有一定的概率是难以修复的，需要更换整根双绞线，这就导致维护的费用大大增加。

综合布线系统在双绞线的两端增加了一些零部件，形成了一套能够大幅度降低使用故障率的缆线传输系统（图7-48），它使得传输线路的故障率明显下降，而且发生故障后能够轻易地修复，使传输线路的寿命明显增长，使用成本明显下降。所以，综合布线系统是在网线的基础上发展起来，但它具有优于网线系统的特点。

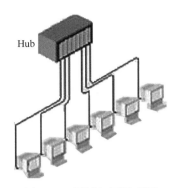

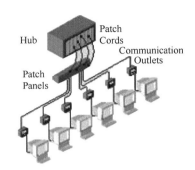

图 7-47　网线组网示意图　　　　　图 7-48　综合布线系统组网示意图

2. 综合布线系统标准

综合布线系统的工程实施涉及非常多的产品，其标准化问题非常重要。根据规定，工程实施首先应满足我国的国家标准，其次是国际标准，再次为行业标准（包括其他国家的国家标准），最后是企业标准。下面以综合布线的国家标准为主，国际标准为辅进行介绍，必要时涉及行业标准。

"综合布线系统"是在 20 世纪 90 年代在中国的标准体系中确定的名称，它在国际标准中的中文翻译名称为"通用线缆系统"或"通用缆线系统"（General Cable System，GCS）。在《综合布线系统工程设计规范》（GB 50311）的各个版本中，中文名称和英文名称无法直译，"综合布线系统"的缩写语采用了"GCS"。

（1）国家标准　在国标中，与工程技术相关的综合布线系统标准主要有两个系列，一般称为"5 系列"和"1 系列"，"5 系列"综合布线标准主要有《综合布线系统工程设计规范》（GB 50311）和《综合布线系统工程验收规范》（GB/T 50312），它们的特点是面向我国的工程应用。"1 系列"标准的典型标准为《信息技术　用户建筑群的通用布缆》（GB/T 18233），它的特点是与国际标准《信息技术　用户基础设施结构化布线》（ISO/IEC 11801）对应。

目前，2016 年版的 GB 50311—2016 标准（图 7-49）和 GB/T 50312—2016 标准已经在我国工程界中被广泛接受，并被智能建筑行业的其他标准所广泛引用，包括《智能建筑设计标准》（GB 50314—2015）。

需要说明的是，在 GB 50311 和 GB/T 50312 中，"双绞线"的标准术语为"对绞线"，在 GB/T 18233 系列标准中，双绞线的名称没有改变。

（2）国际标准和各国标准　综合布线系统的国际标准中，公认的是 ISO/IEC 11801，其最早起源于 1995 年，最新版本为 ISO/IEC 11801.x—2017 系列。其中 11801.1 为总则，11801.2 面向办公环境，11801.3 面向工业环境，11801.4 面向家居环境，11801.5 面向数据中心，11801.6 面向其他智能系统。

美国的综合布线标准在我国使用的主要以 TIA-568 系列标准为代表，它起源于 1991 年，现在的版本是 TIA.x-D—2017 系列，其中 x 为系列标准中的编号。需要说明的是，数据中心的综合布线系统标准需参考 TIA-942 标准，而家居则参考 TIA-570 标准。

欧洲的综合布线标准为欧盟编写的标准，主要代表为 EN 50173 系列，它与国际标准 ISO/IEC 11801 系列标准基本一致，在我国被关注的程度相对有限。

（3）国内行业标准　我国有不少行业都根据自己的行业特点编写了面向本行业的综合布线标准，其中比较公认的是民航总局的综合布线系统标准。

（4）相关企业标准　需要注意的是，有些企业（特别是外资企业）编写有面向本企业的综合布线系统标准，如德国宝马、德国大众、德国西门子、部分酒店管理公司等。当在我国涉及这些企业的项目时，除了需要满足我国国家标准外，还需要关注这些企业的企业标准。因为这些企业标准中包含了企业自身对综合布线系统的特殊要求，属于甲方的要求，应考虑是否需要满足。

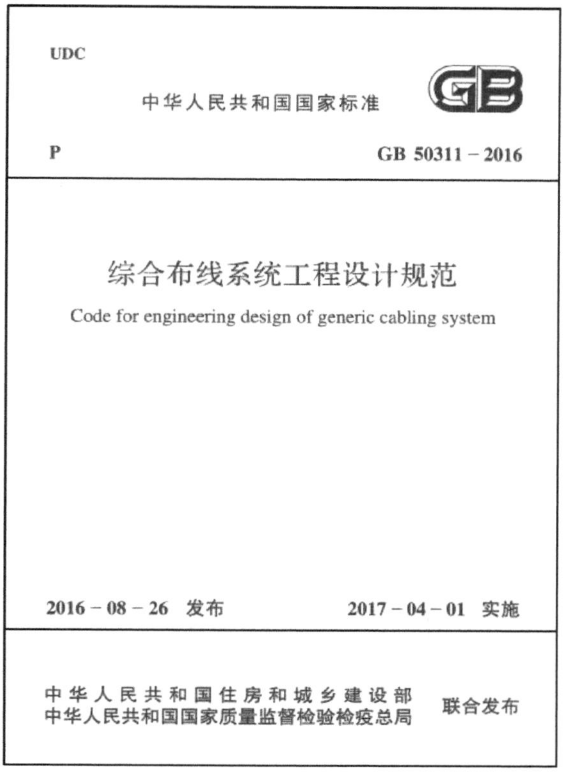
UDC
中华人民共和国国家标准
GB
P　GB 50311－2016
综合布线系统工程设计规范
Code for engineering design of generic cabling system
2016－08－26　发布　2017－04－01　实施
中华人民共和国住房和城乡建设部
中华人民共和国国家质量监督检验检疫总局
联合发布

图 7-49　《综合布线系统工程设计规范》（封面）

3. 综合布线系统的拓扑结构

（1）常用的术语　在综合布线系统的拓扑结构中，有两个经常遇到的术语：信道、永久链路。

1）信道（Channel，或 CH）。信道是指信息传输的通道。在综合布线系统中，它指两端有源设备（即带电源的设备）之间的信息传输通道。在图 7-3 中，信道指从网络设备经跳线、操作模块（配线架）、隐蔽空间布线、插座模块（面板）、跳线到计算机的全部连接线路（包括其中的传输部件跳线、缆线和模块）。

2）永久链路（Permanent Link，PL）。链路是指一根缆线与缆线两端的连接件端接后构成的整体，它往往隐藏在顶棚、地板、地坪等隐蔽空间内，而且常年甚至十多年也不会改变或修理它，即链路在漫长的使用过程中永久保持着传输性能。所以，链路变成了永久性安装的布线结构，故被称为“永久链路”。永久链路由配线架内的插座模块、隐蔽空间缆线和面板内的插座模块组成。

把永久链路的概念引入信道的定义中，信道的定义可以改为“信道＝永久链路＋两端的跳线”。由此，在综合布线系统中，信息传输由三个产品完成，即线缆、连接件和跳线（传输部件）。而面板、配线架以及其他部件则不参与信息传输（保障部件）。

（2）综合布线系统的逻辑组成　综合布线系统的逻辑组成分为基本构成和面向特定应用两大类。基本构成定义为四级结构，如图 7-50 和图 7-51 所示。

图 7-50 和图 7-51 的含义是一样的，只是画法不同而已。

综合布线系统可以应用于各种需要信息传输的智能系统。如果应用于计算机网络系统，根据图 7-51，计算机网络设备就可以安装在第 1～4 级配线架（D1～D4）旁，而办公桌上的计算机或机房内的服务器则安装在信息插座（TO）旁。

四级的综合布线系统拓扑结构几乎可以面向当今最大的建筑物或建筑群。有许多小型的建筑物或建筑群可以考虑省去其中的几级，甚至仅保留第一级子系统和第一级配线设备（D1）的综合布线系统也经常会遇到。

在图 7-50 和图 7-51 中，都包含有一个“集合点”（CP），它表示线缆在一个地方集合和重新分散。CP 点是一组配线架，一般位于某间房间或区域内，这间房间/区域内有若干根来自附近某个某一级配线架的缆线，但散布在房间/区域的多个位置。如果在房间/区域内设一个 CP 点，就可以将来自某一级配线架的缆线成束安装在 CP 点的配线架上，然后再通过配线架散布到房间/

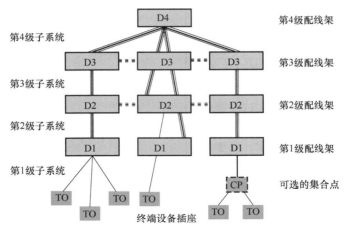

图 7-50　综合布线系统的基本构成拓扑图 1

图 7-51　综合布线系统的基本构成拓扑图 2

区域的各指定位置。当这些指定位置因办公桌、会议桌的移动而需改变位置时，可能会引起原有缆线不够长的现象，这时只要更换从 CP 点到指定位置的缆线即可，而无须改变其他缆线，包括从房间外接入 CP 点的成束缆线。

CP 点目前的应用不多，在商店建筑的商业区域中有比较好的应用价值。

（3）面向各种建筑类型的拓扑结构　图 7-50 和图 7-51 所示的综合布线系统基本在面向各种类型的建筑物时都会出现名称上的变化，并根据应用特点的不同，基本拓扑结构中的级数有时会有所减少。

1）办公建筑拓扑结构。办公建筑综合布线系统拓扑结构如图 7-52 所示，与图 7-50 相比较，办公建筑综合布线系统拓扑结构与基本拓扑结构之间只有几个名词术语发生了变化，并只选用了四级拓扑结构中的三级，详见表 7-7。

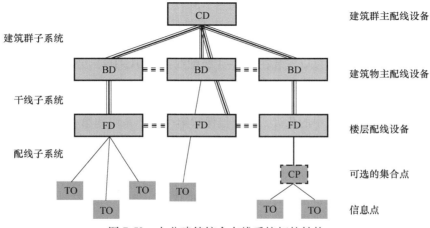

图 7-52　办公建筑综合布线系统拓扑结构

表 7-7 基本拓扑结构与办公建筑建筑拓扑结构对照表

基本拓扑结构的术语	办公建筑拓扑结构的对应术语	应 用 场 合
第 1 级子系统	配线子系统	从楼层电信间至办公区
第 2 级子系统	干线子系统	从建筑物主机房至楼层电信间[①]
第 3 级子系统	建筑群子系统	从建筑群主机房至建筑物主机房
第 1 级配线架	楼层配线设备（FD）	安装在楼层电信间内
第 2 级配线架	建筑物配线设备（BD）	安装在建筑物主机房内
第 3 级配线架	建筑群配线设备（CD）	安装在建筑群主机房内
信息插座（TO）	信息插座（TO）	安装在工作区[②]

[①] 电信间：在楼层弱电间内用于安装综合布线系统配线架的空间。

[②] 工作区：办公建筑中办公人员的工作区域。

2）其他建筑类型的拓扑结构。根据通用拓扑结构和办公建筑的拓扑结构，再加上对各种建筑的结构特点和应用特点的理解，可以推理出各种建筑的拓扑结构。

① 工业建筑：因工业厂房的面积往往较大，故在楼层配线设备与信息点之间再添加一级中间配线架设备，以免双绞线超长（超过 90m 即为超长）。

② 住宅（指单个家庭所在的房间、别墅或庄园）：二级拓扑结构足以。

③ 数据中心：多个机房的数据中心可以采用二级拓扑结构，当机房分布在多个楼层时，可以采用三级拓扑结构。

④ 面向建筑物内各智能系统：可以考虑将每台联网的智能设备直接接到 TO（信息点），也可以将各智能系统的控制网络通过网络接口接入布线系统。

（4）长度限制 综合布线系统的缆线有着长度限制。在标准中，规定第 1 级子系统的铜缆（双绞线）长度有以下两个长度数据：

1）信道长度：不超过 100m，其中两根跳线之和不超过 10m。如果跳线之和需超过 10m，应适量减少永久链路的长度，以确保信道总损耗值不变。由于跳线的单位损耗值大于双绞线的单位损耗值，所以以增加跳线长度意味着信道长度将小于 100m。

2）永久链路长度：不超过 90m。

对光缆和第 2~4 级子系统中的铜缆，综合布线系统没有长度规定，仅需满足应用系统的长度规定即可。例如：OM3 万兆多模光缆在万兆以太网应用时的极限长度规定为 300m、模拟电话系统在双绞线芯线中铜丝直径为 0.5mm 时的极限传输距离为 3500m。

在建筑设计时，为了满足配线第 1 级子系统中永久长度不超过 90m 的规定，楼层上往往会设 1 个或若干个机房（称为弱电间）。这就意味着，当双绞线采用铝或其他电阻率大于铜的金属制成时，建筑物中的弱电间数量会大幅度增加，致使建筑物内的可使用面积（如销售面积、出租面积、办公面积等）减少。所以，在正规的综合布线系统工程中，双绞线内的芯线只允许使用纯铜制成。

（5）交叉连接与互连 综合布线系统中 D1~D4 的配线设备中采用的是配线架之间连接的解决方案。其连接方式有两种：交叉连接和互连。

交叉连接是指 D1~D4 配线设备中包含有两组配线架（即双配线架结构），分别接进线和出线，两组配线架之间采用跳线连接。

互连是指 D1~D4 配线设备中包含有 1 组配线架（即单配线架结构），该组配线架接出线，采用跳线/设备缆线与网络设备连接。

（6）办公建筑中的七大组成部分 在办公建筑中，综合布线系统除了拓扑结构外，还可以根据应用环境分为七大组成部分。分别为：

1）配线子系统：第 1 级子系统。

2）干线子系统：第 2 级子系统。

3）建筑群子系统：第 3 级子系统。

4）工作区：信息插座（TO）所在的区域，即办公人员工作的区域。包含综合布线系统的面板、设备缆线（连接到电脑等设备的跳线）、协议转换适配器等。

5）进线间：也称为入口设施，含义是安装在建筑物入口处的缆线转换和防雷设施。进线间位于建筑物的信息缆线入口处，用以安装室内外缆线转换（室内缆线要求防火，室外缆线要求防水、防雷、防压）的配线架以及信息系统第 1 级防雷配线架。

6）设备间：一般指建筑物主配线设备、建筑群主配线设备的安装场所。

7）管理：管理应对工作区、电信间、设备间、进线间的配线设备、缆线、信息插座模块等设施按设定的模式进行标识和记录。

7.1.4 综合布线系统的配置设计

综合布线系统的产品主要有七类，即缆线、连接件、跳线、面板、配线架、箱柜和管理，对它们进行配置时应考虑可替换性。只要掌握了替换方法，就可以十分容易地在最基本的配置方法上，逐渐替换各种布线材料（非屏蔽、屏蔽、光纤）以及各级子系统形成新的配置清单。

综合布线系统的基本配置设计方法十分简单。以在综合布线系统原理部分出现过的图 7-3 为例，进行以下配置（假设双绞线根数为 N）。

1. 基本的配置设计方法

（1）基本的配置设计方法计算

1）线缆。隐蔽空间布线选用非屏蔽双绞线，数量可以通过图纸或现场实际测量后求和所得。在工程设计时，为节省时间，基本上都采用经验公式，即

$$总长度 = \frac{\text{Max} + \text{Min}}{2} \cdot D$$

式中，Max 为双绞线沿路由敷设后的最长长度（包括预留长度）（m）；Min 为双绞线沿路由敷设后的最短长度（包括预留长度）（m）；D 为比例系数，数值为 1.1~1.2。

2）模块。线缆两端（面板端、配线架端）各端接了 1 个模块，所以模块数为 $N \times 2$。

3）配线架端跳线。配线架端有 1 根跳线，故配线架端跳线数量为 $N \times 1$。

4）面板端跳线。面板端有 1 根跳线，故配线架端跳线数量为 $N \times 1$。

5）面板。面板分为单口、双口等，由于图纸设计者（设计师）在图纸上会标明选用几口面板，所以各种面板的数量根据图纸计算。

6）配线架。配线架端口数分 24 口或 48 口等，配线架数量为 $N \div$ 配线架端口数，并向上取整（在 Excel 电子表格中可选用 Ceiling 公式进行计算）。

以上计算可归纳为表 7-8。

表 7-8 根据图 7-3 形成的配置清单（假设线缆根数为 N）

序号	产品描述	型号/规格	数量（公式）	单位	备注/说明
第 1 级子系统					
1	双绞线		$\frac{\text{Max} + \text{Min}}{2}DN$	m	缆线长度计算的公认经验公式
2	模块		$N \times 2$	个	缆线两端各一个

（续）

序号	产品描述	型号/规格	数量（公式）	单位	备注/说明
第1级子系统					
3	24口配线架		ceiling（N/24，1）	套	配线架数量的基本单位为1，故规整
4	配线架跳线		N	根	配线架端通往网络设备的跳线
工作区					
5	面板		根据图纸统计	个	单口、双口等分别统计后列写
6	工作区跳线		N	根	面板通往计算机的跳线

（2）补全所需布线产品　在综合布线系统中，除上述6个产品外，还需要补充一些配套产品，使系统更为完整，见表7-9。

1）跳线管理器：每个配线架宜配备1个跳线管理器（角型配线架除外），使配线架的跳线能够隐藏到跳线管理器中，以保护跳线不会因外力而损坏。

2）机柜：配线架和跳线管理器需安装在机柜内。

3）接地导线：机柜是金属制品，容易感应到机柜内的网络设备、服务器等设备所辐射出的电磁电荷。当机柜不接地时，机柜上感应电荷的电压可能会高达150～220V，所以机柜需要使用接地导线将电荷引至机房的接地铜排。

表7-9　补全所需布线产品后的配置清单（假设线缆根数为N）

序号	产品描述	型号/规格	数量（公式）	单位	备注/说明
第1级子系统					
1	双绞线		$\frac{Max+Min}{2}DN$	m	缆线长度计算的公认经验公式
2	模块		N×2	个	缆线两端各一个
3	24口配线架		ceiling（N/24，1）	套	配线架的基本单位为1，故规整
4	跳线管理器		配线架数量		
5	配线架跳线		N	根	配线架端通往网络设备的跳线
工作区					
6	面板		根据图纸统计	个	分单口、双口等分别统计后列写
7	工作区跳线		N	根	面板通往计算机的跳线
辅材					
8	接地导线[①]		机柜数×2×L	m	每个机柜2根通往机房接地铜排的接地导线，平均长度为L（m）
9	机柜		配线架与跳线管理器的U数之和/机柜U数	台	大多数配线架和跳线管理器的高度为1U，常用机柜的容量为42U

① 为避免因机柜壳体感应到的电荷伤害使用人员，机柜被要求接地。

（3）补全产品的技术需求和功能需求　表7-9只是完成了全部的计算，但其中的产品描述并不齐全，无法根据产品描述在产品手册中找到相应的产品。为此，需要再次对产品描述进行细化，以下以六类非屏蔽布线系统为例在表 7-10 中进行细化。

表 7-10　补全布线产品的技术需求和功能需求后的配置清单（假设线缆根数为 N）

序号	产品描述	型号/规格	数量（公式）	单位	备注/说明
		第 1 级子系统			
1	六类非屏蔽双绞线	查产品手册，填入相应的产品型号	$\frac{Max+Min}{2}DN$	m	
2	六类非屏蔽模块		$N\times2$	个	
3	1U24 口非屏蔽配线架		ceiling（$N/24$，1）	套	标明了高度
4	1U 跳线管理器		配线架数量		标明了高度
5	六类非屏蔽跳线，2m		N	根	机柜内 2m 跳线可满足大多数需求
		工作区			
6	n 口 RJ45 型面板	查产品手册，填入相应的产品型号	根据图纸统计	个	分单口、双口等分别统计后列写，需多行
7	六类非屏蔽跳线，3m		N	根	墙面到计算机的距离往往较远
		辅材			
8	网状编织导线	6mm^2	机柜数×2×L	m	导线名称和截面积
9	19in 42U 机柜	800mm×800mm×2000mm	配线架与跳线管理器的 U 数之和/机柜 U 数	台	配：1 块接地铜排、2 根垂直跳线线槽、5 根 100mm 扎线板

（4）变换为屏蔽布线系统的配置清单　屏蔽布线系统的特点是"全程屏蔽"，即传输部件（双绞线、模块和跳线）以及配线架均为屏蔽产品。其中屏蔽配线架是带有汇流接地条的配线架，将配线架上的屏蔽模块壳体在接触交流条后即可实现接地贯通。屏蔽配线架要求配两根不等长的接地导线，接地导线两端分别是屏蔽配线架接地螺栓、机柜接地铜排。屏蔽配线架接地要求采用星型结构，即每个屏蔽配线架都配有 2 根接地导线分别接到机柜的接地铜排。

表 7-10 完成了仅有一级配线设备（FD）的非屏蔽布线系统配置清单。只需要对表 7-10 进行少量的变换，就能将其原有的非屏蔽布线系统配置清单改为屏蔽布线系统的配置清单，见表 7-11。

表 7-11　屏蔽布线系统的配置清单（假设线缆根数为 N）

序号	产品描述	型号/规格	数量（公式）	单位	备注/说明
		第 1 级子系统			
1	六类屏蔽双绞线	查产品手册，填入相应的产品型号	$\frac{Max+Min}{2}DN$	m	将"非屏蔽"替换为"屏蔽"
2	六类屏蔽模块		$N\times2$	个	
3	1U24 口屏蔽配线架		ceiling（$N/24$，1）	套	
4	1U 跳线管理器		配线架数量		
5	六类屏蔽跳线，2m		N	根	将"非屏蔽"替换为"屏蔽"

（续）

序号	产品描述	型号/规格	数量（公式）	单位	备注/说明
工作区					
6	n 口 RJ45 型面板	查产品手册，填入相应的产品型号	根据图纸统计	个	
7	六类屏蔽跳线，3m		N	根	将"非屏蔽"替换为"屏蔽"
辅材					
8	网状编织导线	6mm²	机柜数×2×L_1+屏蔽配线架数×2×L_2	m	L_1 为机柜至机房接地铜排的接地线平均长度，L_2 为屏蔽配线架至机柜接地铜排的接地线平均长度
9	19in 42U 机柜	800mm × 800mm × 2000mm	配线架与跳线管理器的 U 数之和/机柜 U 数	台	配：1 块接地铜排、2 根垂直跳线线槽、5 根 100mm 扎线板

（5）变换为光纤布线系统（FTTD）的配置清单　光纤布线系统的特点是传输部件（线缆、连接件和跳线）以及面板、配线架均为支持光传输的产品。其中连接件需同时配备光纤适配器和光纤尾纤（工程中采用熔接工艺），热塑套管一般在熔接工艺施工费中包含。

在光纤到桌面的配置中，光纤以太网仅需使用 2 芯光纤即可（一收一发），但光缆一般选用 4 芯光缆（2 用 2 备），原因是光纤易折断，万一工程导致其中一芯损坏，剩余的光纤仍然能够满足光纤以太网传输的需求，无须重新敷设光缆。

对照表 7-10 进行适当变换，形成光纤布线系统的配置清单，详见表 7-12。

表 7-12　光纤布线系统的配置清单（假设线缆根数为 N）

序号	产品描述	型号/规格	数量（公式）	单位	备注/说明
第 1 级子系统					
1	4 芯 OM2 多模光缆	查产品手册，填入相应的产品型号	$\dfrac{Max+Min}{2}DN$	m	将"非屏蔽双绞线"替换为"4 芯 OM2 多模光缆"
2A	双芯 LC 光纤适配器		$N×2$	个	将"六类非屏蔽模块"替换为"双芯 LC 光纤适配器"
2B	单芯 LC 型 OM2 多模光纤尾纤		$N×4$[①]	根	将"六类非屏蔽模块"替换为"单芯 LC 型 OM2 多模光纤尾纤"
3	1U24 口 48 芯 LC 型光纤配线架，抽屉型		ceiling（$N/24$，1）	套	将"非屏蔽配线架"替换为"48 芯 LC 型光纤配线架，抽屉型"
4	1U 跳线管理器		配线架数量		

（续）

序号	产品描述	型号/规格	数量（公式）	单位	备注/说明
第1级子系统					
5	双芯 LC 型 OM2 多模光纤跳线，2m	查产品手册，填入相应的产品型号	N	根	将"六类非屏蔽跳线"替换为"双芯 LC 型 OM2 多模光纤跳线"
工作区					
6A	n 口双芯 LC 型光纤面板		根据图纸统计	个	"RJ45 型面板"替换为"双芯 LC 型光纤面板"
6B	双芯 LC 光纤适配器	查产品手册，填入相应的产品型号	$N×2$	个	将"六类非屏蔽模块"替换为"双芯 LC 光纤适配器"
7	双芯 LC 型 OM2 多模光纤跳线，3m		N	根	将"六类非屏蔽跳线"替换为"双芯 LC 型 OM2 多模光纤跳线"
辅材					
8	网状编织导线	6mm²	机柜数×2×L_1＋屏蔽配线架数×2×L_2	m	L_1 为机柜至机房接地铜排的接地线长度，L_2 为光纤配线架至机柜接地铜排的接地线平均长度②
9	19in 42U 机柜	800mm × 800mm × 2000mm	配线架与跳线管理器的 U 数之和/机柜 U 数	台	配：1块接地铜排、2根垂直跳线线槽、5根100mm 扎线板

① 光缆两端的尾纤都属于配线子系统，所以配置在配线子系统部分。

② 光纤配线架一般带有接地螺栓，用于光纤配线架接地。

将表 7-12 中的序号重新排序后，将获得完整的配置清单，如表 7-13 所示。

表 7-13　重新排序后的光纤布线系统配置清单（假设线缆根数为 N）

序号	产品描述	型号/规格	数量（公式）	单位	备注/说明
第1级子系统					
1	4 芯 OM2 多模光缆	查产品手册，填入相应的产品型号	$\dfrac{Max+Min}{2}DN$	m	将"非屏蔽双绞线"替换为"4 芯 OM2 多模光缆"
2	双芯 LC 光纤适配器		$N×2$	个	将"六类非屏蔽模块"替换为"双芯 LC 光纤适配器"

（续）

序号	产品描述	型号/规格	数量（公式）	单位	备注/说明
第1级子系统					
3	单芯 LC 型 OM2 多模光纤尾纤	查产品手册，填入相应的产品型号	$N \times 4$	根	将"六类非屏蔽模块"替换为"单芯 LC 型 OM2 多模光纤尾纤"
4	1U 24 口 48 芯 LC 型光纤配线架，抽屉型		ceiling（$N/24$，1）	套	将"非屏蔽配线架"替换为"48 芯 LC 型光纤配线架，抽屉型"
5	1U 跳线管理器		配线架数量		
6	双芯 LC 型 OM2 多模光纤跳线，2m		N	根	将"六类非屏蔽跳线"替换为"双芯 LC 型 OM2 多模光纤跳线"
工作区					
7	n 口双芯 LC 型光纤面板	查产品手册，填入相应的产品型号	根据图纸统计	个	"RJ45 型面板"替换为"双芯 LC 型光纤面板"
8	双芯 LC 光纤适配器		$N \times 2$	个	将"六类非屏蔽模块"替换为"双芯 LC 光纤适配器"
9	双芯 LC 型 OM2 多模光纤跳线，3m		N	根	将"六类非屏蔽跳线"替换为"双芯 LC 型 OM2 多模光纤跳线"
辅材					
10	网状编织导线	6mm^2	机柜数×2×L_1+屏蔽配线架数×2×L_2	m	L_1 为机柜至机房接地铜排的接地线长度，L_2 为光纤配线架至机柜接地铜排的接地线平均长度
11	19in 42U 机柜	800mm × 800mm × 2000mm	配线架与跳线管理器的 U 数之和/机柜 U 数	台	配：1块接地铜排、2根垂直跳线线槽、5根100mm 扎线板

　　根据第 1~4 级子系统的结构及描述，除了第 1 级子系统中可以包含 CP 点以外，这四级子系统的结构和描述几乎都是一样的。这就意味着，只要熟练掌握了第 1 级子系统的配置方法，就可以根据环境的不同，灵活"替换"出第 2~4 级子系统的配置清单。

2. 配置清单中各子系统的排列

　　在综合布线系统的配置清单中，往往会有多级子系统、多级配线设备，其中的产品可能有许多是重复出现的。在完成配置清单时，各级子系统中的产品应分子系统排列，不能将相同的产品数量求和后放在同一行，以免影响今后的验算。其排列方式见表 7-14。

表 7-14　多级子系统和多级配线设备的排列示意图

序号	产品描述	型号/规格	数量（公式）	单位	备注/说明
第 1 级子系统					
1	产品	*	*	*	
2	产品	*	*	*	
*			……		
*	产品	*	*	*	
第 2 级子系统（如果存在第 3、4 级子系统，则依次分子系统排列）					
*	产品	*	*	*	
*	产品	*	*	*	
*			……		
*	产品	*	*	*	
工作区					
*	产品	*	*	*	
*	产品	*	*	*	
*			……		
*	产品	*	*	*	
进线间					
*	产品	*	*	*	
*	产品	*	*	*	
*			……		
*	产品	*	*	*	
工具					
*	产品	*	*	*	
*	产品	*	*	*	
*			……		
*	产品	*	*	*	
辅材					
*	19in 42U 机柜	800mm×800mm×2000mm	*	台	楼层弱电间、建筑物主机房各一台与该建筑中的同址的其他布线系统共用机柜时，机柜数量重新计算

7.2　机房工程

　　建筑智能化的机房是各智能化系统的核心所在，它的结构、安全性是至关重要的。在建筑物中，建筑智能化的机房以及数据中心一般不对外公开。

7.2.1 概述

1. 机房的分类

在建筑物内，机房是安装了相关设备（包括机柜）以及配套的管道、线路的房间。这些机房可以分为三类：

（1）设备机房 包括空调机房、风机房、水泵房、高压配电间、低压配电间、柴油发电机机房等。

（2）智能化系统机房 也称弱电机房，指各智能化系统所使用的机房，如各智能系统的主机房、进线间、楼层弱电间等。

（3）数据中心 也称信息机房，指专门为大量信息系统设备所配备的机房。这些信息系统设备包括超级计算机、大型计算机、中型计算机、小型计算机、工作站、微机服务器、存储设备、网络设备等。

2. 机房工程的概念

机房工程是建筑智能化系统中向各智能化系统设备及装置提供安全、可靠和高效地运行及便于维护的基础设施。根据建筑智能化系统的应用状况，建筑智能化的机房一般包括信息接入机房、有线电视前端机房、信息设施系统总配线机房、智能化总控室、信息网络机房、用户电话交换设备机房、消防控制室、安防监控中心、应急响应中心、智能化设备间（弱电间、电信间）等。这些机房设施可以根据在工程中的具体情况独立配置或组合配置。

机房工程涉及建筑（包括室内装饰）、结构、机房通风和空调、配电、照明、接地、防静电、安全、机房综合管理系统等，即"天、地、墙、水、风、电"六大领域，根据国标《智能建筑设计标准》（GB 50314—2015），建筑智能化系统的机房工程主要是面对智能化系统机房（弱电机房）的工程。各机房首先需满足相关系统的应用需求（设计等级、产品选用等）和管理需求，还应考虑设备与人之间的人机关系学和建筑中的规定。

（1）相关标准 机房工程的设计应符合现行的各种标准，如《数据中心设计规范》（GB 50174—2017）、《建筑物电子信息系统防雷术规范》（GB 50343—2012）、《电磁环境控制限值》（GB 8702—2014）等。在各系统的专项设计中，还应符合相关的专项设计标准，如综合布线系统应符合《综合布线系统工程设计规范》（GB 50311—2016）。

同样，机房工程的施工和验收也有相关的标准。甲方和监理将按标准进行工程的日常管理和验收。

（2）建筑结构 指机房所在位置的建筑结构。

1）机房主体结构宜采用大空间及大跨度柱网结构体系。柱网布局等应进行综合规划设计，以适应建筑平面布局和空间划分的灵活性要求。

2）机房主体结构应具有防火、避免温度变形和抗不均匀沉降的性能。

3）机房不穿过建筑物的变形缝和伸缩缝。

4）设备机房不宜贴邻建筑物的外墙。

5）机房面积应符合标准并满足设备、机柜（架）、桥架、壁挂箱体、控制台等的布局要求，并应预留发展空间。

6）对于改建或扩建的机房，应在对原建筑物进行结构检测和抗震鉴定后进行抗震设计。

7）防水防潮：弱电系统的机房不应设在水泵房、厕所和浴室等潮湿场所的贴邻位置。

8）对于安置主机和存放数据存储设备的机房，主体结构抗震等级宜比该建筑物整体抗震等级提高一级。

（3）天　指真顶（机房上方的楼板）和吊顶（天花板）。

（4）地　指真地（机房下方的楼板）和架空地板。机房各区域的净空高度及地面承重力应满足设备的安装要求和国家现行有关标准的规定。

（5）墙　指机房内的隔断和墙面处理，包括门、窗。机房的门均应选择防火门，必要时应选用防盗门。

（6）水　指机房内的水处理，包括供水和排水。

（7）风　指机房内的通风、空气调节、排风等。

（8）电　包括机房内的供配电系统、应急广播系统、照明系统、接地系统和弱电系统。

1）供配电系统是机房内各种设备的能源，也是机房日常开支中最大的一部分。供配电系统应满足机房设计等级及设备用电负荷等级的要求，其电源质量应符合国家现行有关标准的规定和所配置设备的要求。而且机房设备的电源输入端应配备防雷击电磁脉冲（LEMP）的保护装置，LEMP宜采取智能型监控系统的保护技术方式。供配电系统宜预留通信接口，以便接入机房综合管理系统。

2）机房内应安装有应急广播系统（包括与火灾自动报警系统相配套的应急广播系统），这是机房内最基本的紧急疏散设施之一，是各类安全信息指令发布和传播最直接、最广泛、最有效的重要技术方式之一。其备用电源的连续供电时间要求必须与消防疏散指示标志照明备用电源的连续供电时间一致，有效地健全建筑公共安全系统的配套设施，提高建筑物自身抵御灾害的能力。

3）照明系统。机房内的各个区域都安装照明系统，不同的环境、不同的设备对于照度的要求不一样。同时，宜配备"长明灯"（不关闭的灯），使房间、工作通道内有最低的亮度。应满足机房内各区域照度标准值的要求，照明灯具宜具有无眩光和节能的特点。同时，机柜内宜配备照明，以满足设备维护时的需求。照明系统宜具有自动调节方式的控制装置，并预留通信接口，以便接入机房综合管理系统。

4）接地系统。接地系统是机房中必不可少的系统，它通过贯穿建筑物各楼层的接地干线连接到建筑物地下的总接地端子（共用接地装置）。有些机房则脱离建筑物的共用接地装置，独立自建接地系统。当机房采用建筑物共用接地装置时，接地电阻值应不大于1Ω，接地电压小于$1V$；当接入设备有更低的要求时，则按照接入设备要求的最小值确定。当机房采用独立接地时，接地电阻值应符合国家现行有关标准的规定和所配置设备的要求，接地电阻值一般为4Ω。在主机房和辅助工作区内，地板或地面应设置具有静电泄放的接地装置，以消除机房内的静电感应。同时，为了人身安全，电子信息系统机房（包括弱电间和进线间）内所有设备的金属外壳、各类金属管（槽）和构件等应进行等电位联结并接地，将金属壳体上感应的电荷（最高时可超过$150V$，形成的电击足以伤人）泄放到大地。

5）弱电系统是指机房内用于传感、通信、监控、预警、广播、防范的低电压系统。本书中几乎所有的弱电系统都可以用于机房。需要注意的是，弱电系统的机房（包括楼层配电间）应与强电间、电梯机房、变配电机房等分开一段距离，以免强电系统所产生的电磁干扰影响弱电系统的正常运行。

（9）节能　为降低能耗，商用机房已经采用PUE（Power Usage Effectiveness）作为考核指标。PUE是评价数据中心能源效率的指标，是数据中心消耗的所有能源与IT负载使用的能源之比。

$$PUE = \frac{数据中心总设备能耗}{IT设备能耗}$$

PUE是一个比值，基准是2，越接近1表明能效水平越好。

（10）防护措施

1）消防：机房必须按消防标准设置消防报警和消防灭火系统，楼层弱电间、进线间、设备机房一般无须设置消防系统。由于建筑智能化的机房内大多是信息设备，所以机房工程中的消防灭火系统以对设备无害的气体灭火系统或水雾系统为主。

2）与机房无关的管线不应从机房内穿越。

3）机房应采取防水、降噪、隔声、抗震等措施。

7.2.2 最简单的机房

弱电机房的建造可以很简单，最简单的机房是一间能够遮风挡雨的普通房间。这样的机房包括弱电间、进线间等。

1. 弱电间

弱电间也称"智能化设备间"，指建筑物内面向末端信息设备的智能化设备安装间，弱电间内安装有相关智能化系统的分部设备、信息传输设备及布线系统等。在弱电间内，有一个虚拟空间称为"电信间"，用于安装信息传输设备和布线系统。因为综合布线系统的安装电缆长度不允许超过90m，所以电信间在建筑物内的布局要求为：确保综合布线系统的双绞线长度不超过90m。因此，建筑物内常常会在每层楼设一个电信间/弱电间。当楼层比较长时，会在楼层上设若干个电信间/弱电间；当楼层的长度比较小时，也会几层楼共用一个电信间/弱电间。在机场等大型建筑物内，会采用投影方式，在一个楼层设多个弱电间，分别管理上下若干个楼层的空间（位于该弱电间的垂直上方或垂直下方）。

图7-53 弱电间的垂直桥架

弱电间大多位于建筑物的中心井筒内，基本上都没有空调接入。以楼层弱电间为例，弱电间只要墙面粉刷、地面找平、墙面/地面开孔、门和灯具安装后，根据图样安装接地铜排、各智能化系统系统的垂直桥架（图7-53）、水平桥架、箱柜（图7-54）后，按消防要求完成弱电间的防火封堵（图7-55）即可。

图7-54 弱电间的壁挂箱

图7-55 弱电间的防火封堵

（1）建筑结构特点

1）弱电间宜独立设置。在满足信息传输要求情况下，弱电间宜设置于各工作区域相对中部的位置。

2）以建筑物楼层为区域划分的楼层弱电间，上下位置宜垂直对齐。

（2）注意事项 弱电间虽小，但同样有一些需要注意的问题。

1）弱电间的面积。弱电间需要有足够的面积，以安装和摆放各智能化系统的桥架、壁挂箱和落地柜，还需要留有人员操作的空间。在弱电间中，往往包含有综合布线系统的配线架安装空间，即电信间。电信间是一个虚拟的空间，仅指弱电间内摆放综合布线系统设备的空间。由于在综合布线系统标准中规定电信间的最小面积为 $5m^2$（国际标准为 $9.6m^2$），所以弱电间的最小面积需大于 $5m^2$。

2）架空地板。弱电间内宜设置架空地板（仅需其架空作用），以便将各种缆线的水平段隐藏在地板下，使弱电间内布局整齐、操作方便。同时，在架空地板下，还可以对缆线进行盘留，以备维护时使用。

机柜等落地设备宜配备机柜支架，该支架采用角铁制成，长宽尺寸与机柜相同，高度与架空地板的上平面平齐，使机柜的重量经支架直接传导到真地，以避免选用高承重的架空地板，而且可以避免架空地板日久变形。

当设备机柜和综合布线系统的配线机柜采用支架支撑时，下进线缆线可以在机柜下方盘留。

3）合理安排。弱电间内装有各智能化系统的桥架、缆线、箱柜和设备，需在施工图或深化设计图中标明各系统在弱电间中位于哪一墙面或地面的哪一部分，使工程实施时有据可查，避免矛盾。

4）接地。应在弱电间内设建筑物接地系统的局部等电位联结装置（也称接地铜排），使弱电间内的桥架、机柜、设备能就近接入接地系统，如图 7-56 所示。

 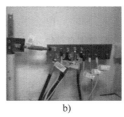 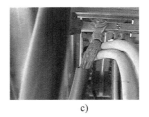

a)   b)   c)

图 7-56 弱电间接地
a）弱电间的接地铜排 b）接地导线标签 c）屏蔽配线架接地

弱电间内往往会有电信业务经营者（电信运营商）的桥架、缆线和箱柜，应在施工图纸中标明其位置，并由相关施工方完成施工任务。

2. 进线间

进线间是指建筑物进线孔旁的房间（也可以是一面墙壁），每一栋建筑至少会有一个弱电系统的进线孔，用于接入来自电信业务经营者（也称"电信运营商"）的缆线和来自其他建筑物的缆线。进线间主要有以下作用：

（1）室内外缆线转换 无论哪一个智能化系统，其室外缆线均为防水、防雷缆线，这种缆线缆径大、比较硬、弯曲半径比较大。室内缆线则应选用缆径小、柔软、弯曲半径较小的阻燃缆线，以减少桥架弯角处的占用空间。为此，需在进线间进行缆线转换。缆线转换可以使用配线架、转接盒等器件完成，这些器件根据造型分有机柜型和壁挂型。

（2）线路防雷 当室外缆线为电缆时，电缆中的芯线可能会因雷击而带有高电压、强电流。在进线间内，可以设置防雷配线架（机柜型或壁挂型），如图 7-57 所示。在配线架中安装避雷子，避雷子平时不产生作用，但在高电压或强电流的作用下，它会自动击穿，使带有高电压、强电流的线路对地短路，将雷击所产生的瞬态电流泄放到大地，以保护后续设备的安全。

（3）室外缆线盘留 室外缆线会受室外温度的影响而产生热胀冷缩，在进线间内应盘留一段室外缆线，使室外缆线在遇热时不会散乱，在预冷时不会绷紧，如图 7-58 所示。

图 7-57 进线／防雷配线架

图 7-58 进线间缆线盘留

同样，进线间也需考虑面积、架空地板和合理安排问题。同时，应在弱电间内设建筑物接地系统的局部等电位联结装置（也称接地铜排），使弱电间内的桥架、机柜、设备能就近接入接地系统。

对于信息接入机房、有线电视前端机房、信息设施系统总配线机房、智能化总控室、信息网络机房、用户电话交换设备机房、消防控制室、安防监控中心等而言，如果要求不高，则简单装修的机房同样可以满足应用需求。

进线间内往往会有电信业务经营者（电信运营商）的桥架、缆线和箱柜，应在施工图纸中标明其位置，并由相关施工方完成施工任务。

7.2.3 使用中央空调的机房

对于建筑智能化系统而言，各智能化系统的机房都是各系统的控制中枢和显示屏所在地，各系统的控制人员透过这里与前端交换信息、分布命令。

建筑智能化系统的大多数机房都设有空调，有些是借助建筑物的中央空调，使设备产生的热量能够更快地散发，使工作人员在机房内能够与建筑物内的其他房间的工作人员一样，在舒适的环境中工作。有些是专用空调系统，使冷风能够快速进入设备中，并将大量的热量排入空调，使设备运行处于最佳状态。只是设备的最佳工作温度往往不是人的最佳工作温度。

当机房内的设备发热量有限，中央空调足以满足其应用需求且一直有工作人员在设备旁值守时，为保证人的舒适，机房会选用中央空调系统。大多数建筑智能化的机房使用的是中央空调系统，如信息接入机房、有线电视前端机房、信息设施系统总配线机房、智能化总控室、信息网络机房、用户电话交换设备机房、消防控制室、安防监控中心等。

1. 机房通用要求

机房的布局可以根据房间的造型和设备特点进行别出一格的设计。但除了需满足机房的通用要求外，还需满足以下要求：

（1）结构 机房内宜设置设备区、显示区、控制区、指令区（领导人员在此进行指挥），各区（主要是设备区）可根据需求设多个分区，如消控中心内有消防报警系统主机和安全防范系统主机，根据规定应分区域安装。当机房内可以设置多个房间时，也可以根据需求将不同性质的区域分房间设置。如控制区可以分为监控中心和操作室，前者供机房管理人员使用，后者供相关智能化系统的外部管理人员临时使用。

（2）设备

1）机房内各智能化系统的设备宜安装在同一造型、同一颜色的机柜内，并将机柜排列成一列或多列。在机柜的正面、机柜之间、机柜后侧均需留有维护空间。

2）各智能化系统的存储设备（包括微机服务器）宜安装在该建筑或该建筑群的数据中心内，目的之一是借助于数据中心的良好温湿度环境保护存储设备；目的之二是降低对各主机房的温湿度要求，使机房的温湿度能够提高人的舒适度而不是适合设备的需求；目的之三是保证信息安全，万一相关机房因外界原因损坏，只要数据中心没有被波及，建筑智能化系统的信息仍将安然无恙。

3）在消控中心内，还需为无线对讲机配备充电场所。

（3）天　宜设置吊顶，使机房上空的线缆不再外露，使灯具、烟感探头等能够安装在吊顶上，以满足机房内的美观需求。

（4）地　宜设置防静电架空地板，使地板下的线缆桥架和接地系统不再外露，使设备机柜和配线机柜下方能够盘留缆线。防静电架空地板需进行接地连接，以泄放感应到的静电电荷。

（5）墙　可以选择常规的涂料或使用铝扣板、彩钢板、玻璃隔断进行处理或分隔。当门外的走廊高度与门内的架空地板高度不一致时，应在门内侧设置斜坡，以便于设备出入。

（6）水　除空调进水、空调排水和饮用水外，机房内应没有水。

（7）风　如果机房内有UPS，则蓄电池宜安装在具有独立排风的区域，以防蓄电池中泄漏出的腐蚀性气体弥漫在机房内，导致接插件被腐蚀。

（8）电

1）供配电。机房内可选择双路市电供电，并配以UPS系统和配电柜，以确保机房内设备运行正常。当使用UPS和配电柜时，应配备通信接口，以便接入机房综合管理系统。

2）照明。机房内的照明系统应满足控制台桌面、指令区具有良好的照明，同时为机房各区域进行照明，灯具选择时应包含长明灯，在无人值守时可仅开长明灯，为机房提供最低照度的照明。

3）接地。应在机房内设建筑物接地系统的局部等电位联结装置（也称接地铜排），使机房内的桥架、机柜、设备能就近接入接地系统。当使用防静电架空地板时，应在地板的钢制支架上使用接地导线或铺设接地铜网完成等电位连接。

（9）弱电

1）机房内宜对机柜的工作通道进行视频监控，这套监控系统直接接入机房综合管理系统，而不是接入建筑物的安防系统。它用于记录机房内工作时的人员、时间和位置，以便在形成工作日志时有据可查。

2）机房内有大量的信息点，其中包括联网的设备接口、视频监控点、门禁点以及控制台、墙面上的信息点（包括语音点）等，应在机房内建立一套综合布线系统，负责管理机房内的信息点，并通过跳线连接到设备的信息插座上。这套布线系统面向各设备插座时，宜配备用信息点。

3）在机房内，应对温度、湿度等环境参数进行记录并传送至机房综合管理系统中。

尽管建筑智能化系统的各种机房均可选用中央空调的机房，但每一个机房还是有一些自己的特点。

2. 信息接入机房

信息接入机房与电信业务经营者（电信运营商）的线路和设备相关，所以它的进线将连接进线间。如果进线为室外技术铠装缆线，则应在机房内完成技术铠装层接地。

信息接入机房内往往安装有电信业务经营者（电信运营商）的设备，需按设备对场地和环境的要求综合考虑，确保设备能够正常运行。信息接入机房的面积往往不大，但当电信业务经营者（电信运营商）的数量较多时，需要比较大的空间使每家电信业务经营者的设备相互独立摆放。

3. 有线电视前端机房

有线电视的前端机房有两个，一是位于进线间附近的当地有线电视台或有线电视站的接入机房，二是位于卫星电视天线附近、建于楼顶的卫星电视接入机房。

有线电视前端机房往往不大，其中装有有线电视系统设备，一般为机柜安装。

4. 信息设施系统总配线机房

信息设施系统总配线机房即安装综合布线系统中的建筑物主配线设备和建筑群主配线设备的机房，该机房的桥架相对比较大、比较多，但综合布线系统的配线机柜往往不多（并不是等级高机柜就多），所以面积无须很大。

当建筑物内存在涉密信息系统时，需单独建立该建筑物的涉密信息机房和涉密主配线设备，并通过泄密线路连接到相关的信息点（语音）和相关的涉密楼层配线设备（FD），涉密线路所配套的桥架为涉密线路专用。

信息设施系统的总配线机房往往与信息网络机房和用户电话交换设备机房共用同一间机房，以减少与信息网络设备、用户电话交换机设备之间的缆线，简化缆线布局。

5. 信息网络机房

信息网络机房是计算机网络系统的主机房，其中往往安装有核心层和汇聚层网络设备。由于这些设备都是19in标准结构，所以都会安装在19in标准机柜内，形成整列的排列结构。

信息网络机房往往与总配线机房共用同一间房间，机柜并排或靠近摆放，以简化缆线的布局。

6. 用户电话交换设备机房

当建筑物内安装有用户电话交换设备（PABX）时，需设置用户电话交换设备机房。该机房往往与总配线机房共用一房间，或彼此相邻，使PABX的分机配线设备与综合布线系统的语音主配线架设备就近互连。

用户电话交换设备是一组设备，其中除了PABX交换机外，还包含有控制台、电源、语音信箱、进线配线设备、分机配线设备等，所以它的场地会略大些。

7. 智能化总控室

智能化总控室是建筑智能化的控制中心，其中包含有BA系统的控制设备、机房综合管理系统的设备，还可以与其他系统的机房组合配置，如消防报警系统、安全防范系统、电梯控制系统、公共广播系统等。

在智能化总控室内，需对不同的系统分别留有独立空间，也可以在不违反标准的前提下将各种系统的机柜并排，将各系统的控制台并排，使机房内形成比较美观、整齐的一体化结构。

智能化总控室往往是建筑智能化的核心机房，经常会有同行参观，在规划和设计时可考虑建立观光走廊或观光区。

8. 消防控制室

消防控制室是消防报警系统的主机房，安装有消防报警主机、公共/紧急广播系统主机等设备，一旦建筑物发生火灾，该机房将成为现场指挥中心。为此，消防控制室一般设在一层，并留有独立的消防逃生门。

在大多数建筑物内，消防控制室会与安防监控中心共用一间机房，但区域相对独立。

9. 安防监控中心。

安防监控中心是建筑物内安防系统的主机房，安装有视频监控系统的显示大屏和控制台、报警系统的控制台、无线对讲系统的充电装置、安防监控系统（软件）等。由于显示大屏往往很大很宽，在控制台观看显示大屏的操作人员需距显示大屏有一段距离，同时，还需在显示大屏后侧留有维修空间，所以安防监控中心往往比较大。

在大多数建筑物内，安防监控中心会与消防控制室共用一间机房，但区域相对独立。

7.2.4　自备空调系统的机房

当中央空调的制冷量已经不能满足机房内的设备需求时，或者设备需有恒湿要求时，机房内需自备空调系统。其机房结构与数据中心基本一致，完全可以套用《数据中心设计规范》（GB 50174—2017）进行设计。

1. 建筑特点

1）分有主机房、辅助区、支持区、行政办公区。

2）主机房区域摆放各种信息设备，包括大型计算机、中型计算机、小型计算机、微机服务器、存储设备、工作站、网络设备等，也包含各智能化系统的主机和存储设备。主机房区域内的信息设备一般为19in标准机柜安装结构，形成一列列机柜，以便于维护和管理。在每列机柜中，会配备电源列头柜和网络列头柜，分别为该列机柜内的IT设备提供电源管理服务和网络传输支持。

3）辅助区是机房IT工程师工作的区域，包含监控中心、进线间、测试机房（对进出主机房区域的IT设备进行各种测试的房间）、操作室、打印室、磁介质室、维修室等。

4）支持区是机房暖通、机电、消防工程师们工作的区域，该区域的设备包含有电源设备、暖通设备、消防系统、钢瓶室等。支持区有时出现在主机房区域内，如机房空调安装在机柜阵列的两侧、每列机柜配备电源列头柜等。

5）行政办公区是包含有办公室、会议室、门卫室、更衣/换鞋室、休息室、健身房等各种为机房工作人员办公、准备、休息的房间，这个区域根据机房人员的编制，可大可小，有时会将该区域缩小到只有门卫室和更衣室，办公人员的办公桌则移至机房外的办公区。

6）在机房内，有时会建立一条观光走廊，允许外来参观者在走廊上参观机房内的一切，但未经许可不能进入机房区域。

2. 常见的冷热通道且冷通道封闭的主机房结构

主机房的设计结构有许多种，目前最常见的是冷热通道、冷通道封闭的结构。

1）不设吊顶。

2）主机房的墙面需进行隔温处理，以防墙面外侧因温度差而出现凝露和潮湿现象。如果主机房的一侧墙面有窗，则需将窗封闭，以减少主机房内的温度变化。

3）设防静电架空地板，采用机房专用空调下送侧回方式，在架空地板下传送冷风至机柜。

4）机柜以列为单位，面对面、背靠背，形成冷热通道，冷通道两侧安装门，冷通道顶部设可开启天窗，平时关闭，消防报警时全部开启。在冷通道的架空地板上，安装有出风口地板，架空地板下的冷风从出风口地板进入冷通道，由于冷通道的两侧和顶部均被封闭，所以冷风只能进入两侧的机柜。

5）位于冷通道两侧的机柜正门为网孔门，占空比可达86%以上，冷风能从机柜正面几乎无阻碍的到达机柜内信息设备的正面。信息设备的后侧安装有排风扇，它将设备正面的冷风吸入，冷风在吸收了设备内部的热量后转化位热风，从设备后侧排除。由于机柜背门也为网孔门，故热风被排放到机柜后侧。由于每列机柜的正门均为冷通道，所以机柜背门自然面对着另一列机柜的背门，而这两列背门所排出的均为热风，故该通道被称为热通道。由此，冷热通道遍布整个主机房。

6）主机房区域内的温湿度以满足设备需求为主，一般机柜正面进风处温度为 18～28℃，机房工作人员不宜长期在主机房区域内工作。

7）机房空调位于支持区，可以是专门的空调室，也可以是主机房内靠近墙边的一个个安装空调的区域。机房空调可以采用风冷也可以选用水冷。

8）主机房区域的供电一般选用双路市电+UPS+柴油发电机的供电模式，确保主机房内的设备不会因断电而宕机。其中 UPS 的电池如果比较重，超过了楼板的承载能力，则会将电池组摆放到地下层。

9）主机房区域内往往会有多间机房，由于各间机房不会同时起火，所以气体灭火系统的钢瓶容量一般仅需满足其中一间最大的机房的灭火需求即可。

10）主机房区域内的综合布线系统需按数据中心综合布线系统拓扑结构（MD-ID-ZD）进行设计，而辅助区、支持区、行政办公区的综合布线系统则按商业建筑综合布线系统的拓扑结构（CD-BD-FD）进行设计即可。

11）在主机房区域内，由于每台机柜内的服务器数量众多，各服务器配套的显示器、键盘、鼠标已经无法在摆放在机柜内，所以需使用 KVM 系统（K—键盘，V—显示器，M—鼠标）将所有信息设备的键盘、显示器和鼠标全部远传至接口中心的控制台上，由管理人员在控制台上对每台信息设备进行远程操作。

12）在主机房内的每一列机柜中部，宜配备语音信息点和数据信息点，其中语音信息点用于打电话，以避免一排排机柜及其中的信息设备所发出的电磁干扰影响手机信号的清晰度；数据信息点则用于现场的便携式计算机联网调取存储在服务器内的信息设备电子版资料，以免新设备资料更新不及时导致维护人员无法进行设备维护。

13）在主机房每列机柜之间在走道两端，应设有摄像机，用于监控中心的控制台查看主机房区域内的维护人员现场操作的实际情况，以便相互配合，共同完成维护工作。

14）机房内需设有门禁、视频监控、防盗报警、环境监控（包括温湿度、漏水侦测等）等用于安全防范和环境参数监控的系统。

15）机房内的空调、配电柜、UPS、消防等各种支持系统的设备应预留通信接口，以便接入机房综合管理系统。

16）接地。应在弱电间内设建筑物接地系统的局部等电位联结装置（也称接地铜排），使弱电间内的桥架、机柜、设备能就近接入接地系统。

7.2.5　机房安全系统

机房作为建筑物内的中枢系统和控制系统所在地，需要具有良好的安全系统。

1. 安全防范系统

（1）门禁系统　对各机房的大门实施门禁管理，并使用摄像机对门禁出入的人员进行记录和识别，确保进出机房的人员是被系统所认可的人员。

（2）视频监控系统　对机房可能进出人员的各出入口（门、窗）、房间内的重要区域及主要出入口的外侧进行视频监控和识别。

（3）报警系统　对机房的关键位置设置防盗探测器，提高重点区域的防范等级。

2. 消防系统

（1）防火封堵　各机房（包括楼层弱电间）与外界的缆线出入口均应进行防火封堵，以防火势蔓延。防火封堵的材料种类很多，需根据资金、设计和工程实际情况选择。

（2）消防报警系统　在机房内，应根据消防规范安装消防报警系统。如果有吊顶和监控地板，则吊顶上方和监控地板下方均应按消防规范安装报警探头。

（3）气体灭火系统　在自备空调的信息设备机房或数据中心内，为避免设备（包括各种大、中、小型计算机和微机服务器等）损坏，引发信息丢失，需要选用气体灭火系统。气体灭火系统的气体中不含氧气，灭火区域内的人员需在警报响起后、气体灭火之前快速撤出。

当机房内的机柜呈冷热通道布局时，冷（或热）封闭通道的上盖应在气体灭火时敞开，使灭火气体能够进入通道、进入机柜内灭火。

应设置与机房安全管理相配套的火灾自动报警和安全技术防范设施。宜为纳入机房综合管理系统预留条件。

7.2.6　机房综合管理系统

建筑智能化系统的机房宜采用机房综合管理系统对各系统的机房设备进行统一的管理，其中包括：

1）能源、安全、环境等基础设施的监控。

2）对各类设施的能耗及环境状态信息予以采集、分析等监管。

3）对信息设施系统的运行进行监管。

机房综合管理系统以软件系统为管理核心，通过各种设备的通信接口采集信息，在软件平台上显示经过汇总和分析后的各种数据和图表。当需要查询时，可以根据电子地图分析信息的源头、所经过的路线和设备、最终的效果等。

机房综合管理系统还可以通过 APP 将信息传送到相关管理人员的手机、便携式计算机上，使他们随时随地处于机房管理的状态，为紧急情况下机房维护提供了快速保障。

思　考　题

1. 综合布线系统以"综合"最为出名，它可以用于传输语音、数据、控制、图像、音频、视频等各种信息。如果您是一位规划设计师，应怎样思考才能充分发挥综合布线系统的"综合"特性？

2. 当一家工厂的园区中包含有 1 栋办公楼、4 栋厂房和 2 栋仓库时，其综合布线系统的拓扑结构应该怎样考虑？

3. 当一栋建筑中 1~3 层为大型商场，4~20 层为公司办公室，21~35 层为旅馆/宾馆时，其综合布线系统的拓扑结构应该怎样考虑？

4. 在工厂中，由于厂房面积很大，在同一楼层的楼层配线架（FD）管理下会设置多个 ID（中间配线架），分别管理各自的一片区域。假定 ID 设在距地面 4m 的平台上，水平桥架的高度为 8m，每根水平双绞线的长度不允许超过 90m（其中有 6m 用于两端的配线架和面板），问：该 ID 的最大管辖半径是多少米？

5. 在建筑群子系统中，室外缆线在进入室内时需在进线间转换成室内缆线，配置计算应如何展开？

6. 在综合布线系统的七大类产品中，哪一类产品在工程应用中是必不可少的？为什么？

7. 在一个双绞线的传输信道中，如果双绞线为 6 类，两端的连接器和跳线均为 5 类，这个信道的理想传输等级相当于 6 类还是 5 类？为什么？

8. 在一个 2000m 的单芯光纤信道中，如果 1000m 为单模光纤，另 1000m 为多模光纤，将单模光纤与多模光纤熔接成同一芯光纤时，它的传输效果类似于单模光纤还是类似于多模光纤？为什么？

9. 已知综合布线系统的单模光纤的传输芯径为 9μm、材质为石英玻璃，在医院的办公室中应用时需要注意哪些问题？

10. 如果将 ST 型光纤连接器插入 LC 型光纤适配器中，其结果会是什么？

11. 如果将双绞线芯线中的铜换成铝，且仅根据导体的电阻率计算，在两端的电压差不变的前提下，传输距离会下降多少（百分比）？

12. OM2 光纤在什么前提下能用于万兆以太网？

13. 在综合布线系统的应用中，每个信息端口、每根线缆都需要使用标签来标识其编号及功能。设想一下，在现今拥有字母、数字、文字、图像、条形码、二维码、电子芯片、云的年代，怎样在信息端口、线缆上合理使用各种类型的标签最为合理和便捷？

14. 假定某双绞线的工作电压在 DC 72V 以下，而双绞线绝缘层的击穿电压 ≥1000V，问该双绞线是否能用作传输电压在 AC 110V 及以上的广播线？

15. 当终端设备需要万兆以太网等级的信息传输和低压供电时，假定有两种选择：一是采用双绞线，使用 POE 供电方式，在传输信息的同时进行供电；二是采用光纤+双芯电源线，其中光纤用于信息传输，电源线用于供电。您会做怎样的选择？为什么？

第 **8** 章

设计案例

本章节选取了三个不同类型的建筑空间，即教育建筑（智慧教室空间）、医疗建筑（普通病房空间和手术室空间）和上海中心（集办公、酒店、观光旅游、主题餐饮、娱乐和文化设施为一体的超高层建筑），将其作为建筑智能化设计的样例。通过这三个实例，将前几章关于各个智能化系统的相关知识点进行应用，让我们更清楚地了解不同的智能化系统如何满足不同功能空间建筑使用者的需求，从而达到实现智能建筑的目的。以下将针对每个空间的用户需求和使用功能的不同，逐一对三类建筑的智能化系统设计进行详尽的介绍。

8.1 教育建筑智能化系统设计

8.1.1 概述

1. 教育建筑智能化系统

随着现代信息技术、通信技术、计算机网络技术、自动控制技术和多媒体技术的不断发展，根据教育行业以人为本的原则，采用先进成熟的设备和技术集成建立教育建筑智能化系统。通过各个智能化系统的运行，实现对教育建筑的设备管控、对教育信息资源的综合管理和应用，营造现代化科研、教学、办公、管理的环境，为师生提供舒适安全的教学环境。

对于教育建筑，除了通信网络系统（包括数据通信系统、无线网络系统、宽带网络系统等）、信息网络系统（包括计算机网络系统、存储系统等）、消防系统（包括火灾自动报警系统、消防联动控制系统、消防广播系统等）、安全防范系统（包括监控系统、防盗报警系统、电子巡更系统、门禁管理系统等）、建筑设备系统（包括空调自动控制系统、设备运行控制系统、室外广播音响系统、智能灯光控制及调光系统等）和综合布线系统外，还有教育建筑本身特色的系统，如科研教学支持系统、多媒体教学系统、财务管理系统、教学管理系统、人事管理系统、档案管理系统、电子身份认证系统、图书馆管理系统、一卡通系统等。同济大学智慧教室智能化系统主要是由中控系统、录播系统、远程互动教学系统、教学显示系统构成。其中，中控系统是智慧教室智能化的核心系统。

2. 教育建筑智能化系统设计依据

教育建筑智能化设计依据主要有以下标准和规范：

《智慧校园总体框架》（GB/T 36342—2018）

《教育管理信息 教育管理基础代码》（JY/T 1001—2012）

《教育管理信息 基础》（JY/T 1002—2012）

《教育管理信息 行政》（JY/T 1003—2012）

《教育管理信息 高等学校》（JY/T 1006—2012）

《教育管理信息 统计》（JY/T 1007—2012）

《计算机软件可靠性和可维护性管理》（GB/T 14394—2008）

《综合布线系统工程设计规范》（GB 50311—2016）

《综合布线系统工程验收规范》（GB/T 50312—2016）

《智能建筑设计标准》（GB 50314—2015）

《智能建筑工程质量验收规范》（GB 50339—2013）

《建筑电气工程施工质量验收规范》（GB 50303—2015）

《民用建筑电气设计标准》（GB 51348—2019）

8.1.2　同济大学智慧教室项目概况

智慧教室是教育建筑中最重要的组成部分，2019 年，同济大学出资 4 千万元完成 66 间智慧教室升级改造。其中包括四平路校区的南楼 19 间、瑞安楼 3 间、衷和楼 1 间、文远楼 1 间，共 24 间教室，以及南楼 1 间教师休息室、1 间总控室，嘉定校区的安楼 8 间教室、2 间讨论室、1 间教师休息室，诚楼 25 间教室、2 间讨论室、2 间教师休息室。此智慧教室项目打造了 5 大类个性化教室，分别为环绕互动型、半围合型、独立桌椅型、灵活隔断型和互动阶梯型。智慧教室通过采用智能化技术构建智能化环境，搭建了双向实时互动授课及录播系统、人人在线高速互联的互联网+学习平台、基于一卡通或人脸识别等物联网教学与管理平台，从而实现以学生为本、教学相长、主动式教学的环境友好型教室空间。

改造后实景如图 8-1 所示。

图 8-1　同济大学智慧教室实景图

8.1.3　智慧教室中的智能化系统

1. 智慧教室的智能化系统组成

同济大学智慧教室智能化系统架构如图 8-2 所示，其基本组成如下：

（1）智慧教室中控系统　中控系统是智慧教室设备的核心节点，是智慧教室的大脑，它负责控制和管理教室内显示设备、录播设备、互动教学设备、扩声设备、安全保障设备以及教务辅助功能设备开关、调节、音视频信号切换等。中控系统要求具有良好的技术可靠性、极高的运行稳定性以及较强的兼容性和开放性，支持自定义 API，可通过网络接入总控室中控系统集中管理平台，能将每间教室内的设备状态、参数、维修告警等信息上传至平台，在总控室能进行远程监视、管理和控制，实现受控设备状态检测及智能管理，能生成运维日志和动态事件警报列表等。中控系统集中管理平台支持与学校现有或开发中的教务管理系统、大数据分析处理系统、教室运维管理系统、教室信息查询分析系统等第三方平台实现无缝数据交换。

中控系统采用可自定义编程液晶面板实现本地人机交互，支持联动控制功能，用户可根据使用习惯设定联动模式并做个性化模式保存，设置软件操作简单、灵活方便，支持设置程序导入、导出功能。能通过中控系统集中管理平台与学校教务管理系统实现数据交换，自动下载排课表等数据，或通过在教室本地读取一卡通自动调用课程信息，获得授课老师个性化设定，按照老师前次保存的屏幕显示设定、音量设定、录播设定、灯光空调设定等模式自动开启设备。

中控系统通过环境监测传感器检测智慧教室内温度、湿度、二氧化碳、PM2.5、照度等环境参数并上传至集中管理平台，供数据分析统计和控制设备运行。

（2）智慧教室录播系统　录播系统具有全自动/半自动/人工导播录制模式，支持通过网络浏览器（IE、EDGE、CHROME）实现远程直播、点播、导播控制等功能，可定制教师画面与PPT内容切换导播规则，教师机位具有跟踪教师拍摄板书画面功能，学生机位能捕捉跟踪学生行为。录播系统能以1080P25及以上画质录制课程合成画面，以及教师/学生画面、PPT内容素材。录播系统能清晰拍摄教师与学生面部表情，须满足1080P画幅中最远处人脸瞳距不小于50像素画面质素，以提供无感知考勤、学习状况分析用途。

（3）智慧教室远程互动教学系统　远程互动教学采取基于标准ITU-T H.323、IETF SIP协议的远程交互方案，实现不同教室、不同校区间乃至跨城市、跨国的实时双向交流互动教学。实现主讲教室主屏显示PPT内容，副屏显示远端听讲教室同学画面，听讲教室主屏显示双流内容，具备远程教学功能的教室均可作主讲教室或听讲教室。

（4）智慧教室教学显示系统　高亮度高清晰度大屏幕，电子显示大屏，电子书写、同步录制分发、分屏显示功能带动教学内容、方法的改变。

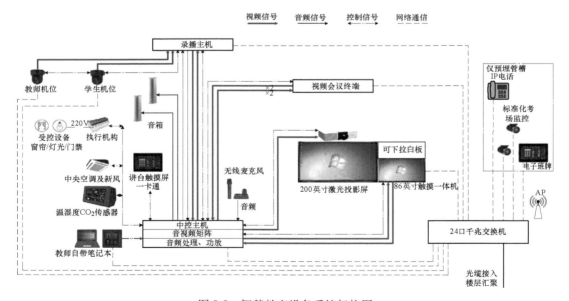

图8-2　智慧教室设备系统架构图

（5）智慧教室照明控制系统　作为同济大学改造完成的智慧教室，位于四平路校区南楼的413室是阶梯教室，其内部仿真和实景图分别如图8-3和图8-4所示。教室长13.26m，宽7.95m，高4.8m。此次智慧教室的照明方式采用间接照明，光源选用间接型照明LED灯具，灯具色温为4700K，可实现单列灯具三档调光来满足投影教学、一般教学、多媒体教学等多种教学照明需求。此教室照明成功实现了"见光不见灯、见光不见影"的照明效果，相较其他传统教室，教室的照度均匀度更佳，光环境更加柔和。同时大大减少了直接照明教室可能会产生的眩光问题，为师生们提供了一个更加舒适的教学光环境。光环境具体参数见表8-1。

表 8-1　南楼 413 智慧教室光环境参数值

灯具状态	平均照度值/lx	照度均匀度	功率密度/（W/m^2）
Ⅰ档	101.96	0.71	2.31
Ⅱ档	428.06	0.81	6.99
Ⅲ档	527.36	0.87	9.78

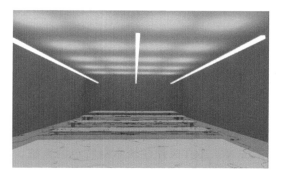

图 8-3　南楼 413 智慧教室 Dialux 仿真图

图 8-4　南楼 413 智慧教室实景图

2. 实现功能

智慧教室改造项目是对同济大学四平路校区和嘉定校区教学楼的显示设备、录播设备、互动教学设备、扩声设备、安全保障设备以及教务辅助功能设备的改造升级和集成，为广大师生提供一个舒适的物理空间教学环境，其中包括具备便捷可靠的智能教学设施、搭建先进的教室管理和智能大数据分析平台。

同济大学通过建设智慧教室及其管理系统，加强了学校的信息技术与教育教学过程的深度融合，提高了教室资源利用效率，构建了基于大数据智能分析的教学辅助和督导、基于大数据的个性化学习模型分析与应用、主客观结合的教学质量评估的教学平台。

8.2　医疗建筑典型空间智能化系统设计

8.2.1　概述

随着我国医疗事业的快速发展，日新月异的医疗技术及人们对良好医疗环境的需求不断促使医疗建筑向更加人性化、智能化发展。传统的医院建筑和医疗设备的功能已经满足不了现代化医院的需求，因此，工程设计人员对现代化医院建筑电气及智能化系统开始了新的思考。

作为一种特殊的公共建筑，医疗建筑不仅要满足本身医疗功能，还要达到方便使用者、满足公共建筑节能要求等。因此，需要进行智能化系统设计。目前，医疗建筑智能化设计的依据主要有以下标准和规范：

《民用建筑电气设计标准》（GB 51348—2019）

《智能建筑设计标准》（GB 50314—2015）

《综合医院建筑设计规范》（GB 51039—2014）

《医院洁净手术部建筑技术规范》（GB 50333—2013）

《综合布线系统工程设计规范》（GB 50311—2016）

《民用闭路监视电视系统工程技术规范》（GB 50198—2011）

《火灾自动报警系统设计规范》（GB 50116—2013）

《建筑物防雷设计规范》（GB 50057—2010）

《建筑物电子信息系统防雷技术规范》（GB 50343—2012）

《安全防范工程技术标准》（GB 50348—2018）

《入侵报警系统工程设计规范》（GB 50394—2007）

《视频安防监控系统工程设计规范》（GB 50395—2007）

《出入口控制系统工程设计规范》（GB 50396—2007）

8.2.2 智能化系统组成和功能

对于医疗建筑，其涉及的智能化系统在医院整体 IBMS 系统架构下，包含建筑设备管理系统、消防系统（包括火灾自动报警、消防广播、防火门监控和余压监控等）、公共安全系统（包括视频安防系统、出入口控制系统、停车库管理系统等）、信息设施系统（包括移动通信室内信号覆盖系统、无线对讲系统、信息网络系统、有线电视、公共广播、信息索引及发布系统、时钟系统等）、信息化应用系统、综合布线系统等，还有医疗建筑本身特色的系统，如护理呼叫系统、叫号排队系统、医疗示教系统、远程医疗系统、医用综合信息集成系统（HIS）等。具体如下：

1. 建筑设备管理系统

为提高对楼内机电设备运行情况的监察、控制及管理水平，达到节能、舒适、控制方便的目的，需设置一套高质量建筑设备管理系统。

建筑设备管理系统主机设于消防安保控制室内。系统采用集散控制、具有开放性、可扩展性。

系统由中央工作站、网络服务器、直接数字控制器、各类传感器及电动阀等组成，需监控空调、照明、电力系统等机电设备。对于不同的控制对象，其控制程序可根据不同要求、不同季节进行调整；所有报警点在报警时均有记录；所取的模拟信号、数字信号可根据用户要求进行定时、定日、定月记录。

2. 消防系统

（1）火灾自动报警系统　系统主机设置于消防安保控制室内。控制室内设火灾自动报警控制器、消防联动控制柜、消防广播及消防电话设备，119 火警专线电话。

（2）消防广播系统（兼公共广播）　本系统主要用于公共部位的背景音乐、广播通知、叫号及紧急消防广播。广播主机设在地下一层的消防安保控制室内。机房设备主要有 CD 机、卡座、收音头、功放、监听盘、分区控制盘、广播机柜等。广播系统采用基于 CobraNet 技术的数字化公共广播兼消防广播系统。

在各建筑物的大厅、走廊、电梯厅、楼梯间、地下车库和设备用房等公共场所设置扬声器。公共广播系统平日播放有关工作、生活信息及背景音乐，部分区域（如候诊区）可兼用叫号广播，当有火警或紧急情况时，由消防报警主机输出控制信号，强行转入播放消防应急广播信息。

3. 公共安全系统

（1）安防系统　本工程设置闭路电视监控系统，安保中心与消防控制室合用房间。消防安保控制室与新建大楼消防安保控制中心联网。闭路电视监控系统采用全数字化、网络化解决方案，建立安保专网结构，支持 MPEG-4 图像编解码格式。在消防安保控制室内设置数字视频服务器主机、解码器、大容量存储阵列、控制键盘、大屏显示器、监视器墙、主控台等。

在医院的主要出入口、电梯桥厢、电梯厅、自动扶梯口、预检处、护士台、太平间出入口、中心药房、出入院登记、收费挂号、楼梯出入口、重要通道和地下车库等处安装各种类型的摄像机进行监视。医院主要出入口考虑设置 1080P 高清数字摄像机，其他地方考虑设置 720P 标清数字摄像机。

防盗报警系统中的防盗报警控制器设在安保中心内，在各重要房间（如药房、财务、收费挂号等）、重要机房和出入院收费等部位设置红外/微波报警器和手动报警按钮等报警装置。当有报警信号时，安保中心发出声光报警，并自动调整相应部位的摄像机摄取该处图像，以便今后取证。安保中心备有与当地 110 联网的专线。

电子巡更系统采用离线式总线制网络方式，主机设备设在安保中心内。在整个院区及各建筑物的电梯厅、楼梯、走廊等场所设置无线巡更记录点，通过保安人员不定时的巡更以保证医院安全。

出入口控制系统主要用于对进出楼内的收费窗口处、重要实验室、档案室、药库、消防安保控制室处进行控制，同时将手术室等无菌化区域进行通道控制。

出入口控制系统采用总线网络方式，门禁控制器通常采用单向控制。除个别场所设置双向读卡控制外，基本为单向门禁控制。单向门禁控制的进入为读卡方式，出门为按钮方式，双向门禁的进出都为读卡方式。锁具的形式将结合门的选择考虑。

系统不仅能实时记录门的开关状态和读卡进出的信息，而且还可对非法操作闯入行为以进行报警并采取联动措施。

整个安防系统采用集成控制管理，具体集成的安防内容为将视频安防监控系统、入侵报警系统、出入口控制系统及巡更管理系统。系统采用集成管理软件，建立数据共享的数据库管理平台，达到在同一控制平台上操作控制系统功能的联动。

（2）停车库（场）管理系统　在地下车库出入口安装一套车库管理收费系统，对停车用户（分长期及短期客户）进行停车时间的统计和自动收费，为停车用户提供停车方便和安全，使车辆管理更完善规范。系统由出入读卡器、自动开门机、探测器和控制器等设备组成。本系统采用远距离感应卡（ID 卡）和读卡设备，当车辆驶近时贴在汽车前挡风玻璃处的感应卡自动读卡（2M），栏杆抬起，车辆进入。系统计算机可存储用户车辆的相关资料，如车牌号码、车型、颜色、车辆照片、车主姓名、联系电话、单位和住址等，以便随时调看。在本系统中还可采用空车位探测及引导系统、分区或分层控制、车辆车牌识别系统、出入口车辆识别系统等辅助手段以提高工作效率，保证客户车辆安全。

4. 信息设施系统及信息化应用系统

（1）通信系统　通信系统分有线通信及无线通信两部分。

1）有线通信系统考虑由宜春学院信息中心机房处引入通信电缆（或光缆）至楼层弱电间，由楼层弱电间引至各终端点。

2）无线通信系统。

① 室内移动通信覆盖系统。在大楼内设 1 套分布式移动通信中继传输系统，能有效地克服楼内屏蔽所造成的信号盲区，保证楼内各类手机（包括中国移动及联通 GSM 和 CDMA 系统的手机）通信时可靠的传输质量。室内 BS 基站安装在运营商机房内，各 800～2400MHz 吸顶全向天线安放在各空间顶棚下。信号覆盖区域包括楼内各房间、走道及电梯轿厢等处。

②楼内无线局域网系统。在大楼内部分特定区域设楼内无线局域网系统，保证特定客户及管理人员能方便地使用便携式计算机无线上网。主机设备安装在弱电机房，无线外网点主要分布大部分公共部位及业主要求覆盖的地方，而无线内网则安装在会议室等有特殊需求的地方。

③安保无线对讲系统。在大楼内设置1套双向中继台对讲主机装置，可在150～450MHz频率范围内供保安人员手持对讲机使用。主机设备设在消防安保控制室。无线对讲传输系统采用网络传输方式，以分布式微小蜂窝收发天线（或泄漏电缆）方式在楼内组网传输。

④本工程的电话通信线路采用综合布线方式。

（2）计算机网络系统　本工程建立支持数字化医院医疗信息管理系统的计算机网络系统，在大楼设置弱电汇聚机房（在本系统内，用作网络汇聚层分机房），网络前端信号由医院南区计算机网络机房（核心交换机）处引来。根据本医院的特点，并从实际使用的角度考虑，医院设置内、外网设备。本医院计算机网络支持多种通信协议，可进行各种网络的互联。网络设备可以方便地与外界连接，以实现对外的数据和语音互联。

本工程的计算机网络线路采用综合布线方式。

在医院的各办公室、会议室、手术室、医技用房、护士站、病房、药房、门急诊诊室和出入院登记、收费挂号等场所设置计算机网络终端，以满足医院业务、管理需要及实现办公自动化系统的功能。

（3）综合布线系统　本系统是智能化系统的基础，利用其标准化的、高带宽的传输通道，可方便地构架楼内的语音通信网络、计算机通信网络及弱电智能化控制系统网络。

为满足和适应本项目内语音通信和计算机网络通信的需求，根据先进性、开放性、可靠性、可扩充性原则，工程设计了一套主干为万兆位的标准、灵活、开放的结构化综合布线系统。本项目内的布线系统设计主要满足语音通信和计算机网络通信这两部分功能使用，系统将为用户提供一个集语音、数据、文字、图像于一体的多媒体信息网络，可满足目前各种高速数据传输网络的组网需求。

布线系统结合楼内语音通信交换方式采用通用数据交换的形式，楼内的布线系统需满足医院内业务数据交换。综合布线的网络布线以光纤加双绞铜缆线构成，数据主干为多芯多模光纤，语音主干为大对数3类对绞电缆，水平线缆均为6类4对非屏蔽双绞线铜缆，电话和数据终端均采用6类RJ45型模块，布线系统的拓扑结构为星形方式。医院内采用二级组网方式，计算机机房为区域总配线间，楼层为层弱电间，配线子系统信道的最大长度控制在100m内。考虑到主干网络的安全性及医院数据的重要性，竖向线缆均考虑备份。综合布线系统中三类大对数对绞电缆、六类4对非屏蔽对绞电缆、光缆均采用低烟无卤、无毒、阻燃环保型产品。

在各办公室、会议室、护士站、病房、药房、门急诊诊室和出入院登记、收费挂号等场所设置信息终端。

（4）有线电视系统　本工程有线电视前端设备设置在弱电机房内，节目源由弱电机房采用同轴电缆或光缆沿连廊底部引入。有线电视网络采用860MHz双向传输系统，电视终端设计电平为（68±3）dB。各层弱电竖井内设置放大器、分配器、分支器等设备。在医院各病房、会议室、候诊室、值班室和底层大厅、各种餐厅、院长室等场所设置有线电视终端。

（5）子母钟系统　在本建筑物内设置1套网络型计时系统。母钟站设在弱电机房内，医院各层的主要通道设置子钟，方便医生、病人清楚当时的时间。

（6）一卡通系统　一卡通系统包括门禁系统、消费系统。一卡通系统的机房设备设置在消防安保控制室。在医院的重要房间、重要机房等处设置门禁读卡器、出门按钮和电子锁等门禁设备，采用非接触式智能卡，只有持有已授权智能卡的人员才能打开相应的电子门锁。智能卡同时具有医院资料调阅管理、考勤管理的功能。

在医院的所有收费场所均设置消费用的 POS 机，另外，在可以使用银行卡的窗口均敷设两根直线电话电缆。

5. 护理呼叫系统

在病房区的每个护理单元设置独立的护理呼叫系统。

在各护理单元的护士站设置护理呼叫主机，在各病床床头设置对讲型呼叫分机，在病房内的卫生间设置紧急呼叫按钮，走廊内设置呼叫显示屏。

当病员呼叫主机时，护士站的呼叫主机可以显示呼叫分机的房间号和床号，护士可以确定呼叫病人并与之通话；当护士站无人接听时，呼叫分机的房间号和床号可以在走廊的显示屏上显示出来，护士不用回护士站就可以了解病人呼叫情况便于及时护理。

6. 排队叫号系统

在门诊各科室设置排队叫号系统。整个系统由分诊台、子系统管理控制计算机（与分诊台合一）、系统服务器、管理台、信息节点机、信息显示屏、语音控制器、无源音箱、呼叫终端（物理终端或虚拟终端）、分线盒组成。

基于医院的科室及楼层的分布，排队叫号系统采用分布式的子系统结构方式，每个科室（或一个楼层）为一个子系统，每个子系统配置一台分诊工作站处理系统内的排队任务及策略，数据管理可视情况采用集中或分布式的方式。各子系统通过医院现有局域网互联，由系统中央服务器（主/备）统一管理整个医院的排队系统，并存储全医院排队系统的数据，构成全院的排队叫号系统。

7. 医疗示教系统

在医院内设置医疗示教系统。系统以电教室会场为中心，由手术室、心导管室、医技检查科室共同组成。手术室（或心导管室或医技科室）与电教室会场之间实现图像、声音信号的实时双向传输。

8. 公共信息发布系统

在医院大楼内设置 1 套多媒体查询系统，来访者可以通过触摸屏获取大楼的楼层信息、医疗服务信息、医疗资费信息、医院介绍及演示等。

在医院内设置 LED 公告显示系统。在所有的挂号、收费、住院登记窗口和取药窗口上方均设置条状 LED 显示屏。在一次候诊区域和二次候诊的各诊室门框上方均设置 LED 显示屏，用于显示病人的排队候诊信息。

多媒体查询系统和 LED 公告显示系统与计算机网络相连，它能提供文字、图片、动态影像的综合查询和显示，使公众在轻松、自由的操作中查到所需信息。

9. 视频集成管理系统

在医院设立 1 套视频集成管理系统。该系统可以实现医院内部医疗和管理信息的数字化采集、存储、传输及后处理，以及各项业务流程数字化运作的医院信息体系，可提供数千路的大规模高清视频通信、高清视频会议、智能化播控的信息发布、数字电视、手术示教、ICU 探视、延时电视、现场直播、远程医疗（培训）、远程医疗、排队叫号、自办频道、点播、视频邮件、智能化视频监控、应急指挥与调度等一系列功能。这些功能全部在一个统一平台上实现。还可与医疗管理机构及远程的友好医院进行远程对接，实现平台化互联。

10. 医用综合信息集成系统（HIS）

医用综合信息集成系统（HIS）功能包括以下系统的信息集成：医用信息管理系统（HIS）、医学影像存储与传输管理系统（PACS）、检验放射科管理系统（RIS）、实验室管理系统（LIS）、临床管理系统（CIS）、办公自动化系统（OAS）。医院管理人员在综合信息系统的授权下，可通过互联网和医院局域网浏览和查询上述信息。系统应具有前瞻性好、实用性强等特点，同时根据医院信息系统的实际需求，应用模式上实现以业务流为主线的医院管理信息系统，以医嘱和病人信息为主线展开，既符合操作人员的业务习惯，又满足现代医院信息管理的要求。医用综合信息集成系统以病人为中心，以医疗信息共享为宗旨。同时，医学影像及检验数据要入网。由于医院工作的特殊性，因此系统要保证数据处理过程的严格规范，要遵循数据的安全、保密、统一、可监测、可靠备份等基本原则。系统的最终目的应该是：方便群众就医，提高医疗服务水平；达到院内医疗质量控制、决策分析；提高医疗研究和学术水平；可进行人群、社区疾病统计、趋势分析等工作；降低医院运行成本。

医疗建筑智能化系统包括但不仅限于上述系统，具体需求需要设计方与使用方进行沟通。在满足使用方的使用需求的前提下，做到经济节能。由于医疗建筑空间和功能的复杂性和特殊性，因此很难将医疗建筑智能化系统在同一空间中完全加以体现，但医疗建筑中存在着如病房、手术室等大量需求和功能相似的空间，下面以医疗建筑中的典型普通单人病房和手术室空间为例，分别介绍这两个空间的智能化系统设计。

8.2.3 典型空间智能化系统设计

为了阐释"以医院为主体，以患者为中心"的理念，数字化病房作为医院智能化整体建设中一个重要的组成部分，为改善患者医疗环境，提高医疗服务质量、提升医院综合管理水平等方面，都起到了重要的促进作用。

1. 典型空间——数字化单人病房

（1）空间概况　典型普通单人病房长 6.8m，宽 3.55m，内部分为护理区和陪护区，病房内均设置独立的卫浴，要求无障碍设计，基本的配套家具应包括壁柜、床头柜、陪床沙发等。每个病床床头需设置设备带，病房内需设置火灾报警、网络电视、无线通信和有线通信、电话、呼叫对讲等弱电系统，其空间布置如图 8-5 所示。

（2）智能化系统设计　为了满足病房设计中的实用性、可靠性、安全性和易维护性原则，病房主要涉及上述智能化系统中的通信系统、计算机网络系统、综合布线系统、有线电视系统、护理呼叫系统、子母钟系统、火灾自动报警系统。除护理呼叫系统外其他系统均为常见智能化系统。其中，病房呼叫对讲系统应具备以下功能：

1）随时接受病区住院病人的呼叫，护士站及走廊内的显示屏同时准确显示呼叫患者床位号，护士站还有明显的声光提示。

2）多路呼叫时，能逐一记忆、显示；特护患者的呼叫优先，呼叫分机有叫通显示。

3）通过功能键，主机与分机之间可实现双向呼叫，双工通话。

4）呼叫对讲系统的故障自检。

5）对讲分机应有免提功能，以避免病员交叉感染。

病房呼叫对讲系统如图 8-6 所示。

2. 典型空间——手术室

（1）空间概况　手术室，作为外科领域反映高度治疗医学水平的工作环境，需要满足外科手术需要的所有功能，而最重要的就是最大限度地保持无菌的环境，减少创伤感染。其内部智能化系统也相应而生，其在满足外科手术的功能的同时，还能为在此空间工作的医务人员创造最有利的舒适的工作环境。手术室应设在安静、清洁、便于和相关科室联络的位置。一个完整的手术室包括以下几个部分：

1）卫生通过用房：换鞋处、更衣室、淋浴间、风淋间等。

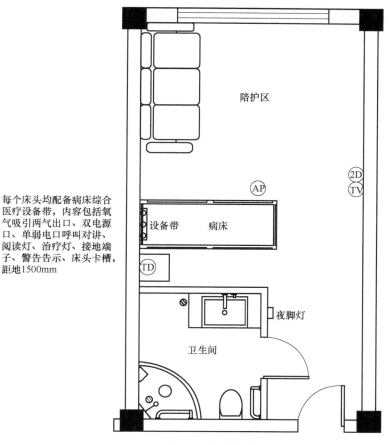

每个床头均配备病床综合
医疗设备带，内容包括氧
气吸引两气出口、双电源
口、单弱电口呼叫对讲、
阅读灯、治疗灯、接地端
子、警告告示、床头卡槽，
距地1500mm

TD 语音数据双口面板
TV 网络电视信息点
2D 数据双口面板
AP 无线AP信息点

图 8-5　典型单人病房空间示意

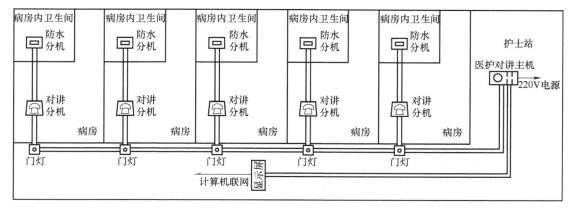

图 8-6　病房呼叫对讲系统

2）手术用房：普通手术间、无菌手术间、层流净化手术间等。

3）手术辅助用房：洗手间、麻醉间、复苏间、清创间等。

4）消毒供应房：消毒间、供应间、器械间、敷料间等。

257

5）实验诊断用房：包括X线、内窥镜、病理、超声等检查。

6）教学用房和办公用房等。

典型手术室空间长5.6m，宽5.6m，手术空间的主要设备包括手术操作台，手术机器人、照明系统、净化空调系统以及各弱电智能化系统（火灾报警系统、网络通信系统、门禁系统、医疗示教系统、视频集成管理系统等），如图8-7所示。

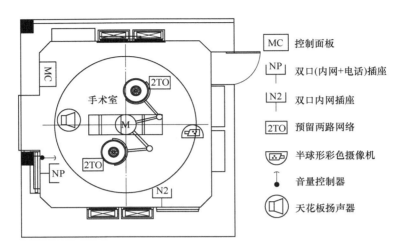

MC	控制面板
NP	双口(内网+电话)插座
N2	双口内网插座
2TO	预留两路网络
	半球形彩色摄像机
	音量控制器
	天花板扬声器

图8-7　手术室内部智能化系统示意

（2）智能化系统设计　手术室主要涉及上述智能化系统中的通信系统、计算机网络系统、综合布线系统、视频集成管理系统、医疗示教系统、门禁系统、火灾自动报警系统。其中手术室中央控制系统架构图如图8-8所示。

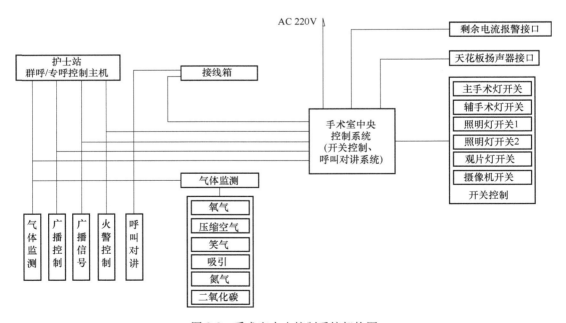

图8-8　手术室中央控制系统架构图

医学是一门实践性的科学，尤其是临床医学，医院不仅仅担负着救死扶伤的重任，同时还兼具教学功能，由于手术室无菌的要求，不能将大量的学生置于手术现场，只能通过视频示教技术将一线的手术带到课堂上。手术室视频示教系统架构图如图8-9所示。

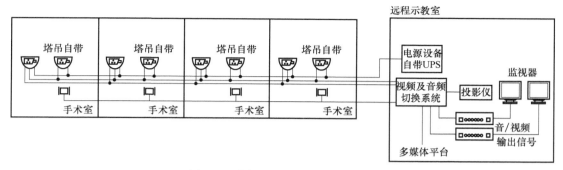

图 8-9　手术室视频示教系统架构图

其他的智能化系统，如综合布线系统、视频监控系统和背景音乐系统的相关系统图分别如图 8-10~图 8-12 所示。

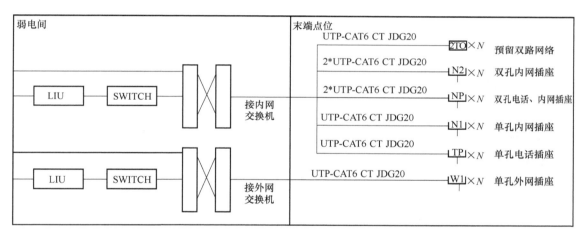

图 8-10　综合布线系统图

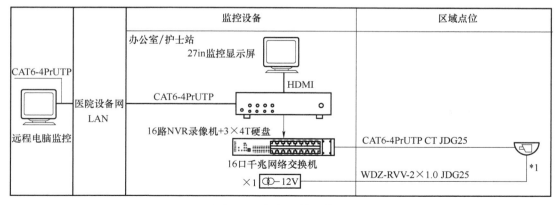

图 8-11　视频监控系统图

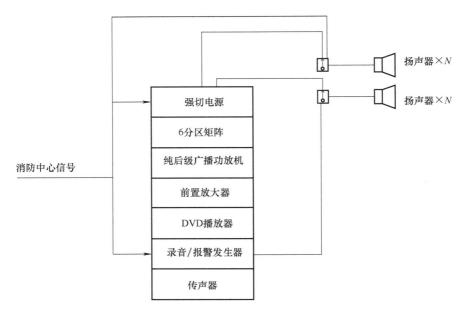

图 8-12　背景音乐系统图

8.3　超高层建筑——上海中心智能化系统设计

8.3.1　概述

不同于前面介绍的建筑，上海中心项目是一个集办公、酒店、观光旅游、主题餐饮、娱乐和文化设施为一体的超高层建筑。建筑面积包括地上约 41 万 m² 和地下约 17 万 m²，由主塔（126层）以及其裙楼（5 层）和地下室（5 层）组成。塔楼总高度（包括装饰性塔冠）632m，是上海最高的建筑，也是上海的标志性建筑。

其使用功能分布为：

1）主塔楼：主塔楼设置有办公、酒店、精品办公、商业及会议中心、观光等。其中塔冠的标高为 632m。

2）裙楼：位于主塔楼北侧，楼内 1~4 层设有高端商业，其中 2 层西侧设有多功能厅。5 层设有小型会议室及宴会厅。

3）地下室：地下室空间除地下一二层北侧有部分商业外，其余为设备机房、后勤和地下停车库。地下停车库位于地下三至五层。

8.3.2　设计方案

1. 主要设计依据

1）业主制定的设计任务书及相关职能部门批准文件。

2）境外设计单位的初步设计。

3）主要的国家和地方标准、规范：

《智能建筑设计标准》（GB 50314—2015）

《民用建筑电气设计标准》（GB 51348—2019）

《公共建筑节能设计标准》（GB 50189—2015）

《建筑物电子信息系统防雷设计规范》（GB 50343—2012）

《公共建筑电磁兼容设计规范》（DG/TJ 08-1104—2005）

《绿色建筑评价标准》（GB/T 50378—2019）

《无障碍设施设计标准》（DGJ 08-103—2003）

《综合布线系统工程设计规范》（GB 50311—2016）

《火灾自动报警系统设计规范》（GB 50116—2013）

《安全防范工程设计标准》（GB 50348—2018）

《视频安防监控系统工程设计规范》（GB 50395—2007）

《出入口控制系统工程设计规范》（GB 50396—2007）

《入侵报警系统工程设计规范》（GB 50394—2007）

《重点单位重要部位安全技术防范系统要求　第 8 部分：旅馆、商务办公楼》（DB31/T 329.8—2019）

《有线电视网络工程设计标准》（GB/T 50200—2018）

2. 智能化系统设计目标

1）创造安全、健康、舒适和高效的工作休闲环境。

2）方便灵活的管理模式，低能耗、低成本、高效益、最大限度地节约能源、绿色环保。

3）能够满足多种用户对不同功能的要求。

4）具备现代化的通信手段和办公、商务条件。

8.3.3　智能化系统的设计实现

1. 智能化系统总体设计方案

主要的智能化机房设置如下：

（1）总控机房　总控机房负责对消防、安保、广播、BMS、IBMS 等系统的监视和控制。根据任务书要求，地下一层设大楼消防安保总控中心（M-SCC）。同时，在 M-SCC 旁设置 UPS 机房，负责对 M-SCC 内智能化设备以及地下室电信间智能化设备等进行集中供电。

消防报警系统设备另配独立双电源及 UPS 负责供电。

（2）通信机房　地下一层设置两个独立的电信联合接入机房，提供多家电信运营商进行双路由的电信接入（数据、语音、企业专线、无线覆盖信号等），机房将根据未来电信运营商的需求进行空间分隔；未来企业卫星通信和微波通信机房设在大楼屋面层。

（3）有线电视和卫星接收机房　地下一层设置有线电视网络专用接入机房；大楼屋面层设置卫星接收天线和机房。

（4）网络汇聚机房　在各设备层中设置网络汇聚机房，主要解决超高层建筑各系统中间转接和信息备份所用。

2. 智能化系统设计主要原则

地下室、裙楼、主塔楼按一个完整的构架来设计各智能化子系统，各分控中心附属于总控中心，也可在紧急情况下独立运作，其中总控机房具有操作控制优先权。

3. 消防报警及联动控制系统（FA）

1）本工程火灾自动报警及消防联动系统按特级保护对象设防，系统形式采用控制中心方式，地下层火灾自动报警系统控制屏及配套设备设置于地下一层 M-SCC 内。系统具有火灾报警、联动控制、应急广播、应急通信等功能。系统设备主要包括手动火灾报警按钮、警铃、消防电话、119 火警专线电话、感烟探测器、感温探测器、可燃气体探测器、红外线探测器、空气采样探测器、线型感温度电缆、湿式报警阀、干式报警、压力开关、水流信号阀、水流指示器等。

2）按防火分区及使用功能划分报警分区，并按环境特点设置相应类型的探测器。高度超过12m区域装设空气抽样探测器及火焰探测器；公共区域、商场、餐厅、一般用房、走廊、水泵房、一般机房（除发电机房、三联供机房）采用感烟探测器保护；车库、锅炉房、厨房、油罐间等采用感温探测器保护。发电机房、计算机机房采用感烟加感温联合保护；天然气表房、厨房、锅炉房、三联供机房等还预留燃气泄漏报警接口；变电所主干电缆桥架和电气竖井内的电缆桥架均设线型感温度电缆。

3）在消火栓附近处设置消火栓按钮及警铃，主要通道及出入口设手动报警按钮及紧急电话插孔。在同一防火分区的任何位置到最邻近的一个按钮的距离不大于25m。

4）火灾手动报警按钮设置于消火栓、中庭、消防电梯前室、商业、会议中心、餐厅、后勤、地下车库、设备用房、公共空间、楼梯间进出口及其他公共场所出入口处。消防专用电话设置于消防安保控制中心、变配电房、备用发电机房、排烟机房、消防电梯机房、水泵房、主要通风和空调机房及其他与消防联动控制有关的且经常有人值班的机房。消防安保控制中心设置可直接报警的119火警专线电话。

5）联动控制分类：

① 非消防类风机联动控制要求。非消防类风机包括：空调机、新风处理机、送风机、排风机等。在火灾报警后，消防安保控制中心能通过就地控制模块自动关闭这类风机及接收这类风机的停机信号。

② 消防类风机联动控制要求。消防类风机包括：排风兼排烟风机、排烟风机、正压风机、送风及补风机等。在火灾报警后，消防安保总控中心可通过模块对这类风机按预设程序进行自动控制，还可在消防安保总控中心联动控制台上通过硬线进行手动控制，并接受其返回信号。同时对相关排烟阀、正压阀等进行过程联动控制和接收电动排烟阀动作信号。

③ 消防给水联动要求。本工程生活和消防为合用水泵（三用一备），每台泵作为下一区（地上部分）上一级生活、消防合用水箱的进水转输泵。整个地下室作为一区。控制要求为：地下室水泵（即一区水泵）由二区（20层）水箱水位自动控制。在得到火灾信号后（即消火栓箱内的起泵按钮和喷淋系统报警阀组上的压力开关信号），水泵进入消防工作状态。转输泵的消防工作状态为得到火灾信号后消防泵不管原工作状态如何，进入常开状态。各水泵一旦起动就不再关闭，直至火灾结束，手动恢复平时工作状态。此外，根据各分区水箱的水位控制，依次起动相应泵组内其余各转输泵。消防安保控制中心可对水泵等通过模块进行自动控制，还可在联动控制台上通过硬线进行手动控制，并接受其返回信号。

④ 电梯联动控制。当火灾确认后，消防主机会向电梯群控系统发出火灾信号，电梯会自动执行火灾情况下的疏散运行预案。一旦所有电梯返回首层或指定楼层，消防人员将会监管指定的电梯。自控扶梯在接到火灾信号后柔性停止运行。

⑤ 电源联动控制。当火灾发生时，消防主机会向变电所电能管理系统发出火灾信号，电所电能管理系统会自动执行火灾情况下的电力运行预案。同时消防安保控制中心可根据火灾情况自动切断火灾区域的正常照明、空调机组、回风机组等的电源（分励脱扣器）。并可通过直通电话通知配变电所的值班人员，切断其他与消防无关的电源。

⑥ 应急电源联动控制。当火灾发生时，消防主机会向发电机控制系统发出火灾信号，控制系统会自动执行火灾情况下的电力运行预案。

⑦ 应急疏散照明联动控制。当火灾发生时，消防主机会智能疏散照明控制系统发出火灾信号，控制系统会自动执行火灾情况下的疏散照明运行预案。

⑧ 防火卷帘联动控制。疏散通道上的防火卷帘门受设置在卷帘门两侧的感烟及感温探测器组控制。当感烟探测器感知火灾信号时，将防火卷帘下落至 1.8m；当感温探测器同时感知火灾信号时，将防火卷帘全部关闭。火灾时防火卷帘附近声光报警器发生报警信号，防火卷帘的下降除了上述由感烟及感温探测器组联动控制外，还可由防火卷帘两侧设置的手动控制按钮控制，或由消防安保总控中心手动/自动控制。用作防火分隔的防火卷帘在火灾探测器动作后，卷帘一步降到底。

⑨ 火灾自动报警系统与安全防范系统的联动，应符合下列规定：

火灾确认后，应自动打开疏散通道上由门禁系统控制的门、电动旋转门。

火灾确认后，应自动打开收费汽车库的电动栅杆。

火灾确认后，开启相关层安全技术防范系统的摄像机监视火灾现场。

火灾确认后，非消防应急专用电源强切，同时发出消防联动信号给智能应急疏散指示系统。

⑩ 气体灭火系统的控制。气体灭火控制作为一个相对独立的系统，单独配置所需的灭火控制器，可独立完成整个灭火过程，并与消防报警主机（或区域机）联网。系统要求同时具有自动控制、手动控制和应急控制三种控制方式。自动控制要求消防控中心能显示系统的自动、手动工作状态；能在气体灭火系统报警、喷射各阶段有相应的声光信号，并关闭相应的防火门、窗，停止相关的通风空调系统，关闭有关部位的防火阀。

⑪ 燃气报警系统的控制。燃气报警系统作为一个独立系统单独配置所需的燃气探测器和控制器，控制器可独立完成整个报警联动过程并与消防报警主机（或区域机）联网。

⑫ 消防告警。火灾预报警时，本层着火层、相邻防火分区及上下层防火分区的广播系统自动做提示性预报警。火灾确认后，着火层、相邻防火分区及上下层防火分区的消防广播和消防警铃投入正式报警，消防广播至火灾报警结束才停止。

4. 安全防范系统（SA）

本项目安防系统采用集成式管理系统，配置多媒体综合集成管理平台，设有 110 专用报警电话并且与城市公安进行联网。安防系统主要由下部分组成：视频安防监控系统、入侵报警系统、出入口控制系统（电子巡更系统）、紧急寻呼、停车库管理系统、防爆安全检查系统（X-ray 和金属探测安检、车底安检）、钥匙管理系统、一卡通管理系统（含门禁、停车库管理、巡更系统、访客证件管理、考勤管理等）。视频安防监控系统、入侵报警系统、出入口控制系统、紧急寻呼等设置系多统联动功能。

（1）视频安防监控系统

1）监视摄像机设置在各出入口、公共部位、电梯厅、电梯轿厢、重要设备机房、地下车库及室外广场等处。系统采用基于 IP 寻址的全数字网络化的电视监控系统解决方案。该系统主要由前端摄像机、编码器、存储管理服务器、存储扩展阵列、解码器、工作站、智能控制键盘、系统管理服务器以及专用的安保网络组成。

2）前端所有摄像机分别接入就近楼层交换机，若摄像机至最近楼层交换机距离超过网络接入最短距离，则采用模拟摄像机接入数字编码器，再接入楼层交换机的方式。数字视频编码器支持多路视频输入，每路均提供 Full D1 分辨率。视频通过编码器进行编码压缩（可同时支持支持 H.264 或 MPEG4 编码格式）和本地视频存储，然后交换机通过光纤将视频数据传输入监控中心的主交换机。图像保存按分布式存储、逻辑集中管理的模式设计。即电信间内分别设置若干台网络存储磁盘阵列进行图像存储，存储采用 RAID 6 方式；所有摄像机的存储都按照 D1@25 帧，24 小时/30 天设计。数字摄像机均采用六类 UTP 单独穿管与交换机连接，采用网线（POE）供电、电源同步方式。

3）视频安防监控系统的网络在结构上为星形结构，适当层数电信间内设置汇聚层交换机，作为视频的接入点。所有的汇聚层交换机将编码视频进行本地存储，并将实时视频数据传输至 M-SCC，供操作管理人员进行切换控制。为确保网络数字监控系统的网络安全和网络带宽，提供一个高质量的图像质量和畅通的使用平台，本次设计将建立一套独立的视频安防监控系统专用网络，配置两套系统管理服务器进行备份以及配置视频分析软件。

（2）入侵报警系统 入侵报警系统由双鉴报警探头、报警显示计算机及报警软件组成。主要设置在财务办公室、民用/消防水池用房等以及其他重要设备用房等处。入侵报警信号通过线缆连接到相关区域编码器的报警输入端口，报警信号可设置等级。当报警产生时，可按事先定义的策略在指定的监视器上显示报警摄像机的视频图像。该系统具有多种报警联动功能，如报警录像、报警联动继电器输出、报警联动视频切换、报警联动云台预置位等。

（3）出入口控制系统（电子巡更系统） 出入口、通道、重要办公用房、重要机电设备用房（如送风机房，电信间，制冷机房，发电机房，值班室等）、监控中心等均考虑在线式门禁；储藏室、强电间等设置门磁。出入口控制系统由读卡设备（包括读卡器、出门按钮、电控锁、门磁）、门禁控制器、通信网络，管理软件，计算机（服务器/工作终端）组成。门禁控制器与受控门的读卡器、电控锁和出门按钮相连接，负责接收读卡器信息，控制电控锁的开/闭，通过门磁开关感知大门的开关状态。系统采用二级结构，控制门组间采用 RS-485 协议按链式拓扑联网。门禁控制器带有以太网接口，支持 TCP/IP，利用综合布线按星形拓扑结构独立组网。门禁控制器自带本地闪存，支持离线运行，具有在线、离线和灾难工作模式。系统具有断线/离线检测及报警功能。

另外在出入口控制系统中设置的读卡点的基础上，在大楼内停车场、楼梯通道以及其他重要场所，增加一定的接近式读卡机，形成在线式电子巡更系统，并在出入口控制管理系统的主机上完成巡更运动状态的实时监督和记录，并能在发生意外情况时及时报警。出入口控制系统拟将与电梯群控系统通过通信接口方式进行系统集成，达到无缝连接。

（4）紧急寻呼 地下车库以及电梯前室、残厕等处设置网络式报警求救和对讲装置（IP Intercom），通过出入口控制系统的 IP 网络进行传输组网。

（5）停车库管理系统 停车库管理系统由主系统收费管理系统、车辆识别系统、车辆引导系统、对讲通信系统等组成。收费管理系统拟采用中央收费和出口收费相结合的收费方式。

（6）其他系统 防爆安全检查系统（X-ray 和金属探测安检、车底安检）、钥匙管理系统、访客管理系统、一卡通管理系统等其他安防系统，本次仅预留相关网线和电源条件。待设计条件成熟后，由后续设计跟进完善。

5. 信息通信系统（TC）

信息通信系统（TC）由固话通信系统、计算机网络系统、公共信息发布系统、综合无线室内通信系统、卫星及有线电视系统、消防无线通信系统等组成。其中固话通信系统、计算机网络系统、公共信息发布系统等采用结构化综合布线系统。

（1）固话通信系统

1）商用办公、商铺等出租区域主要采用直线电话接入（内部采用集团电话）。

2）用于运营管理的物业用房等主要采用独立的小交换机内线电话。

3）酒店等主要采用独立的交换机内线电话。

固话通信系统可按使用者要求设定国际国内长途专线、可视电话专线、消防电话专线，以及图文传真及数据通信等全业务的接入服务。电信运营商的通信光缆采用双路由接入方式引至地下室通信联合设备机房，再经电信间引至各用户。

（2）计算机网络系统

1）本项目总体网络系统建设根据应用需求划分。网络平台主要包括：大厦物业管理网络（含公共信息发布系统）、视频安防监控网络、出入口控制系统网络、公共广播网络、楼宇自控五套组成。酒店前台管理、后台管理等将有酒店管理公司自行组建。

2）各个网络系统采用物理隔离方式以保障各个系统的安全和独立性。主要网络系统设计采用双核心、高性能的万兆以太网系统，充分考虑网络可靠性及安全性。核心部分为2台高性能的万兆核心多层交换机，核心交换机重要部件都做到硬件备份，如电源、交换引擎等；核心交换机之间采用万兆光纤进行互连，构成主、从热备方式或负载均衡方式；汇聚交换机分别通过2条万兆光纤与核心交换机相连，如果万兆链路出现中断，则另一条万兆链路在极短的时间内会部分接管重要数据的传输；接入交换机以两条万兆光纤双上联至各汇聚交换机。桌面信息点为10/100/1000M自适应。

（3）公共信息发布系统

1）公共活动空间配置高清晰度的电子公告屏，显示图像信息和信息发布（包括时钟发布）。根据各公告场所的情况，拟由建筑师规划选择公共信息发布系统的安装位置、何种类型和大小的电子公告屏等。电子公告屏类型一般包括LED显示屏、背投拼接显示屏、等离子显示屏、触摸终端等。

2）系统是一个基于IP网络的、集成化的多媒体信息发布系统。对于单向无交互要求的视频信号可按内容（流媒体）发布服务器-网络媒体播放器模式通过计算机局域网进行发布；对于高交互需求的查询应用等可采用多媒体查询终端通过计算机局域网络实现。系统应具有可划分系统资源的能力，能拆分或合并系统内各终端的控制权。

3）根据目前设计条件，预留信息发布系统所需之信息点和电源，信息端口采用RJ45以增加通用性。

（4）综合无线室内覆盖系统

1）综合无线室内覆盖系统天馈网络支持的信号频率为3000MHz以下（主干采用7/8馈线，末端采用1/2馈线）。

2）覆盖系统的水平（楼层）部分采用共用天馈收发分缆方式：多系统合路后的收发分开，即收采用一套天馈系统，发采用另一套天馈系统，分别合路进入分布系统。收发分离并采用高性能的POI（合路平台）方案，可以避免下行强信号对上行信号的杂散、互调等干扰。

3）覆盖系统的垂直部分采用光纤分布系统，利用单模光纤将信号传输到地下室内各POI处。

4）移动GSM、DCS，联通DCS及电信CDMA系统拟采用光端机方案传输至POI输入端。联通WCDMA、移动TD-SCDMA拟采用BBU+RRU方案。

5）移动GSM、移动DCS、电信CDMA、联通DCS、联通WCDMA系统采用前级合路方式；移动TD-SCDMA、WLAN（仅地下三至五层）系统采用后级合路方式。

6）对于地下一二层的零售、餐饮用房等在日后运营时可能对WLAN网络的承载容量有较高要求的商务场所，为充分利用空分复用效应以提高WLAN的整体承载容量，地下一二层的WLAN信号由各AP独立覆盖，WLAN信号不进入合路系统。

7）移动通信室内基站的配置应由移动通信运营商根据本工程内各处人流以及相对应的话务统计模型进行话务量计算，并据此分配信号数量并确定载波及小区配置。

（5）卫星及有线电视系统

1）根据本地主管部门的规定，目前本项目暂定如下设计原则：地下室部分及大厦物业用房仅考虑一套有线电视系统；商用办公、商铺、会议等考虑一套有线电视系统和一套卫星电视系统的主干预留，待用户申请开通；酒店部分合网建设一套卫星及有线电视系统。

2）根据目前上海有线电视网络的发展规划，已要求进行下一代数字高清电视（NGB）的发展，设计时必须考虑高清电视业务及其他视频业务的双向传输。由于目前上海数字高清电视的设计标准尚未公布，故本设计按以下思路考虑：电视信号由市有线电视台引来，有线电视前端设备设在地下层机房内。外网接入采用单模光纤接入方式；主干采用光缆与同轴混合布网方式，汇聚至接入机房与外网连接；终端同轴电缆缆线采用多重屏蔽电缆；每个光节点的设计覆盖信息点数不超过 100 个。

3）系统的各项电气性能指标须满足主管部门的要求。

（6）消防无线通信系统

由于城市公安及消防系统等职能部门明确要求使用独立的分布覆盖系统，故此类系统独立建网，不纳入合路系统系统。消防无线呼叫系统主机放在地下一层 M-SCC，主机有两个中继台，可支持同时 2 个信道通信，采用合路平台将两个信号合为一路线缆送往地下各楼层内，分布区域包括公共区域、电梯厅、楼梯及机房、消防楼梯区域，使信号场强互补并降低投资。考虑到专用无线覆盖系统干扰源较少，天馈系统的信道质量有充分保证，为节省投资，天馈系统采用收发同缆方式。系统采用预埋室外进户消防通信光缆与架设屋顶中继天线等方式实现与城市消防通信综合网的互联互通。

（7）结构化综合布线系统

1）根据先进性、开放性、可靠性、可扩充性原则，将设计一套主干为万兆位的标准、灵活、开放的结构化布线系统。

2）该布线系统采用光纤加双绞铜缆布线，集语音、数据、文字、图像于一体，可满足高速数据传输对 ATM、FDDI、Fiber channel、1000Base-T 的发展要求。系统语音主干线缆为 3 类大对数铜缆；数据及图像主干为万兆多模（或者单模）光纤，水平线缆为 6 类 4 对非屏蔽双绞线铜缆。布线系统的拓扑结构为星形方式。线缆均采用低烟无卤阻燃型。

3）大厦物业管理的语音、数据及图像布线主配线架设在地下室信息机房内，由此以放射性方式敷设 3 类大对数铜缆及 6 芯光纤至各层各分区电信间内网络配线柜，由层配线柜至平面端口则采用 6 类 4 对非屏蔽双绞线。

6. 音视频系统（AV）

1）根据任务书及有关消防规范，本项目设立一套完整的公共/应急广播系统。系统采用中央管理的数字化广播系统，具有以太网和 RS-232 接口，通过计算机软件可实现自动定时定区播放，实现不同音源、不同区域同时播放，可实现背景噪声拾取和自动音量控制。系统具备对功率放大器、广播呼叫站、扬声器线路等监测功能，可显示系统内各设备的状态、通道占用、故障状态等。系统采用定压扬声器，传输电压为 100V。

2）整个系统分为多个呼叫站，分别负责大厦地下层区域、裙楼及大楼办公、酒店等区域的公共广播，每套公共广播系统均能独立完成本区域内背景音乐广播、业务性广播和事故应急广播。主控制室的应急广播系统和火灾系统是共用的，设置在地下一层 M-SCC 内；地下车库、裙楼和大楼办公的公共/应急广播系统设置地下一层 M-SCC 内；酒店的公共/应急广播系统设置 98 层的 H-SCC 内。

3）系统为专用公共广播网络系统，采用 Cobra-net/Ethernet 作为音频传输控制协议。消防接口要求采用 RS-232、TCP/IP 数字接口及干接点信号接入。

4）各 SCC 能强制进行应急广播，应急广播能自动和人工播放，自动播放时能用汉语和英语报出火灾地点，疏散指引等信息。广播系统的音质要求：呼叫站和声场的频响指标应不低于（100~12）kHz±3dB。

5）车库、按水平间隔30~40m设置1个6W扬声器。商场、餐厅等有吊顶场所采用天花板扬声器，无吊顶场所采用壁挂式扬声器吸顶安装，间隔10m左右设置1个3W扬声器。扬声器功率通过变压器抽头设定。垂直电梯轿厢设有扬声器，垂行电缆与扬声器由电梯配套。

7. 楼宇设备控制管理系统

1）楼宇设备控制管理系统（BMS）对机电设备运行情况进行监察、控制及管理，达到绿色节能、舒适控制、有效管理的目的。

2）BMS是一个包含了直接数字化处理的基于全集成以太网的楼宇管理系统。本系统结构由高度冗余的BACnet/IP和基于高速以太网的初级通信网络组成。系统采用集散控制，具有开放性、可扩展性，能实现各分站间、分站与中央站之间的数据通信。

3）系统采用3层以上的网络结构，分站的运行可以独立于中央站，内部网络的通信不会因中央站的停止工作而受到影响。系统能提供多种标准通信协议便于实现系统集成，并按模块化的方法设计，便于系统规模及应用功能的扩展。

4）系统具备良好的开放性，能够实现与消防报警系统、保安系统及其他智能子系统之间的联动功能，并能够提供用于集成的数据接口，数据接口应可提供BACnet、LonWork、OPC、DDE、ODBC等方式。

5）系统由中央工作站、网络服务器、控制分站、直接数字控制器、各类传感器及电动阀等组成。主控设在地下室M-SCC内，分控设在酒店H-SCC。控制程序可根据不同要求、不同季节进行调整；所有报警点在报警时均有记录；所取的模拟信号、数字信号可根据用户要求进行定时、定日、定月记录。

6）以下是本系统直接监控的主要对象：

① 办公室、会议室等场所的风机盘管以及空调室内机的定时控制。

② 定风量及变频控制空调机、新风处理机的开、关、手/自动信号，过滤网压差报警、运行状态信号及故障信号显示，温度显示，排风机的开、停、手/自动信号和状态显示、故障信号显示及变频器控制信号。

③ 所有非消防水泵的开、关、手/自动信号，运行状态信号及故障信号显示，水流状态显示。

④ 所有水箱、水池、污水井高低水位显示及超水位报警。

⑤ 各类定风量及变频控制排风通风设施的开、关、手/自动信号，运行状态信号、故障信号显示及变频器控制信号。

⑥ 车库及公共走道照明的分区、分路定时开、关、手/自动信号、状态显示。

⑦ 大气参数、主要场所室内温湿度与空气品质等环境参数信息的实时监测。

7）以下是自成独立系统并通过通信接口与BMS联网、实现机组系统数据上传的主要监控对象：

① 本系统在地下二层动力能源中心控制室等设有专业系统分站，分站负责本工程的冷热源机组的控制和管理，并通过通信接口与BMS联网。其中分站下层的三联供机组、冰蓄冷机组、锅炉机组等均自带独立的控制系统，并通过通信接口与分站联网。

② 设置独立的变电所电能管理系统分站，对变电所高压进出线、变压器设备、开关等进行监控，并通过通信接口与BMS联网。此系统由强电专业负责设计。

③ 设置独立的发电机管理系统分站，对发电机系统设备等进行监控，并通过通信接口与BMS联网。此系统由强电专业负责设计。

④ 泛光照明、景观照明等由独立的灯控系统来控制，并通过网络通信与BMS联网。此系统

由强电专业负责设计。

⑤ 设置独立的分项能源计量管理系统分站，对大楼能源信息（电耗、气耗、水耗、可再生能源产能等）以及用户用能信息（空调、照明、动力、办公设施等）进行实时诊断、分析和计量，为日后物业管理的收费和节能运行提供依据。其中有关电能数据有强电专业负责采集组网后，上传给本能源计量管理，再通过网络通信与 BMS 联网，其他数据本专业直接采集。

⑥ 中水、雨水、生活给水等自带控制系统，并通过通信接口与 BMS 联网。

⑦ 风力发电系统自带控制系统，并通过通信接口与 BMS 联网。此系统由强电专业负责设计。

⑧ 大厦所有电梯（垂直梯与水平梯）设置电梯群控系统分站（电梯承包商提供）。电梯群控系统通过通信接口与 BMS 联网。

⑨ 大厦窗帘遮阳自带控制系统，并通过通信接口与 BMS 联网。

8）有关各受控对象的控制原理将由空调、电气、给水排水等有关专业明确工艺控制要求和提供控制策略后完成。重要能源设备控制系统，如三联供机组、冰蓄冷机组、锅炉、变电所电能管理系统、中水系统等拟要求 PLC 设计。

8. 中央集成管理系统（IBMS）

（1）IBMS 的基本目的　将各子系统的信息资源汇集到一个系统集成平台上，通过对资源的收集、分析、传递和处理，从而对整个建筑进行最优化的控制和决策，达到高效、经济、节能、协同的运行状态，创造一个安全、健康、舒适和高效的工作和休闲环境。

（2）IBMS 的基本功能

1）集成智能化子系统到一个统一的网络上。

2）集成的智能化子系统都可以通过一个统一的计算机控制平台进行操作。

3）集成的智能化子系统都可以共享同一个数据库，相互交换彼此的信息，从而达到交互的作用。

4）集成的智能化子系统及其他信息系统可以通过中央控制器来监控。

（3）IBMS 的基本目标

1）集成后使管理简单化，能大规模提高管理的效率。

2）挖掘设备潜能，协调、联动、控制各系统进行高效运行。

3）开放型架构的系统，易于整合各类信息系统。

4）能耗统计与能效管理功能，有效优化运营成本。

5）能作为一个辅助决策型系统来处理各种日常及突发事务。

上海中心智能化系统多而复杂，各智能化子系统将在 IBMS 的构架下达到设计所要求的各种联动和协调工作能力。

综上所述，智能化系统设计是一项应用型学问，根据不同功能的建筑空间而有所不同，其核心是满足使用方需求，在满足需求的前提下，应做到经济、节能以及技术先进。

参 考 文 献

[1] 陈众励，程大章. 现代建筑电气工程师手册 [M]. 北京：中国电力出版社，2020.
[2] 中华人民共和国住房和城乡建设部. 智能建筑设计标准：GB 50314—2015 [S]. 北京：中国计划出版社，2015.
[3] 程大章. 智慧城市顶层设计导论 [M]. 北京：科学出版社，2012.
[4] 章云，许锦标. 建筑智能化系统 [M]. 2 版. 北京：清华大学出版社，2017.
[5] 李一力，张少军. 图说建筑智能化系统及技术 [M]. 北京：中国电力出版社，2016.
[6] 傅海军. 建筑设备 [M]. 2 版. 北京：机械工业出版社，2017.
[7] 于军琪. 建筑智能计算机控制 [M]. 北京：中国建筑工业出版社，2018.
[8] 孙景芝. 建筑智能化系统概述 [M]. 2 版. 北京：高等教育出版社，2011.
[9] 何衍庆，黄海燕，黎冰. 集散控制系统原理及应用 [M]. 3 版. 北京：化学工业出版社，2010.
[10] 高桥隆勇. 空调自动控制与节能 [M]. 刘军，王春生，译. 北京：科学出版社，2012.
[11] 关文吉. 绿色通风空调设计图集 [M]. 北京：中国建筑工业出版社，2012.
[12] 吴延鹏. 制冷与热泵技术 [M]. 北京：科学出版社，2017.
[13] 张国东. 中央空调设计及典型案例 [M]. 北京：化学工业出版社，2017.
[14] 张子慧. 建筑设备管理系统 [M]. 北京：人民交通出版社，2009.
[15] 雷玉堂. 现代安防视频监控系统设备剖析与解读 [M]. 北京：电子工业出版社，2017.
[16] 梁笃国，等. 网络视频监控系统与智能应用 [M]. 北京：人民邮电出版社，2013.
[17] 沈晔. 楼宇自动化技术与工程 [M]. 3 版. 北京：机械工业出版社，2014.
[18] 孙景芝. 电气消防技术 [M]. 2 版. 北京：中国建筑工业出版社，2011.
[19] 中华人民共和国住房和城乡建设部. 综合布线系统工程设计规范：GB 50311—2016 [S]. 北京：中国计划出版社，2017.
[20] 中华人民共和国住房和城乡建设部. 综合布线系统工程验收规程：GB/T 50312—2016 [S]. 北京：中国计划出版社，2017.
[21] 中华人民共和国住房和城乡建设部. 数据中心设计规范：GB 50174—2017 [S]. 北京：中国计划出版社，2017.